推荐系统
开发实战

高阳团 / 编著

电子工业出版社
Publishing House of Electronics Industry
北京·BEIJING

内 容 简 介

本书是一本关于推荐系统从入门到进阶的读物，采用"理论+实践"的形式展开，不仅对各种推荐算法进行了介绍，还对算法所涉及的基础理论知识进行了补充。

全书共分为 3 篇：第 1 篇是"推荐系统的背景介绍和入门"，包括走进推荐系统、搭建你的第一个推荐系统和推荐系统常用数据集介绍；第 2 篇是"推荐系统涉及的算法介绍、冷启动和效果评估"，包括数据挖掘——让推荐系统更懂你、基于用户行为特征的推荐、基于标签的推荐、基于上下文的推荐、基于点击率预估的推荐、推荐系统中的冷启动和推荐系统中的效果评估；第 3 篇是"推荐系统实例"，包括搭建一个新闻推荐系统、搭建一个音乐推荐系统、搭建一个图书推荐系统和业界推荐系统架构介绍。

书中的实例开发几乎都是基于公开的数据集进行的，当然也涉及一些网络中获取的数据，其最终目的都是让读者能够更好地理解推荐算法，更直观地认识推荐系统。书中所涉及的数据集和实例代码都会提供给读者，这不仅在一定程度上方便读者学习，而且为以后的工作提供了便利。

本书非常适合有一定编程基础、对推荐系统感兴趣的读者，希望用推荐算法完成设计的高等院校计算机或电子信息专业的学生，准备开设推荐系统实践课的授课老师，学习过 Python、希望进一步提升编程水平的开发者，初学数据挖掘、机器学习的算法工程师或数据分析师阅读使用。

图书在版编目（CIP）数据

推荐系统开发实战 / 高阳团编著. —北京：电子工业出版社，2019.7

ISBN 978-7-121-36520-1

Ⅰ. ①推… Ⅱ. ①高… Ⅲ. ①软件工具－程序设计 Ⅳ. ①TP311.561

中国版本图书馆 CIP 数据核字（2019）第 092071 号

策划编辑：吴宏伟
责任编辑：韩玉宏
印　　刷：北京天宇星印刷厂
装　　订：北京天宇星印刷厂
出版发行：电子工业出版社
　　　　　北京市海淀区万寿路 173 信箱　　邮编：100036
开　　本：787×1092　　1/16　　印张：22.75　　字数：582 千字
版　　次：2019 年 7 月第 1 版
印　　次：2025 年 1 月第 9 次印刷
定　　价：79.00 元

前　言

数据，让一切有迹可循，让一切有源可溯。互联网用户每天都在生产数据、创造数据和使用数据，那么在如今这个信息过载的时代，如何在用户和信息之间建立有效、直接的关联变得至关重要。推荐系统就是解决这类问题的，它在海量的商品、信息中建立用户和物品的直接触达关系，让用户在最短的时间内接收最有效的信息，从而减小时间损失。

推荐系统在日常生活中应用十分广泛，小到商场捆绑销售，大到电商、新闻网站，它无时无刻不在影响和改变着人们的生活方式。在这样的背景下，推荐系统得到了长足的发展，当然也需要更多的人投入到推荐系统的研究和建设中来。

本书由浅入深地讲解推荐系统的知识体系，结合背景、基础、理论和实例将推荐系统转化成通俗易懂的逻辑描述语言，帮助非专业的研究者踏上推荐系统的学习旅程，从最开始的推荐系统背景到最后的业界推荐系统架构解析，帮助读者逐步深入了解和开发推荐系统。

本书特色

1．大量应用实例，实战性强

本书共包含 34 个实例，其中最后三个为完整的推荐系统实例，在读者进行基础知识学习的同时，可通过相应的实例加深对理论的理解。最后三个完整的实例更是将读者从一个分散化的学习状态带入一个完整的推荐系统开发中来，对学习和工作都有很强的指导意义。

2．完整的源代码和数据集

书中所涉及的实例源代码和相关数据集都免费提供给读者，学习更加方便。

3．内容全面，应用性强

本书按照推荐系统入门、进阶、实战的顺序，由浅入深、循序渐进，尽最大可能地将推荐系统的知识通俗易懂地展现给读者。

4．大量宝贵经验的分享

授人以鱼不如授人以渔。本书在讲解知识的过程中，更加注重方法和经验的传递，在不涉及公司隐私的前提下，尽可能地将实践经验穿插在每个章节中，以帮助读者在学习或工作中规避和解决一些问题。

5．知识导图总结

本书每章最后都包含一幅知识导图，这是对该章知识的概括，读者可以在学习该章前或学习该章后进行查看，方便对该章知识进行概览和了解。

每章的知识导图和整本书的知识导图也会免费提供给读者。

6. 社群交流，在线解答

本书的读者可以获取作者的个人微信。作者邀请各位读者进入本书的读者群，方便后期的问题解答和学习交流。

本书读者对象

- 对推荐系统感兴趣的读者或推荐系统初学者；
- 数据挖掘初学者；
- 数据挖掘、算法工程师；
- 相关课程授课老师；
- Python 编程开发者；
- 大中专院校的相关专业学生。

本书需要的软/硬件支持

以下软件适用于本书的所有章节：

- Windows/mac OS/Linux；
- Python 3.6 以上；
- Pycharm 2018.2.2 以上；
- MySQL 5.7 以上。

对硬件没有特定要求，因为 Python 能在任何 Mac、Linux 或 Windows 系统的个人计算机上运行，但是物理内存最好不要低于 4GB，这样一些迭代算法可以更快地执行。

下载示例代码

用微信扫描下方二维码，关注微信公众号，回复"源码包"获取下载地址。

加入社群交流

用 QQ 扫描下方二维码，加入本书学习交流答疑群。

致谢

首先要感谢电子工业出版社的吴宏伟编辑从茫茫人海中找到了我，关于出版推荐系统入门书籍的想法我们一拍即合。在真正执笔时才发现困难重重，业余时间常被工作或其他事情挤占，在吴老师一而再、再而三的督促下才将毫无条理的博客文章整理成书，自己在该过程中也重新认识了推荐系统。再次对吴老师表示感谢。

同时也感谢身边的朋友和父母的鼓励，虽然他们对于我所写的"推荐系统"一无所知，但知道我是在为梦想付出，所以十分理解并给予鼓励，每次通话，都叮嘱我少熬夜。如今该书已经付梓，只愿接下来能够抽出更多的时间陪伴家人。

在京东工作已经接近两年，团队同事对我的成长也起到了至关重要的作用。感谢公司和部门提供良好的学习平台和环境，让我有机会在如此良好的团队环境下积累经验、快速成长。

感谢互联网时代，感谢那些志同道合的技术朋友们，让我们一起为"技术改造世界"的理想奋斗！

虽然我们对书中所述内容都尽量核实，并多次进行文字校对，但因水平所限，书中疏漏和错误在所难免，敬请广大读者批评指正。除了上述联系方式外，也可以通过个人邮箱联系我：thinkgamer@163.com。

高阳团
2019 年 3 月

目　录

第 1 篇　　推荐系统的背景介绍和入门

第 1 章　走进推荐系统 2

1.1　从"啤酒与尿布"到推荐系统的前世今生 2

1.1.1　"啤酒与尿布" 2

1.1.2　推荐系统的前世今生 2

1.2　推荐系统可以做什么 4

1.2.1　什么是推荐系统 4

1.2.2　在电商类产品中的应用 5

1.2.3　在社交类产品中的应用 6

1.2.4　在音乐类产品中的应用 8

1.2.5　在视频类产品中的应用 9

1.2.6　在阅读类产品中的应用 10

1.2.7　在服务类产品中的应用 11

1.3　学习本书需要的技能 12

1.3.1　Python 基础 12

1.3.2　数据结构 14

1.3.3　工程能力 15

1.4　如何学习本书 17

1.5　知识导图 17

第 2 章　搭建你的第一个推荐系统 19

2.1　实例 1：搭建电影推荐系统 19

2.1.1　利用 Netflix 数据集准备数据 19

2.1.2　使用 Python 表示数据 21

2.1.3　选择相似用户 23

2.1.4　为用户推荐相似用户喜欢的电影 24

2.1.5　分析效果 25

2.2　总结：搭建推荐系统的一般步骤 26

2.2.1　准备数据 26

2.2.2　选择算法 27

2.2.3　模型训练 28

2.2.4　效果评估 28

2.3　知识导图 28

第 3 章　推荐系统常用数据集介绍 29

3.1　MovieLens 数据集 29

3.1.1　README 29

3.1.2　ratings.dat 29

3.1.3　movies.dat 31

3.1.4　users.dat 34

3.2　Book-Crossings 数据集 36

3.2.1　BX-Book-Ratings.csv 37

3.2.2　BX-Books.csv 39

3.2.3　BX-Users.csv 39

3.3　Last.fm 数据集 41

3.3.1　README 41

3.3.2　artists.dat 41

3.3.3　tags.dat 41

3.3.4　user_artists.dat 42

3.3.5　user_friends.dat 42

3.3.6　uses_taggedartists.dat 42

3.3.7　user_taggedartists-timestamps.dat 42

3.4　FourSquare 数据集 43

3.4.1　users.dat 43

3.4.2　venues.dat 44

3.4.3　checkins.dat 44

3.4.4　socialgraph.dat 44

3.4.5　ratings.dat 45

3.5　Kaggle 比赛之 retailrocket 数据集 46

3.5.1　events.csv 47

3.5.2　category_tree.csv 49

3.5.3　item_properties.csv 49

3.6　场景分析 49

3.7　知识导图 50

第 2 篇　　推荐系统涉及的算法介绍、冷启动和效果评估

第 4 章　数据挖掘——让推荐系统更懂你...52

　4.1　数据预处理...52

　　4.1.1　数据标准化..52

　　4.1.2　实例 2：实现数据的标准化..54

　　4.1.3　数据离散化..56

　　4.1.4　实例 3：基于信息熵的数据离散化..58

　　4.1.5　数据抽样..61

　　4.1.6　数据降维..63

　　4.1.7　实例 4：对鸢尾花数据集特征进行降维..66

　　4.1.8　数据清理..68

　　4.1.9　相似度计算..71

　4.2　数据分类...74

　　4.2.1　K 最近邻算法..74

　　4.2.2　实例 5：利用 KNN 算法实现性别判定..75

　　4.2.3　决策树算法..77

　　4.2.4　实例 6：构建是否举办活动的决策树..80

　　4.2.5　朴素贝叶斯算法..84

　　4.2.6　实例 7：基于朴素贝叶斯算法进行异常账户检测............................87

　　4.2.7　分类器的评估..90

　　4.2.8　实例 8：scikit-learn 中的分类效果评估..92

　4.3　数据聚类...92

　　4.3.1　kMeans 算法..92

　　4.3.2　实例 9：基于 kMeans 算法进行商品价格聚类................................95

　　4.3.3　二分-kMeans 算法..98

　　4.3.4　实例 10：基于二分-kMeans 算法进行商品价格聚类......................99

　　4.3.5　聚类算法的评估..100

　　4.3.6　实例 11：scikit-learn 中的聚类效果评估..102

　4.4　关联分析...103

　　4.4.1　Apriori 算法..103

　　4.4.2　实例 12：基于 Apriori 算法实现频繁项集和相关规则挖掘..........106

　4.5　知识导图...110

第 5 章　基于用户行为特征的推荐...111

　5.1　用户行为分类...111

5.2　基于内容的推荐算法 112
　　5.2.1　算法原理——从"构造特征"到"判断用户是否喜欢" 112
　　5.2.2　实例 13：对手机属性进行特征建模 115
5.3　实例 14：编写一个基于内容推荐算法的电影推荐系统 117
　　5.3.1　了解实现思路 117
　　5.3.2　准备数据 119
　　5.3.3　选择算法 122
　　5.3.4　模型训练 122
　　5.3.5　效果评估 123
5.4　基于近邻的推荐算法 124
　　5.4.1　UserCF 算法的原理——先"找到相似同户"，再"找到他们
　　　　　喜欢的物品" 124
　　5.4.2　ItemCF 算法的原理——先"找到用户喜欢的物品"，再"找
　　　　　到喜欢物品的相似物品" 131
5.5　实例 15：编写一个基于 UserCF 算法的电影推荐系统 137
　　5.5.1　了解实现思路 138
　　5.5.2　准备数据 138
　　5.5.3　选择算法 138
　　5.5.4　模型训练 138
　　5.5.5　效果评估 141
5.6　实例 16：编写一个基于 ItemCF 算法的电影推荐系统 141
　　5.6.1　了解实现思路 141
　　5.6.2　准备数据 142
　　5.6.3　选择算法 142
　　5.6.4　模型训练 142
　　5.6.5　效果评估 144
5.7　对比分析：UserCF 算法和 ItemCF 算法 145
5.8　对比分析：基于内容和基于近邻 146
5.9　基于隐语义模型的推荐算法 147
　　5.9.1　LFM 概述 147
　　5.9.2　LFM 算法理解 148
5.10　实例 17：编写一个基于 LFM 的电影推荐系统 152
　　5.10.1　了解实现思路 152
　　5.10.2　准备数据 152
　　5.10.3　选择算法 154
　　5.10.4　模型训练 155
　　5.10.5　效果评估 158

5.11　知识导图 159

第6章　基于标签的推荐 161

6.1　基于标签系统的应用 161

6.1.1　Last.fm 161

6.1.2　Delicious 162

6.1.3　豆瓣 163

6.1.4　网易云音乐 163

6.2　数据标注与关键词提取 165

6.2.1　推荐系统中的数据标注 165

6.2.2　推荐系统中的关键词提取 167

6.2.3　标签的分类 168

6.3　实例18：基于TF-IDF算法提取商品标题的关键词 169

6.3.1　了解TF-IDF算法 169

6.3.2　认识商品标题描述 170

6.3.3　提取关键词 170

6.4　基于标签的推荐系统 174

6.4.1　标签评分算法 174

6.4.2　标签评分算法改进 176

6.4.3　标签基因 177

6.4.4　用户兴趣建模 177

6.5　实例19：利用标签推荐算法实现艺术家的推荐 178

6.5.1　了解实现思路 178

6.5.2　准备数据 178

6.5.3　选择算法 179

6.5.4　模型训练 179

6.5.5　效果评估 182

6.6　知识导图 182

第7章　基于上下文的推荐 184

7.1　基于时间特征的推荐 184

7.1.1　时间效应介绍 184

7.1.2　时间效应分析 187

7.1.3　推荐系统的实时性 194

7.1.4　协同过滤中的时间因子 195

7.2　实例20：实现一个"增加时间衰减函数的协同过滤算法" 197

7.2.1　在UserCF算法中增加时间衰减函数 197

7.2.2　在ItemCF算法中增加时间衰减函数 199

7.3　基于地域和热度特征的推荐 200
　　7.3.1　为什么要将地域和热度特征放在一起 201
　　7.3.2　解读 LARS 中的地域特征 202
　　7.3.3　基于地域和热度的推荐算法 204
7.4　实例 21：创建一个基于地域和热度的酒店推荐系统 206
　　7.4.1　了解实现思路 206
　　7.4.2　准备数据 207
　　7.4.3　选择算法 207
　　7.4.4　模型训练 207
　　7.4.5　效果评估 210
7.5　其他上下文信息 210
7.6　知识导图 210

第 8 章　基于点击率预估的推荐 212
8.1　传统推荐算法的局限和应用 212
　　8.1.1　传统推荐算法的局限 212
　　8.1.2　传统推荐算法的应用 213
8.2　点击率预估在推荐系统中的应用 214
8.3　集成学习 214
　　8.3.1　集成学习概述 215
　　8.3.2　Boosting 算法（提升法） 215
　　8.3.3　Bagging 算法（自助法） 216
　　8.3.4　Stacking 算法（融合法） 217
8.4　导数、偏导数、方向导数、梯度 217
　　8.4.1　导数 217
　　8.4.2　偏导数 217
　　8.4.3　方向导数 218
　　8.4.4　梯度 219
　　8.4.5　梯度下降 219
8.5　GBDT 算法 222
　　8.5.1　Gradient Boosting 方法 223
　　8.5.2　决策树 223
　　8.5.3　GBDT 算法的原理 224
8.6　实例 22：基于 GBDT 算法预估电信客户流失 227
　　8.6.1　了解实现思路 227
　　8.6.2　准备数据 229
　　8.6.3　选择算法 232

8.6.4　模型训练 232
8.6.5　效果评估 234
8.7　回归分析 236
8.7.1　什么是回归分析 236
8.7.2　回归分析算法分类 236
8.8　Logistic Regression 算法 237
8.8.1　Sigmoid 函数 237
8.8.2　LR 为什么要使用 Sigmoid 函数 239
8.8.3　LR 的算法原理分析 240
8.9　实例 23：基于 LR 算法预估电信客户流失 241
8.9.1　准备数据 242
8.9.2　选择算法 243
8.9.3　模型训练 243
8.9.4　效果评估 244
8.10　GBDT+LR 的模型融合 246
8.10.1　GBDT+LR 模型融合概述 246
8.10.2　为什么选择 GBDT 和 LR 进行模型融合 246
8.10.3　GBDT+LR 模型融合的原理 246
8.11　实例 24：基于 GBDT 和 LR 算法预估电信客户流失 247
8.11.1　准备数据 247
8.11.2　选择算法 248
8.11.3　模型训练 248
8.11.4　效果评估 249
8.12　知识导图 251

第 9 章　推荐系统中的冷启动 252
9.1　冷启动介绍 252
9.1.1　冷启动的分类 252
9.1.2　冷启动的几种实现方法 252
9.2　基于热门数据推荐实现冷启动 253
9.3　利用用户注册信息实现冷启动 254
9.3.1　注册信息分析 254
9.3.2　实例 25：分析 Book-Crossings 数据集中的共性特征 ... 255
9.3.3　实现原理 261
9.4　利用用户上下文信息实现冷启动 261
9.4.1　设备信息特征 262
9.4.2　时间地域信息特征 262

9.4.3　实现原理 262

9.5　利用第三方数据实现冷启动 263

9.6　利用用户和系统之间的交互实现冷启动 263

9.6.1　实现原理 263

9.6.2　推荐系统中实时交互的应用 265

9.6.3　实例 26：用户实时交互推荐系统设计 266

9.7　利用物品的内容属性实现冷启动 267

9.7.1　物品内容属性分析 267

9.7.2　物品信息的使用 268

9.8　利用专家标注数据实现冷启动 269

9.9　知识导图 270

第 10 章　推荐系统中的效果评估 271

10.1　用户调研 271

10.2　在线评估 272

10.3　在线实验方式——ABTest 272

10.3.1　ABTest 介绍 272

10.3.2　ABTest 流程 272

10.3.3　ABTest 的注意事项 273

10.4　在线评估指标 274

10.4.1　点击率 275

10.4.2　转化率 275

10.4.3　网站成交额 275

10.5　离线评估 276

10.6　拆分数据集 276

10.6.1　留出法 277

10.6.2　K-折交叉验证法 277

10.6.3　自助法 277

10.6.4　实例 27：使用 sklearn 包中的 train_test_split()函数进行数据
集拆分 278

10.6.5　实例 28：使用 sklearn 包中的 KFold()函数产生交叉验证数据集 ... 280

10.6.6　实例 29：使用 sklearn 包中的 cross_validate()函数演示交叉验证 .. 281

10.7　离线评估指标 282

10.7.1　准确度指标之预测分类准确度指标 282

10.7.2　实例 30：使用 sklearn 包中的 metrics 类预测分类准确度 288

10.7.3　准确度指标之预测评分准确度指标 290

10.7.4　实例 31：使用 sklearn 包中的 metrics 类预测评分准确度 290

　　　　10.7.5　准确度指标之预测评分关联指标 ━━━━━━━━━━━━━━━━━━━━━ 291
　　　　10.7.6　准确度指标之排序准确度指标 ━━━━━━━━━━━━━━━━━━━━━━ 292
　　　　10.7.7　非准确度指标 ━━━━━━━━━━━━━━━━━━━━━━━━━━━━━━ 292
　　10.8　知识导图 ━━━━━━━━━━━━━━━━━━━━━━━━━━━━━━━━━━ 296

第 3 篇　　推荐系统实例

第 11 章　实例 32：搭建一个新闻推荐系统 ━━━━━━━━━━━━━━━━━━━━ 298
　　11.1　准备数据 ━━━━━━━━━━━━━━━━━━━━━━━━━━━━━━━━━━ 298
　　11.2　预处理数据 ━━━━━━━━━━━━━━━━━━━━━━━━━━━━━━━━━ 298
　　　　11.2.1　原始数据加工 ━━━━━━━━━━━━━━━━━━━━━━━━━━━━━ 298
　　　　11.2.2　新闻热度值计算 ━━━━━━━━━━━━━━━━━━━━━━━━━━━━ 299
　　　　11.2.3　新闻相似度计算 ━━━━━━━━━━━━━━━━━━━━━━━━━━━━ 300
　　　　11.2.4　指定标签下的新闻统计 ━━━━━━━━━━━━━━━━━━━━━━━━ 302
　　11.3　设计架构 ━━━━━━━━━━━━━━━━━━━━━━━━━━━━━━━━━━ 303
　　11.4　实现系统 ━━━━━━━━━━━━━━━━━━━━━━━━━━━━━━━━━━ 304
　　　　11.4.1　准备环境 ━━━━━━━━━━━━━━━━━━━━━━━━━━━━━━━ 304
　　　　11.4.2　实现后端接口 ━━━━━━━━━━━━━━━━━━━━━━━━━━━━━ 304
　　　　11.4.3　实现前端界面 ━━━━━━━━━━━━━━━━━━━━━━━━━━━━━ 309
　　　　11.4.4　系统演示 ━━━━━━━━━━━━━━━━━━━━━━━━━━━━━━━ 309
　　11.5　代码复现 ━━━━━━━━━━━━━━━━━━━━━━━━━━━━━━━━━━ 311
　　　　11.5.1　安装依赖 ━━━━━━━━━━━━━━━━━━━━━━━━━━━━━━━ 311
　　　　11.5.2　数据入库 ━━━━━━━━━━━━━━━━━━━━━━━━━━━━━━━ 312
　　　　11.5.3　修改配置 ━━━━━━━━━━━━━━━━━━━━━━━━━━━━━━━ 312
　　　　11.5.4　项目启动 ━━━━━━━━━━━━━━━━━━━━━━━━━━━━━━━ 312
　　11.6　知识导图 ━━━━━━━━━━━━━━━━━━━━━━━━━━━━━━━━━━ 312

第 12 章　实例 33：搭建一个音乐推荐系统 ━━━━━━━━━━━━━━━━━━━━ 314
　　12.1　准备数据 ━━━━━━━━━━━━━━━━━━━━━━━━━━━━━━━━━━ 314
　　12.2　预处理数据 ━━━━━━━━━━━━━━━━━━━━━━━━━━━━━━━━━ 314
　　　　12.2.1　计算歌曲、歌手、用户相似度 ━━━━━━━━━━━━━━━━━━━━━ 314
　　　　12.2.2　计算用户推荐集 ━━━━━━━━━━━━━━━━━━━━━━━━━━━━ 315
　　　　12.2.3　数据导入数据库 ━━━━━━━━━━━━━━━━━━━━━━━━━━━━ 319
　　12.3　设计架构 ━━━━━━━━━━━━━━━━━━━━━━━━━━━━━━━━━━ 321
　　12.4　实现系统 ━━━━━━━━━━━━━━━━━━━━━━━━━━━━━━━━━━ 322
　　　　12.4.1　准备环境 ━━━━━━━━━━━━━━━━━━━━━━━━━━━━━━━ 322
　　　　12.4.2　实现后端接口 ━━━━━━━━━━━━━━━━━━━━━━━━━━━━━ 322

12.4.3　实现前端界面 324

12.4.4　系统演示 324

12.5　代码复现 327

12.5.1　安装依赖 327

12.5.2　数据入库 327

12.5.3　修改配置 327

12.5.4　项目启动 328

12.6　知识导图 328

第 13 章　实例 34：搭建一个图书推荐系统 329

13.1　准备数据 329

13.2　预处理数据 329

13.2.1　原始数据加工 329

13.2.2　数据导入数据库 331

13.2.3　模型准备 331

13.3　设计架构 332

13.4　实现系统 333

13.4.1　准备环境 333

13.4.2　实现后端接口 333

13.4.3　实现前端界面 336

13.4.4　系统演示 336

13.5　代码复现 338

13.6　知识导图 338

第 14 章　业界推荐系统架构介绍 340

14.1　概述 340

14.2　架构介绍 340

14.3　召回内容 342

14.4　计算排序 343

14.4.1　特征工程 343

14.4.2　特征分类 343

14.4.3　排序算法 343

14.5　物品过滤和展示 344

14.5.1　物品过滤 344

14.5.2　物品展示 344

14.6　效果评估 344

14.7　知识导图 345

第1篇
推荐系统的背景介绍和入门

- 第1章　走进推荐系统
- 第2章　搭建你的第一个推荐系统
- 第3章　推荐系统常用数据集介绍

第 1 章

走进推荐系统

在正式开始学习推荐系统之前，首先要对推荐系统有一个感性的认识。只有对推荐系统有了整体上的认知，才能无缝切入推荐系统的学习中。

1.1 从"啤酒与尿布"到推荐系统的前世今生

"啤酒与尿布"的故事对推荐系统的学习有着积极的影响。从该故事出发，能看到从 20 世纪 90 年代到现在个性化推荐系统的演进和发展。

1.1.1 "啤酒与尿布"

"啤酒与尿布"的故事相信很多人都知道。它讲述的是 20 世纪 90 年代，在美国沃尔玛超市中，管理人员分析数据时，发现了一个奇怪的现象：在某些特定的情况下，"啤酒"与"尿布"两件看上去毫无关系的商品出现在了同一个购物篮中。这种独特的销售现象引起了管理人员的注意，经过后续调查发现，一些年轻的爸爸常到超市去购买婴儿尿布，有 30%～40%的新爸爸会顺便买点啤酒犒劳自己。随后，沃尔玛对啤酒和尿布进行了捆绑销售，不出意料，销售量双双增加。

该案例出自涂子沛先生的《数据之巅》一书。在这个案例中，数据和情节让这个故事不容置疑，然而据吴甘沙先生透露，该案例是 TeraData 公司一位经理编出来的"故事"。目的是让数据分析看起来更有力、更有趣。在历史上该案例并没有出现在美国的任何一个沃尔玛超市中。

虽然这个"故事"是杜撰的，但其中涉及的"捆绑销售"不失为一种购物推荐。物品 A 与物品 B 经常出现在一个购物篮中，那么向购买物品 A（物品 B）的人推荐物品 B（物品 A）是有数据依据和理论基础的。依据该理论，后来衍生出了关联规则算法，很多电商类或视频类网站都使用该类算法进行商品或视频推荐。

1.1.2 推荐系统的前世今生

推荐系统是互联网时代的一种信息检索工具，自从 20 世纪 90 年代以一个独立的概念被提出以来，至今已经取得了长足的进步。

如今，推荐系统已经成为一门独立的学科，在学术研究和工业应用中取得了很多成果。特别是在社交网站、电子商务、影音娱乐等领域，推荐系统已经成为必不可少的工具。

最早的推荐系统可以追溯到 Xerox 公司在 1992 年设计的应用协同过滤算法的邮件系统——Tapestry，其目的是解决 Palo Alto 研究中心信息过载的问题。同年，Goldberg 提出了"推荐系统"这个概念。

1994 年，明尼苏达大学的 GroupLens 研究组使用基于主动协同过滤的推荐算法，开发了第一个自动化推荐系统 GroupLens，并将其应用在 Usenet 新闻组中。这是早期的自动化协同过滤推荐系统之一。后来 GroupLens 研究组又推出了影响广泛的 MovieLens 推荐系统，其所用的数据集 MovieLens 成了学术界研究推荐算法的常用数据集。

1996 年，卡内基梅隆大学的 Dunja Mladenic 在 Web Watcher 的基础上进行了改进，提出了个性化推荐系统 Personal Wgb Watchero。1996 年，著名的网络公司 Yahoo 也注意到了个性化服务的巨大优势和潜在商机，推出个性化入口 MyYahoo。

> **提示：**
>
> 个性化服务和推荐系统通常所表达的含义是一致的，人们也经常将两者称为"个性化推荐系统"。但两者在细微含义上还是有区别的：
> - 个性化服务强调的是用户所见、所闻、所感之不同；
> - 推荐系统强调的是商家给用户展示的物品的不同。
>
> 两者有很大的交集。

1997 年，Resnick 和 Varian 首次在学术界正式提出推荐系统的定义。他们认为：推荐系统可以帮助电子商务网站向用户提供商品和建议，促成用户的产品购买行为，模拟销售人员协助客户完成购买过程。自此，"推荐系统"一词被广泛引用，并开始成为一个重要的研究领域。

> **提示：**
>
> 在推荐系统刚出现时，该定义算是比较准确的。但现在，推荐系统不只应用在电子商务网站中，还包括视频、文娱、信息检索等领域。

1998 年，亚马逊（Amazon.com）上线了基于物品的协同过滤算法，将推荐系统的规模扩大至服务千万级用户和处理百万级商品，并带来了良好的推荐效果。

2003 年，亚马逊的 Linden 等人发表论文，公布了"基于物品的协同过滤算法"。据统计，推荐系统的贡献率在 20%～30%之间。

2005 年，Adomavicius 等人发表综述论文，将推荐系统分为 3 类——基于内容的推荐、基于协同过滤的推荐和混合推荐，并提出了未来可能的主要研究方向。

2006 年 10 月，北美在线视频服务提供商 Netflix 宣布了一项竞赛，任何人只要能够将它现有电影推荐算法 Cinematch 的预测准确度提高 10%，就能获得 100 万美元的奖金。该比赛在学术界和工业界引起了较大的关注，参赛者提出了若干推荐算法，提高推荐准确度，极大地推动了推荐系统的发展。

2007 年，第一届 ACM 推荐系统大会在美国举行，到 2017 年已经是第 11 届。这是推荐系统领域的顶级会议，展示了推荐系统在不同领域的最近研究成果、系统和方法。

2016 年，YouTube 发表论文，将深度神经网络应用于推荐系统中，实现了从"大规模可选的推荐内容"中找到"最有可能的推荐结果"。

2018 年，阿里巴巴的论文《基于注意力机制的用户行为建模框架以及在推荐领域的应用（ATRank）》被 AAAI 录用。

> **提示：**
>
> AAAI（美国人工智能协会，the Association for the Advance of Artificial Intelligence），该协会所主办的会议是人工智能领域的顶级国际会议。

近年来，推荐系统在国内也得到了广泛的应用和发展，包括但不局限于电子商务推荐、个性化广告推荐、新闻推荐等诸多领域，京东、网易云音乐、头条、豆瓣等公司都在应用推荐系统。

1.2 推荐系统可以做什么

1.1 节对推荐系统的发展进行了介绍，看起来和人们的生活没有什么关系，但其实在很多生活细节中，我们都能感受到推荐系统的存在。

1.2.1 什么是推荐系统

推荐系统也称为个性化推荐系统。它本质上是一种信息过滤系统，通过一定的算法在海量数据中过滤掉用户不太可能产生行为的物品，从而为用户推荐所需要的物品。

1. 推荐系统的产生

以用户购买电视机为例，在 20 世纪八九十年代，经济落后，那时只有黑白电视机，人们买电视时没得选择，只有一种。

后来经济有所发展，有了彩色电视机，品牌也多了起来，人们去店里买电视机，销售员往往会为顾客进行推荐。

近些年，中国经济发生了巨大的变化，电视机也越来越智能化和多样化。当人们需要购买电视机时，打开京东 APP，搜索电视机，返回的是综合排名比较靠前的电视机。这时，京东的搜索团队会根据用户的浏览习惯、品牌偏好对产品的综合实力进行排序，将结果返回给用户，这便是典型的搜索推荐场景。

2. 推荐系统和搜索不同的地方

推荐系统和搜索不同的地方在于：

- 搜索是带有目的性的，结果和用户的搜索词有很大的关系；
- 推荐系统则不具有目的性，个性化的推荐系统往往依赖于丰富的用户行为数据。

因此，在很多事情况下，推荐系统都作为一个应用存在于各类产品中。在互联网时代，可以在各类产品中看到推荐系统，包括但不局限于电子商务、社交、娱乐、阅读、服务等类别的产品中。

　　下面将对日常生活中所接触到的推荐系统进行一些介绍。

1.2.2　在电商类产品中的应用

　　随着互联网的发展，电子商务成了人们日常生活中不可或缺的一部分，大到家用电器，小到水果、蔬菜，都可以在电商平台购买。因此也促进了电商平台推荐系统的发展。国外著名的电商类网站有亚马逊、eBay 等，国内比较著名的有京东、淘宝和当当等。

　　以物流速度和服务态度著称的京东，近些年在推荐系统中投入了大量的研发资源。例如，当用户在京东 APP 中单击一个三星的曲面显示器，下方会有一个"为你推荐"模块，单击后可以看到系统推荐的其他物品和信息（如图 1-1 所示）。

图 1-1　京东 APP"为你推荐"

　　图 1-1 所示的页面是一个典型的商品推荐界面，包含以下三部分：

　　（1）推荐所依据的商品。

　　由于用户单击的是一个三星的曲面显示器，如图 1-1 中最上方所示，系统也就基于该商品为用户进行其他商品的推荐，告诉用户的是推荐商品依据。

　　（2）推荐的商品。

　　基于三星曲面显示器，系统为用户推荐了多款同品牌的其他显示器，每个推荐商品的信息都包括：商品主图、标题、价格、评价数目和好评率信息，告诉用户的是推荐商品的主要描述信息，让用户能够快速了解商品的情况。

> **提示：**
> 图 1-1 中截取的仅有两个商品，但并不代表只推荐了两个，在实际推荐中，推荐的商品数目往往更多，这里仅截取部分进行展示。

　　（3）推荐的理由。

　　京东商城会根据用户的行为为用户进行推荐，这里为推荐了三星的产品，是因为用户单击了一个三星的曲面显示器。即依据用户的行为推荐相符合的商品。

图 1-1 是一个典型的基于物品的推荐算法（Item-Based）应用场景，在第 5 章中会对该算法进行介绍，该算法会给用户推荐与产生行为物品相似的物品。

除了图 1-1 所示的基于物品的推荐算法外，还有一种基于用户关系（User-Based）的商品推荐（同样也会在第 5 章中进行具体的算法介绍）。例如，PLUS 会员身份下的"PLUS 会员都在买"模块，根据用户的相同身份关系进行商品推荐（如图 1-2 所示）。

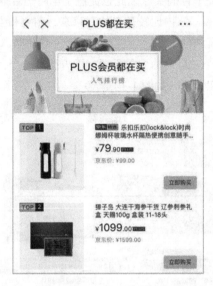

图 1-2　京东 APP "PLUS 会员都在买"模块

> 提示：
>
> 　　PLUS 会员为京东的付费服务，只有 PLUS 会员才可以看到该模块，同样限于图片长度，这里只截取了两个商品进行展示。

推荐系统在电商产品中的应用是极其广泛的，不仅京东，淘宝、当当等都涉及了推荐系统，可见推荐系统所带来的正面效应是可观的。

1.2.3　在社交类产品中的应用

在社交类产品中，推荐系统也作为一个重要的角色而存在。它能够在海量的主题、类别下找到用户所感兴趣的内容并推荐给用户。例如，以标签为代表的用户文字交互平台——豆瓣，在豆瓣小组模块（如图 1-3 所示），用户可以在大量的主题小组内找到自己感兴趣的主题并进入相应的子模块。

> 提示：
>
> 　　这里所提出的社交类产品并非狭义上的聊天软件，而是泛指一切沟通、交流平台。

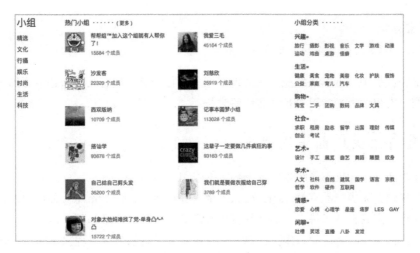

图 1-3　豆瓣小组模块

在图 1-3 中所展示的是典型的基于标签的推荐系统应用。

首先是为用户进行热门推荐，推荐的是相对活跃和话题较多的小组，其次是右侧的主题推荐，用户可以选择不同的主题小组，如"兴趣"类下的"旅行""生活"类下的"美食"等。当用户进入"旅行"模块之后，会展示和"旅行"主题相关的小组推荐（如图 1-4 所示）。

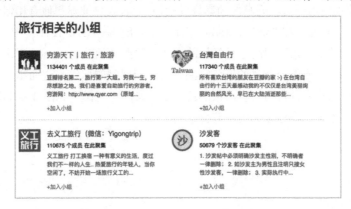

图 1-4　豆瓣"旅行"主题相关小组

当用户单击"穷游天下|旅行·旅游"小组后，会有按照时间（或热度）排列的话题推荐和基于用户（User-Based）的小组模块推荐（如图 1-5 所示）。

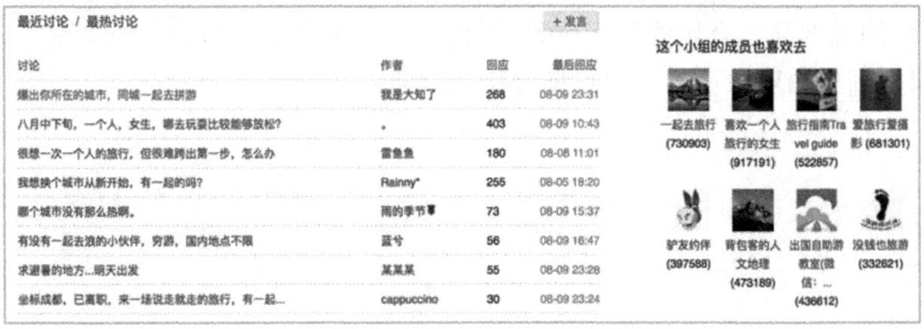

图 1-5　豆瓣"穷游天下|旅行·旅游"小组

> **提示：**
>
> 基于标签和热度的推荐算法分别在第 6 章和第 7 章进行介绍。

在社交类产品中，推荐系统能够快速地对用户进行分类，使有相同兴趣爱好的用户进行交流，从而在一定程度上增加用户黏性和停留时长。

1.2.4　在音乐类产品中的应用

在音乐类产品中，推荐系统也发挥着极大的作用。

国外知名的音乐类产品有 Pandora Radio（潘多拉电台）、Last.fm 等，而国内做得比较好的包括豆瓣电台、网易云音乐等。虽然都是音乐类产品，背后的技术却不一样。

- Pandora Radio 背后的音乐推荐算法，主要是基于音乐基因工程来做的。Pandora Radio 描述歌曲的特征细化到了歌曲的编曲、乐器搭配、乐器演奏特征、风格、根源、人声的特征、曲调、旋律特征等维度。并且，以一种非常客观的角度来描述歌曲的特征，是一种几乎所有人耳朵都能接触到的物理属性，即，不会随欣赏者阅历的不同而有不同的认知，排除了情感属性。
- Last.fm 则对用户的听歌记录和用户反馈进行记录，同时结合用户的社交网络，在此基础上计算不同用户对不同歌曲的喜好程度，从而给用户推荐和他有相似听歌爱好的其他用户喜欢的歌曲。和 Pandora Radio 相比，Last.fm 缺少的是打标。

豆瓣电台和网易云音乐采用的也是打标的方式，但两者相较于 Pandora 来讲，就没有那么详细了，更多的是歌曲或电台节目的风格、演唱者、情感类的标签，进而结合用户画像对用户进行推荐。但基于网易云音乐的内容，依旧留存了大量的"村民"。图 1-6 为网易云电台类别标签，每个标签下为符合该标签的电台节目。

图 1-6　网易云电台类别标签

图 1-7 所示的是网易云音乐的风格标签。平台会记录用户在网易云音乐平台上的所有行为，最终会结合用户画像和用户行为为用户推荐相关歌曲。

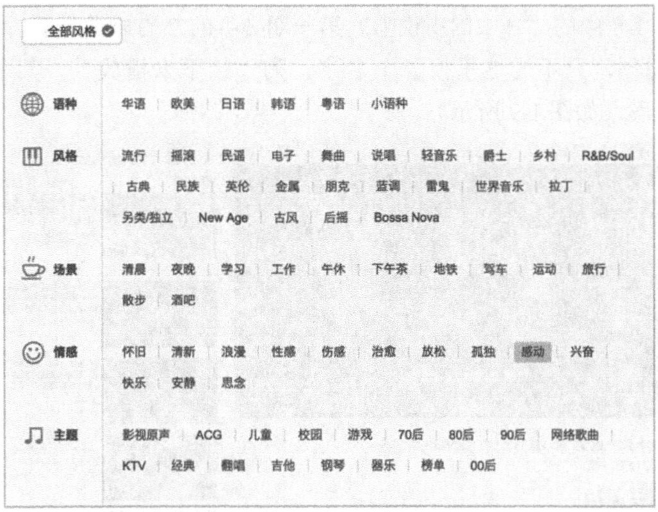

图 1-7　网易云音乐的风格标签

1.2.5　在视频类产品中的应用

在电影和视频产品中,推荐系统也是一种重要的应用。它能帮助用户在海量的视频库中找到用户感兴趣的视频并推荐给用户。在视频领域做得比较出色的有 NetFlix 和 YouTube。

YouTube,作为美国最大的视频网站之一,拥有海量的视频数据,但也面临着严重的信息过载问题。为此,YouTube 也在个性化推荐领域做了大量的工作。给用户的直观感受是:当用户登录 YouTube 之后,YouTube 会根据用户之前的观看习惯进行相应的视频推荐(如图 1-8 所示)。

图 1-8　YouTube 首页的推荐

在图 1-8 中,YouTube 为用户推荐了音乐类视频和体育类视频,说明该用户在过去一段时间内经常浏览该类别的视频。在推荐的单个视频中,可以看到该视频的封面、名称、上传者、观看次数和上传时间等信息。

当用户单击图 1-8 中的"《中国新说唱》第一期必听的 7 首歌曲"后，会在该视频的右侧看到相应的推荐视频，只不过这里换了个名字，为"接下来播放"，其本质还是基于物品（Item-Based）的推荐（如图 1-9 所示）。

图 1-9　YouTube 单个视频播放页推荐

1.2.6　在阅读类产品中的应用

如今，阅读类产品占据着人们大量的碎片化时间，为了给用户一个良好的阅读体验和增加用户的留存率，在推荐系统的使用上也做了大量的工作，如各类新闻门户网站，其中做得比较好的要数国内的今日头条（以下以"头条"代称）了。

"头条"以算法和内容作为产品的驱动力，结合优秀的推荐架构，利用推荐算法将合适的内容在合适的时间推荐给合适的用户，从而提升点击率和用户活跃度。图 1-10 是用户登录头条之后的展示图，首页推荐部分是一个 Feed 流，展示的是为用户推荐的内容，这一点和 YouTube 首页极为相似，只是两者的推荐主体不一样。

图 1-10　今日头条首页推荐

当用户单击其中一篇文章并进去之后，在底部的"相关推荐"模块会为用户推荐大量的相似新闻。例如，单击了"距中国仅 3.5 小时的美丽小岛，去一次等于玩遍桂林、马代和澳洲！"这篇文章，在底部可以看到如图 1-11 所示的推荐。

图 1-11 "相关推荐"模块

这里的推荐主要采用的依然是基于物品（Item-Based）的推荐算法，所推荐的文章和用户即时浏览的文章相似度极高。推荐的每篇文章依旧包含封面、标题、来源、评论数和相关标示等信息。

> 提示：
> 该模块的推荐采用的是 Feed 流形式，用户可以无底限地往下滑动，查看相关新闻，这也是"头条"备受质疑的一点："头条"的推荐让用户以为全世界都是用户的。因为看到的文章越来越相似，推荐的文章都是用户喜欢的，从而产生"全世界都是我的"的错觉。

1.2.7 在服务类产品中的应用

在服务类网站中，推荐系统也有不可忽视的分量。例如，某公司的员工张某来到 X 市出差，可是不知道住哪儿，于是打开美团 APP，打开"酒店"页面，输入时间和地点之后，返回的搜索页面如图 1-12 所示。

图 1-12 美团酒店推荐

同样，用户也可以设置条件，如区域、价格、星级等，美团酒店后端会根据用户的筛选条件做相应的过滤，进而将符合条件的酒店和用户进行匹配，然后推荐给用户。图 1-12 中的位置服务就是典型的基于地理位置服务（Location Based Services，LBS）的推荐算法，在第 7 章会进行详细的介绍。

单击某个酒店，进入详情页，会看到"酒店周边"和"附近热销酒店"两个模块（如图 1-13和图 1-14 所示）。

- "酒店周边"推荐，也是基于位置服务的推荐。首先获取该酒店周边的商家，然后对其进行分类，将指定的类别及商家展示给用户。
- "附近热销酒店"推荐，也是根据位置获取该酒店周边的酒店，然后基于指定的规则对其进行排序，展示给用户。

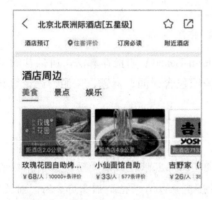 

图 1-13　美团"酒店周边"推荐　　　　图 1-14　美团"附近热销酒店"推荐

1.3　学习本书需要的技能

本书主要内容是推荐系统的理论和实战，那么如何才能更好地学习本书？需要具备以下的一些技术点。

1.3.1　Python 基础

图 1-15 为 IEEE Spectrum 杂志统计的 2017 年编程语言排行榜。其中，Python 排名第一。

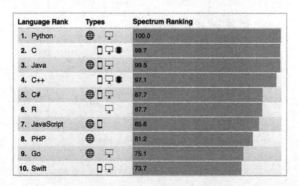

图 1-15　IEEE Spectrum 统计的编程语言排行榜

Python 是一个面向对象的脚本语言，具有解释性、编译性、互动性及很强的可读性，受到了广大开发者的青睐。

1．Python 的安装

Python 的安装相对简单，只需要在官网下载相应版本的软件，进行安装即可，本书不对安装过程做过多说明。

> 提示：
>
> 由于 Python 2 官方已经停止维护，所以本书采用的是 Python 3.6.4 版本。

2．Package 的准备

Package 是模块的集合。Python 官方和社区维护了很多 Package，以便开发者进行快速开发迭代。

本书会涉及一些常用库，包括但不局限于以下这几个。

（1）Numpy：高性能的科学计算和数据分析基础包。提供的功能有多维数组（Ndarray）、标准数学函数、线性代数、随机数生成和傅里叶变换等。

（2）Pandas：一种基于 numpy 的工具。包含了大量库和数学模型，提供了高效地操作大型数据集所需的工具，包括 DataFrame 和 Series 两大数据结构，以及基于两大数据结构的高效的操作函数，主要用于处理结构化数据。

（3）Jieba：中文分词库，支持三种分词模式——精确模式、全模式、搜索引擎模式，同时支持繁体分词和自定义词典。

（4）Json：一种轻量级的数据交换格式。该格式就是 Python 中字典的数据格式。Json 模块是专门处理 Json 格式数据的库，提供了四个方法——dumps、dump、loads、load。

（5）Random：实现了各种伪分布随机生成数据，常见的有随机生成浮点数、指定范围内随机生成整数、从序列中随机选择一个元素、采样等，在训练数据集和测试数据集生成、产生随机数方面有很大作用。

（6）Jupyter Notebook：一个强大的网页 Python 编辑器。在启动后，提供一个 Python 运行环境，开发者可以在其中进行代码的编写、查看、输出和可视化。它是一款可执行端到端的数据科学工作流程的便捷工具，其中包括数据清理、统计建模、构建和训练机器学习模型、可视化数据等。

3．开发环境

在学习本书时，可以使用 Jupyter Notebook 进行代码开发。但在实际工作中，建议使用更专业的开发工具，如 PyCharm。

PyCharm 是一款专门进行 Python 开发的工具，支持代码的调试和运行，也支持代码高亮、报错提示等。PyCharm 打开界面如图 1-16 所示。

图 1-16 PyCharm 打开界面

> **提示：**
> 如果对 Python 的语法和编程还不太熟悉，可以参考李金洪编著的《Python 带我起飞入门、进阶、商业实战》一书。

1.3.2 数据结构

数据结构是指，相互之间存在着一种或多种关系的数据元素的集合，以及该集合中数据元素之间的关系组成。

数据结构是计算机行业从业者的必备知识。无论从事哪个方面的工作，好的数据结构往往能使代码变得更加精练、优秀。

数据结构包括串、树、链表、队列、栈、图等。但在实际使用中，往往延伸出更深层次的概念——好的代码结构和算法。

> **提示：**
> 这里说的算法并不是指机器学习算法或推荐算法，而是指常用的数据结构算法，如排序、查找、遍历、回溯等。

例如最常见的函数传参。相信大多数人的写法是以下这样的（以 java main 函数为例）：

```java
public class ParamExample {
    /*
        传进去三个参数，分别是姓名 name，年龄 age，性别 sex
    */
    public static void main(String[] args){
        String name = args[0];
        int age = Integer.parseInt(args[1]);
        String sex = args[2];

        System.out.println("name: " + name);
```

```
    System.out.println("age: " + age);
    System.out.println("sex: " + sex);
  }
}
```

但更美观的写法应该是：将参数赋给一个类，然后以类的对象调用参数。类似于下面这样：

```
public class ParamExample {
  String name;
  int age;
  String sex;

  public ParamExample(String name1,int age1,String sex1){
    name = name1;
    age = age1;
    sex = sex1;
  }
  public String getName(){
    return name;
  }
  public int getAge(){
    return age;
  }
  public String getSex(){
    return sex;
  }

  /*
    传进去三个参数，分别是姓名 name，年龄 age，性别 sex
  */
  public static void main(String[] args){
    ParamExample param = new ParamExample("thinkgamer",23,"男");
    System.out.println("name: " + param.getName());
    System.out.println("age: " + param.getAge());
    System.out.println("sex: " + param.getSex());
  }
}
```

两部分的代码运行结果均如下。很明显，将参数赋值给一个类时，代码看起来更加美观。

```
name: thinkgamer
age: 23
sex: 男
```

1.3.3　工程能力

工程能力就是达到最终结果的能力。对于计算机开发来讲，懂 Python 解释器底层原理，这是技术能力；懂算法参数，这是方法论。这两个都不是工程能力。

工程能力是把一堆杂乱的数据整理成结构化数据，并运用算法对数据进行加工，得到某些结论。

用一个更容易理解的例子解释，如某人找你组装一台计算机：

- 如果你只是知道哪个公司的处理器好、哪个公司的硬盘好，能列出组装计算机的所有器件，这并不是很"强"的工程能力，而是"强"的固化知识的能力。
- 而如果你能列出购物清单，购买器件，并将这些器件组装完成，送到用户家，放好机箱，摆正显示器，调好高低，等用户坐下来说"用起来真舒服！"，这才说明你展现出了较强的工程能力。

真正的 IT 从业者的工程能力应该包括但不局限于以下这些。

1．编码能力

强悍的编码能力，并不是说在很短的时间内完成一个业务开发，而是说在高效完成任务的同时能够追求代码的质量和可读性。只有同时具备高效、质量和可读性，才能说工程能力很强。

2．解决问题能力

工程能力的核心在于发现问题、分析问题和解决问题。

能够发现问题，说明拥有创新能力和自觉性的态度。

而对于已经发现的问题，能够缜密地进行分析、定位，进而快速解决，这样才真正达到了"知其然，知其所以然"的境界。

3．快速学习能力

计算机行业中，知识的迭代是非常快的。就好比，2014 年左右 Hadoop 分布式计算框架是主流的，但到 2017 年，基于内存计算的 Spark 框架成了分布式处理的新宠。一个从业者没有很强的学习、适应和突破能力是不行的。

好的学习能力的前提是：拥有一个好的学习技巧，在学习之初就明白学习的目的是什么。然后围绕该目的，列出一系列问题，然后在学习的过程中进行解决，同时进行手动实践，总结和积累经验。

4．文档梳理能力

工程能力的强弱很多时候体现在文档上。是否完成过一个项目，完成项目前后对项目的理解是不一样的；对项目是否有深入的思考，思考前后写出的文档深浅也是不一样的。

一个优秀的文档，除了对自己来说很重要，对于团队、他人来说也是十分重要的。

5．产品质量责任心

好的工程能力还需要负责任的心。试想一下，上级交给一项任务，如果敷衍了事，那么在这个岗位上是走不远的。

6．沟通协作

在实际的工作环境中，往往每个任务都需要多人协作完成。一个从业者，如果不懂得沟通和协作，所完成的任务必然是不能满足需求的。

1.4　如何学习本书

具备了 1.3 节中的知识技能，就可以进行本书的学习了，当然一个人如果不具备 1.3 节中的能力，也是可以进行本书的阅读和学习的，只不过需要在学习的过程中不断积累自己的能力，可以进行学习是一种级别，能高效地进行阅读和学习是另外一种层次，那么读者如何才能进行高效的阅读和学习呢？

（1）认真阅读本书。既然将知识写在书上，就证明是重要的，应该对书中所涉及的概念、理论、提示和实例等进行认真的阅读和理解。对于不懂的点，可以标记，自己进行搜索解答，也可以在读者圈中进行咨询。

（2）对于本书中的实例 Demo，读者在完成相应理论的学习后要自己动手实现实例代码，加深对理论知识的理解，同时也可以增强自己的工程能力。

（3）对每个章节后边的知识导图进行多次翻阅和理解。知识导图是对本章知识点的总结，如果经常翻阅，则可以加深对整本书知识链条的认知。

例如，学习"第 5 章 基于用户行为特征的推荐"时：

（1）首先，对整体内容进行大概的浏览，知道该章节是针对基于用户行为的推荐算法进行介绍，同时搞清楚每个小节讲述的内容，如第 5 章前边讲的是基于内容、基于近邻的推荐算法，后边讲的是基于 LFM 的推荐算法，且每个章节都有对应的实例代码。

（2）接下来便进入学习阶段。学习的过程中就需要对文本内容进行细读，清楚地明白每句话所传达的含义，并对文中所涉及的代码样例进行手动编写，独立完成。

（3）最后便是对整章内容的复习了。

1.5　知 识 导 图

本章对推荐系统的发展和应用做了一些介绍，同时对学习本书所具备的知识技能和学习本书的方法进行说明，主要目的是引导读者走进推荐系统的"世界"。

本章内容知识导图如图 1-17 所示。

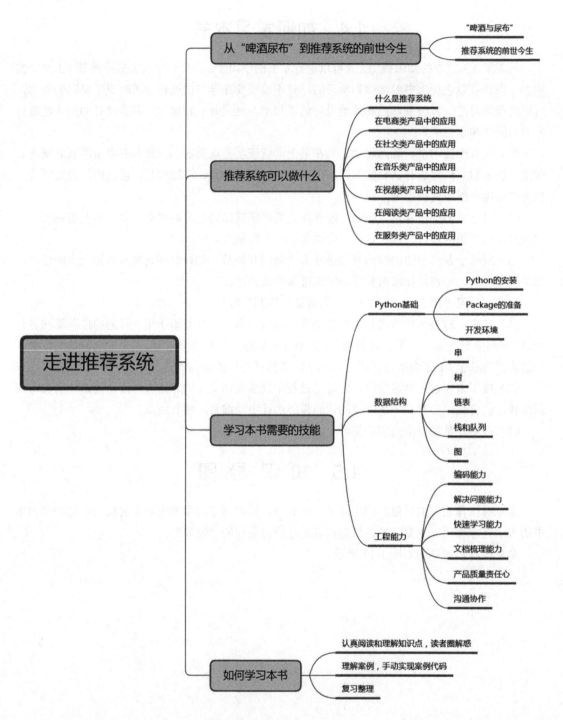

图 1-17　本章内容知识导图

第 **2** 章

搭建你的第一个推荐系统

通过第 1 章的学习，相信读者对推荐系统已经有了自己的认识。本章将会带领大家搭建本书中的第一个推荐系统——电影推荐系统，领略一下推荐系统的魅力。

2.1 实例 1：搭建电影推荐系统

"嗨，Susan，最近有什么好看的电影吗？"

"Thinkgamer，我觉得《芳华》不错，推荐你去看。"

这样的场景相信我们经常遇到，当我们不知道要看哪部电影时，会咨询一下身边的朋友，从他们那里得到一些意见。当我们在咨询别人时，往往会有自己的判断，Thinkgamer 喜欢文艺片，他不会去征求喜欢动画片的 Jake 的意见，但是他会去咨询同样喜欢文艺片的 Susan。下边将会带领大家来实现这样的一个电影推荐系统。

2.1.1 利用 Netflix 数据集准备数据

Netflix 数据集来源于电影租赁网站 Netflix。Netflix 于 2005 年公开此数据集，并设百万美元的奖金赛（Netflix Prize），征集能够使其推荐系统性能上升 10% 的推荐算法和架构。这个数据集包含了 480189 个匿名用户对大约 17770 部电影做的大约 10 亿次评分。

Netflix 数据集现在官网已经不提供下载，可以在 kaggle 网站上进行下载，也可以在本书附带的资料包中获取，kaggle 网站对应下载地址如下：https://www.kaggle.com/netflix-inc/netflix-prize-data#movie_titles.csv。

> 🔖 **提示：**
>
> Kaggle 由其联合创始人兼首席执行官 Anthony Goldbloom 于 2010 年在墨尔本创立，主要是为开发商和数据科学家提供举办机器学习竞赛、托管数据库、编写和分享代码的平台。

将下载后的文件解压，包含以下几个文件：

1．README

该文件是描述性内容，主要对数据集进行相关介绍，包括：包含哪些文件、每个文件表示的是什么内容、内容中的数据的含义。

可以直接阅读该文件来了解数据集，也可以往下看，通过接下来的内容来了解数据集。

2. movies_titles.txt

该文件表示的是电影的相关信息，文件有三列，每列之间以逗号隔开，数据形式如下：

```
1,2003,Dinosaur Planet
```

表示的含义是：电影 ID、上映日期、电影名字。例如上一行表示的是电影 ID 为 1 的 Dinosaur Planet 上映于 2003 年。

> **提示：**
> 数据集中包含的电影数目为：17770，电影上映的日期范围是：1890～2005。

3. training_set.tar

该压缩文件代表的是训练集，解压该文件，得到的是以每部电影 ID 为后缀命名的文件。以 mv_0000001.txt 为例（其他文件一致），共 17770 个文件，文件的第一行为电影 ID，后边的每行数据共三列，每列以逗号分隔，形式如下：

```
1488844,3,2005-09-06
```

第一列表示用户 ID，第二列表示评分值，第三列表示时间。上一行文件表示的含义是：用户 ID 为 14888844 的用户对电影 ID 为 1 的电影评分为 3 星，时间为 2005-09-06。

> **提示：**
> 用户 ID 范围为：1～2649429，文件中涉及了 480189 个用户。
> 评分值范围为 1～5，表示从 1 星到 5 星。
> 日期数据被格式化为：YYYY-MM-DD。

4. qualifying.txt

该文件中的数据是 Netflix 提供的验证数据集，数据格式为电影 ID 和其对应的用户 ID 及日期。例如：

```
1:
1046323,2005-12-19
```

1 为电影 ID，1046323 为对应的用户 ID，2005-12-19 为日期。在 Netflix Prize 中，参赛者提供的程序（算法）必须能够预测电影 ID 下对应的用户对电影的评分。

5. probe.txt

该文件中的数据是 Netflix 提供的测试数据集，数据格式为电影 ID 和对应的用户 ID。例如：

```
1:
30878
```

其中，1 为电影 ID，30878 为对应的用户 ID。

在 Netflix Prize 中，参赛者可以根据该部分数据集进行算法的测试和评估。

2.1.2　使用 Python 表示数据

 提示：

本实例依赖 2.1.1 小节中 training_set.tar 下的文件。由于该文件夹下的数据量较大，且本书是使用 Python 来进行代码开发的，比较消耗计算机资源，所以随意选取 1000 个用户来进行实例开发。

（1）在文件 2-1.py 中创建 FirstRec 类，从文件中加载数据，获取所有用户，并随机选取 1000 个，代码实现如下：

代码 2-1　第一个推荐系统——获取所有用户并随机选取 1000 个

```python
# -*- coding:utf-8 -*-

import os
import json
import random
import math

class FirstRec:
    """
        初始化函数
            filePath: 原始文件路径
            seed: 产生随机数的种子
            k: 选取的近邻用户个数
            nitems: 为每个用户推荐的电影数
    """
    def __init__(self,file_path,seed,k,n_items):
        self.file_path = file_path
        self.users_1000 = self.__select_1000_users()
        self.seed = seed
        self.k = k
        self.n_items = n_items
        self.train,self.test = self._load_and_split_data()

    # 获取所有用户并随机选取 1000 个
    def __select_1000_users(self):
        print("随机选取 1000 个用户！")
        if os.path.exists("data/train.json") and
os.path.exists("data/test.json"):
            return list()
        else:
            users = set()
            # 获取所有用户
            for file in os.listdir(self.file_path):
                one_path = "{}/{}".format(self.file_path, file)
```

```
            print("{}".format(one_path))
            with open(one_path, "r") as fp:
                for line in fp.readlines():
                    if line.strip().endswith(":"):
                        continue
                    userID, _ , _ = line.split(",")
                    users.add(userID)
    # 随机选取 1000 个
    users_1000 = random.sample(list(users),1000)
    print(users_1000)
    return users_1000
```

（2）将数据拆分为训练集和测试集，代码如下：

代码 2-1　第一个推荐系统——加载数据并拆分为训练集和测试集

```
# 加载数据, 并拆分为训练集和测试集
def _load_and_split_data(self):
    train = dict()
    test = dict()
    if os.path.exists("data/train.json") and
os.path.exists("data/test.json"):
        print("从文件中加载训练集和测试集")
        train = json.load(open("data/train.json"))
        test = json.load(open("data/test.json"))
        print("从文件中加载数据完成")
    else:
        # 设置产生随机数的种子, 保证每次实验产生的随机结果一致
        random.seed(self.seed)
        for file in os.listdir(self.file_path):
            one_path = "{}/{}".format(self.file_path, file)
            print("{}".format(one_path))
            with open(one_path,"r") as fp:
                movieID = fp.readline().split(":")[0]
                for line in fp.readlines():
                    if line.endswith(":"):
                        continue
                    userID, rate, _ = line.split(",")
                    # 判断用户是否在所选择的 1000 个用户中
                    if userID in self.users_1000:
                        if random.randint(1,50) == 1:
                            test.setdefault(userID, {})[movieID] = int(rate)
                        else:
                            train.setdefault(userID, {})[movieID] = int(rate)
    print("加载数据到 data/train.json 和 data/test.json")
    json.dump(train,open("data/train.json","w"))
    json.dump(test,open("data/test.json","w"))
    print("加载数据完成")
    return train,test
```

（2）在 main 函数中进行调用，代码如下：

代码 2-1　第一个推荐系统—— main 函数中创建对象

```
# main 函数，程序的入口
if __name__ == "__main__":
    file_path = "../data/netflix/training_set"
    seed = 30
    k = 15
    n_items =20
    f_rec = FirstRec(file_path,seed,k,n_items)
```

（3）运行代码，可以看到在 data/目录下产生了两个文件——train.json 和 test.json。在"代码 2-1　第一个推荐系统——加载数据并拆分为训练集和测试集"中使用 Python 将数据转化为字典格式，并利用 Python 的 Json 包将数据保存在 json 文件中，避免反复使用数据加载时间过长。

- train 表示的是训练数据集，用来计算用户偏好。
- test 表示的是测试数据集，用来评估推荐系统准确率。

2.1.3　选择相似用户

1. 使用皮尔逊相关系数表示用户之间的相似度

使用皮尔逊相关系数来表示用户与用户之间的相似度，见式（2.1）。

$$r = \frac{\sum_{i=1}^{n}(x_i - \overline{x})(y_i - \overline{y})}{\sqrt{\sum_{i=1}^{n}(x_i - \overline{x})^2}\sqrt{\sum_{i=1}^{n}(y_i - \overline{y})^2}} \tag{2.1}$$

提示：

皮尔逊相关系数是使用协方差除以两个变量的标准差得到的。当两个变量的方差都不为 0 时，相关系数才有意义。

皮尔逊相关系数的取值范围是[-1,1]。

- 当 $r=1$ 时，两个变量完全正相关；
- 当 $r=-1$ 时，两个变量完全负相关。

式（2.1）看起来比较复杂，且需要对数据进行两次遍历，第一次遍历求出 x 平均值和 y 平均值，第二次遍历才能出现结果，因此产生了能够近似计算皮尔逊相关系数的公式，见式（2.2）。

$$r' = \frac{\sum_{i=1}^{n} x_i y_i - \dfrac{\sum_{i=1}^{n} x_i \sum_{i=1}^{n} y_i}{n}}{\sqrt{\sum_{i=1}^{n} x_i^2 - \dfrac{(\sum_{i=1}^{n} x_i)^2}{n}}\sqrt{\sum_{i=1}^{n} y_i^2 - \dfrac{(\sum_{i=1}^{n} y_i)^2}{n}}} \tag{2.2}$$

2. 代码实现皮尔逊相关系数

式（2.2）对应的代码实现为：

代码 2-1　第一个推荐系统——计算皮尔逊相关系数，判断两个用户的相似度

```python
"""
    计算皮尔逊相关系数
        rating1:用户 1 的评分记录,形式如{"movieid1":rate1,"movieid2":rate2,...}
        rating2:用户 2 的评分记录,形式如{"movieid1":rate1,"movieid2":rate2,...}
"""
def pearson(self,rating1,rating2):
    sum_xy = 0
    sum_x = 0
    sum_y = 0
    sum_x2 = 0
    sum_y2 = 0
    num = 0
    for key in rating1.keys():
        if key in rating2.keys():
            num += 1
            x = rating1[key]
            y = rating2[key]
            sum_xy += x * y
            sum_x += x
            sum_y += y
            sum_x2 += math.pow(x,2)
            sum_y2 += math.pow(y,2)
    if num == 0:
        return  0
    # 皮尔逊相关系数分母
    denominator = math.sqrt( sum_x2 - math.pow(sum_x,2) / num) *
math.sqrt( sum_y2 - math.pow(sum_y,2) / num )
    if denominator == 0:
        return  0
    else:
        return ( sum_xy - ( sum_x * sum_y ) / num ) / denominator
```

"代码 2-1 第一个推荐系统——计算皮尔逊相关系，判断两个用户的相似度"中需要注意的是：传入的参数 rating1 和 rating2 为用户 1 和用户 2 的电影评分记录。如果要查看用户 ID 为 195100 和用户 ID 为 1547579 的两个用户的相关度，则可在 main 函数中增加如下调用：

```python
# 计算用户 195100 和 1547579 的皮尔逊相关系数
r = f_rec.pearson(f_rec.train["195100"],f_rec.train["1547579"])
print("195100 和 1547579 的皮尔逊相关系数为: {}".format(r))
```

计算出的 r 值为 0.1194695382178992。结果为正值，可见两个用户是正相关的，结果值较小，可见，相似度没有那么高。

2.1.4　为用户推荐相似用户喜欢的电影

新建 recommend()函数，为用户推荐电影，对应的代码如下：

代码 2-1　第一个推荐系统——为用户进行电影推荐

```
"""
    用户 userID 进行电影推荐
        userID: 用户 ID
"""
def recommend(self,userID):
    neighborUser = dict()
    for user in self.train.keys():
        if userID != user:
            distance = self.pearson(self.train[userID],self.train[user])
            neighborUser[user]=distance
    newNU = sorted(neighborUser.items(),key = lambda k:k[1] ,reverse=True)
# 字典排序

    movies = dict()
    for (sim_user,sim) in newNU[:self.k]:
        for movieID in self.train[sim_user].keys():
            movies.setdefault(movieID,0)
            movies[movieID] += sim * self.train[sim_user][movieID]
    newMovies = sorted(movies.items(), key = lambda k:k[1], reverse=True)
# 字典排序
    return newMovies
```

"代码 2-1 第一个推荐系统——为用户进行电影推荐"中涉及两个对 Python 字典的排序。如果对 Python 字典操作不太熟悉,可以参考李金洪编著的《Python 带我起飞——入门、进阶、商业实战》中第 4.8 节对字典的讲解。如果要为某个用户进行电影推荐,则可在 main 函数中增加如下调用:

```
# 为用户 195100 进行电影推荐
result = f_rec.recommend("195100")
```

返回的结果如下:

```
为用户 ID 为: 195100 的用户推荐的电影为: [('3938', 22.0), ('14538', 19.000000000000004),
('14103', 19.0), ('15205', 18.000000000000004), ('17355', 18.0), ('1905', 18.0),
('12317',     16.000000000000004),     ('13255',     16.000000000000004),     ('5317',
14.000000000000004), ('11283', 14.0), ('14240', 14.0), ....]
```

返回的结果为一个按照推荐分进行排序的列表(list)。列表中的每个元素为一个元组(tuple),元组的第一个元素为电影 ID,第二个元素为推荐分。

2.1.5　分析效果

本实例中采用的推荐系统评估方法为:针对测试集,为其推荐的电影占其本身有行为电影的比例。

在 FirstRec 类中新建 evaluate 函数,用来进行推荐系统的效果评估,对应的代码如下:

代码 2-1　第一个推荐系统——电影推荐系统效果评估

```
"""
    推荐系统效果评估函数
        num: 随机抽取 num 个用户计算准确率
"""
def evaluate(self,num=30):
    print("开始计算准确率")
    precisions = list()
    random.seed(10)
    for userID in random.sample(self.test.keys(),num):
        hit = 0
        result = self.recommend(userID)[:self.n_items]
        for (item,rate) in result:
            if item in self.test[userID]:
                hit += 1
        precisions.append(hit/self.n_items)
    return  sum(precisions) / precisions.__len__()
```

"代码 2-1 第一个推荐系统——电影推荐系统效果评估"中 evaluate 函数有一个参数 num，该参数的作用是随机选取 num 个用户进行准确率计算。因为数据集中包含的用户太多，如果对测试集中每个用户都计算准确率的话，消耗时间太长。evaluate 函数在 main 函数中的调用形式如下：

```
print("算法的推荐准确率为：{}".format(f_rec.evalute()))
```

运行程序，计算结果为 0.005。可见推荐系统的效果是不太理想的，可以通过调节近邻用户个数（k）、推荐电影的个数（nitem）和训练集（train）与测试集（test）的分割比例等来进行不同的实验，进而寻找最佳参数，提高推荐系统的准确率。

> 📋 **提示：**
> 本节旨在带领读者搭建第一个推荐系统，但由于数据集较大，所以在单机上运行时间较长。这里不进行推荐系统效果的优化，读者只需要明白推荐系统的搭建步骤，能够实现相应的实例代码即可。

2.2　总结：搭建推荐系统的一般步骤

通过 2.1 节的学习，对搭建推荐系统有了简单的了解，如果要搭建一个推荐系统，需要哪些步骤呢？

2.2.1　准备数据

数据是推荐系统的基础，无论是简单的推荐系统练习，还是京东、豆瓣等线上的大型推荐系统，都需要一定的基础数据。这些数据不仅包含要进行推荐的物品（商品、新闻、音乐、话题等），还要包含用户的行为日志。

本书中的推荐系统与各个网站使用的推荐系统之间有一定的差距。本书的目的在于带领读者领略推荐系统的魅力，了解推荐系统的结构和常用的推荐算法，进而能够搭建一些简单的推荐系统。而线上的大型推荐系统往往需要多人配合，所以本书中所涉及的数据相对而言也比较简单，如物品的信息集合、用户的行为日志等。

> **提示：**
> 线上大型的推荐系统往往需要多个项目组进行协同工作，例如：
> - 算法组提供有效的算法模型和系统结构；
> - 数据开发组负责准备模型所需要的基础特征数据；
> - 后台服务组负责对训练好的模型进行封装和调用，并对推荐系统的性能等进行处理。

2.2.2 选择算法

算法是一个推荐系统的核心组成部分，一个好的算法不仅能够带来良好的用户体验，还能够带来 KPI 的提升。

> **提示：**
> KPI：关键绩效指标（Key Performance Indicator）。

1. 算法的分类

传统的推荐算法包含热度推荐、基于用户和基于物品的协同过滤、基于内容的推荐、关联挖掘和基于标签的推荐等。

目前主流的推荐算法则是一些点击率预估类的算法，如 GBDT（梯度提升决策树，Gradient Boosting Decision Tree）、LR（逻辑回归，Logistic Regression）、FM（Factorization Machine，因子分解机）、FFM（Field-aware Factorization Machine，基于域的因子分解机）、XGBoost（eXtreme Gradient Boosting，极端梯度提升）、深度学习等。

2. 各有利弊，合理选择

在进行算法选择时，不要陷入"越是高端的算法，效果就会越好"的误区，选择什么样的推荐算法要由具体的业务场景和需求来决定。

传统的推荐算法并非一无用处，在一些基础算法模型方面，由于对数据结果的实时性没有要求，传统的推荐算法往往能取得更好的效果。

而一些离线实验中效果表现较好、更受学术界吹捧的算法，在真正的线上应用时，效果表现却并不一定太好。

近些年深度学习在排序场景中也得到了广泛应用，但局限于一些小数据量的场景，在大数据环境下的排序使用还是有一定难度的。

目前有些开源框架对一些算法进行了封装，如，Python 中的机器学习包 Scikit-Learn、深度学习包 TensorFlow、大数据环境下的 Saprk ml/Mllib 等。但也有一些算法并没有进行封装，如果要使用这部分算法，就要自己开发。

例如 2.1 节中所使用的算法——基于用户的协同过滤推荐算法就需要自己进行实现。

2.2.3 模型训练

在准备好数据和确定要使用的算法之后就是模型训练了，训练模型前的特征处理方式也有所不同，包含但不局限于：

- 归一化；
- 空值处理。

当数据集较大时，往往使用抽样或采样的方法缩小训练数据集。

2.2.4 效果评估

评估效果就是对模型进行评价。评估效果也是衡量一个模型是否能够应用到线上的一个指标，常见的模型评估包含准确率、召回率、F1-Score 等。在 2.1 节中，效果评估即计算推荐系统的准确率。

关于推荐系统的评估方法具体可参考本书第 10 章的内容。

2.3 知 识 导 图

本章带领读者搭建了第一个推荐系统——电影推荐系统，同时对搭建推荐系统的步骤做了总结说明，从对数据集的介绍到处理，再从计算相似用户到为用户进行电影推荐。

本章内容知识导图如图 2-1 所示。

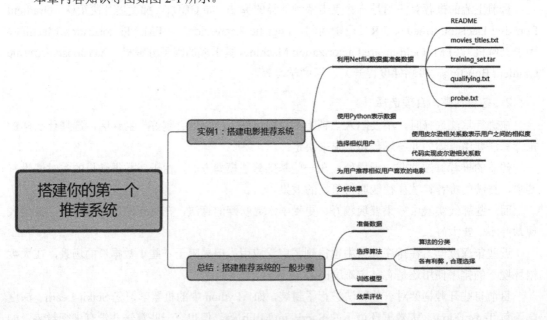

图 2-1　本章内容知识导图

第**3**章

推荐系统常用数据集介绍

数据是推荐系统的基石，一个优质的数据集可以对推荐算法的验证起到积极的作用。

本章将介绍推荐系统中常用的一些标准数据集，如 MovieLens 数据集、Book-Crossings 数据集、Last.fm 数据集、FourSquare 数据集及 Kaggle 中的 retailrocket 数据集。

3.1 MovieLens 数据集

MovieLens 数据集是一个关于电影评分的数据集。官网上提供了若干大小不一的数据集，下载地址为：https://grouplens.org/datasets/movielens。

下面以 ml-lm 数据集为例进行介绍。

 提示：

> 其他数据集和 ml-lm.zip 中的文件内容格式一致，只是包含的数据条数不一样，不必深究为什么选用该数据集。

下载并解压 ml-lm.zip，文件夹中包含四个文件：README、ratings.dat、movies.dat、users.dat。

3.1.1 README

该文件是对该数据集的整体介绍。该文件内容表明，该数据集包含了 6040 个用户对 3900 部电影的 1000209 条评分记录。关于每个文件的内容和格式可以参考该文件或阅读下面的内容。

3.1.2 ratings.dat

该文件的内容是用户对电影的评分记录，包含了 1000209 条数据，数据格式如下：

```
1::1193::5::978300760
```

该条记录对应列指代的是：UserID::MovieID::Rating::Timestamp，传达的内容为：ID 为 1 的用户在时间戳为 978300760 时对 ID 为 1193 的这部电影打了 5 分。

其中，UserID 的范围为 1～6040，MovieID 的范围是 1～3952，评分最高分为 5 分，时间戳是以秒为单位的。在所有的记录中，每个用户至少有 20 条记录。

下面可以通过实验来进行验证，代码如下：

代码 3-1　MovieLens 数据集介绍——评分记录数据查看

```python
import pandas as pd
import matplotlib.pyplot as plt

# 用来正常显示中文标签
plt.rcParams["font.sans-serif"] = ["SimHei"]
# 用来正常显示负号
plt.rcParams["axes.unicode_minus"] = False

def getRatings(file_path):
    rates = pd.read_table(
        file_path,
        header=None,
        sep="::",
        names=["userID", "movieID", "rate", "timestamp"],
    )
    print("userID的范围为: <{},{}>"
        .format(min(rates["userID"]), max(rates["userID"])))
    print("movieID的范围为: <{},{}>"
        .format(min(rates["movieID"]), max(rates["movieID"])))
    print("评分值的范围为: <{},{}>"
        .format(min(rates["rate"]), max(rates["rate"])))
    print("数据总条数为:\n{}".format(rates.count()))
    print("数据前5条记录为:\n{}".format(rates.head(5)))
    df = rates["userID"].groupby(rates["userID"])
    print("用户评分记录最少条数为: {}".format(df.count().min()))

    scores = rates["rate"].groupby(rates["rate"]).count()
    # 图上添加数字
    for x, y in zip(scores.keys(), scores.values):
        plt.text(x, y + 2, "%.0f" % y, ha="center", va="bottom", fontsize=12)
    plt.bar(scores.keys(), scores.values, fc="r", tick_label=scores.keys())
    plt.xlabel("评分分数")
    plt.ylabel("对应的人数")
    plt.title("评分分数对应人数统计")
    plt.show()

if __name__ == "__main__":
    getRatings("../data/ml-1m/ratings.dat")
```

"代码 3-1 MovieLens 数据集介绍——评分记录数据查看"中，使用 Python 的 Pandas 工具读取文件，主要参数说明如下：

- file_path 为文件路径；
- header=None 表示文件中的每列都没有 Name（可以自己进行设定）；
- sep 用来指定文件分割符，默认为 "\t"；
- names 为指定的每列的名字。

运行上述代码，显示的结果（包括想要的统计结果和图片）如下：

```
userID 的范围为：<1,6040>
movieID 的范围为：<1,3952>
评分值的范围为：<1,5>
数据总条数为：
userID      1000209
movieID     1000209
rate        1000209
timestamp   1000209
dtype: int64
数据前 5 条记录为：
   userID  movieID  rate  timestamp
0       1     1193     5  978300760
1       1      661     3  978302109
2       1      914     3  978301968
3       1     3408     4  978300275
4       1     2355     5  978824291
用户评分记录最少条数为：20
```

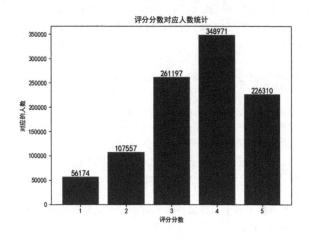

图 3-1　评分对应的人数分布图

可以看出，README 中给出的描述是正确的，且评分为 4 的人数最多，评分为 1 的人数最少。

3.1.3　movies.dat

该文件内容表示的是电影的相关信息，每条（即每行）数据的形式如下：

```
1::Toy Story (1995)::Animation|Children's|Comedy
```

其中的列数据以"::"进行分隔。第 1 列为电影 ID，第 2 列为电影名字，第 3 列为电影类型（类型间以"|"分隔）。

通过以下代码来查看数据的总条数和每种电影类型的统计分布图。

代码 3-1　MovieLens 数据集介绍——电影信息数据查看

```python
def getMovies(file_path):
    movies = pd.read_table(
        file_path,
        header=None,
        sep="::",
        names=["movieID", "title", "genres"]
    )

    print("movieID 的范围为: <{},{}>"
          .format(min(movies["movieID"]), max(movies["movieID"])))
    print("数据总条数为:\n{}".format(movies.count()))
    moviesDict = dict()
    for line in movies["genres"].values:
        for one in line.split("|"):
            moviesDict.setdefault(one, 0)
            moviesDict[one] += 1

    print("电影类型总数为:{}".format(len(moviesDict)))
    print("电影类型分别为:{}".format(moviesDict.keys()))
    print(moviesDict)

    newMD = sorted(moviesDict.items(), key=lambda x: x[1], reverse=True)
    # 设置标签
    labels = [newMD[i][0] for i in range(len(newMD))]
    values = [newMD[i][1] for i in range(len(newMD))]
    # 与 labels 对应,数值越大离中心区越远
    explode = [x * 0.01 for x in range(len(newMD))]
    # 设置 X 轴 Y 轴比例
    plt.axes(aspect=1)
    # labeldistance 表示标签离中心距离, pctdistance 表示百分百数据离中心区距离
    # autopct 表示百分比的格式, shadow 表示阴影
    plt.pie(
        x=values,
        labels=labels,
        explode=explode,
        autopct="%3.1f %%",
        shadow=False,
        labeldistance=1.1,
        startangle=0,
        pctdistance=0.8,
        center=(-1, 0),
    )
    # 控制位置: 在bbox_to_anchor 数组中, 前者控制左右移动, 后者控制上下移动
    # ncol 控制图例所列的列数, 默认为 1
    plt.legend(loc=7, bbox_to_anchor=(1.3, 1.0), ncol=3, fancybox=True,
               shadow=True, fontsize=6)
```

```
    plt.show()

if __name__ == "__main__":
    getMovies("../data/ml-1m/movies.dat")
```

运行代码,显示信息如下:

```
movieID 的范围为: <1,3952>
数据总条数为:
movieID    3883
title      3883
genres     3883
dtype: int64
电影类型总数为:18
电影类型分别为:dict_keys(['Animation', "Children's", 'Comedy', 'Adventure', 'Fantasy',
'Romance', 'Drama', 'Action', 'Crime', 'Thriller', 'Horror', 'Sci-Fi', 'Documentary',
'War', 'Musical', 'Mystery', 'Film-Noir', 'Western'])
    {'Animation': 105, "Children's": 251, 'Comedy': 1200, 'Adventure': 283, 'Fantasy':
68, 'Romance': 471, 'Drama': 1603, 'Action': 503, 'Crime': 211, 'Thriller': 492, 'Horror':
343, 'Sci-Fi': 276, 'Documentary': 127, 'War': 143, 'Musical': 114, 'Mystery': 106,
'Film-Noir': 44, 'Western': 68}
```

电影的类型饼图如图 3-2 所示。

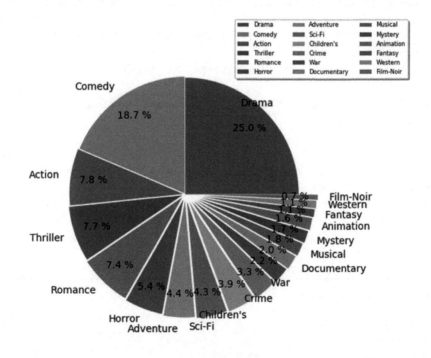

图 3-2 电影的类型饼图

从图 3-2 中可以看出,类型 Drama 下的电影个数最多(占比 25%),最少的为类型 Film-Noir(占比 0.7%)。

3.1.4　users.dat

该文件的内容是用户的相关信息，每条（即每行）数据的形式如下：

```
1::F::1::10::48067
```

其中列数据以 "::" 进行分隔。第 1 列为用户 ID，第 2 列为用户性别（F 为男性，M 为女性），第 3 列表示的是年龄，第 4 列表示的是职业，第 5 列表示的是压缩编码。

其中，年龄 1 对应 1～18 岁（不包含 18 岁），18 表示 18～24 岁，25 表示 25～34 岁，35 表示 35～44 岁，45 表示 45～49 岁，50 表示 50～55 岁，56 表示大于等于 56 岁。

同样，不同的职业编号对应着不同的岗位，此部分不再具体介绍，感兴趣的读者可以阅读 README 文件。

对用户的性别、年龄分布信息进行统计，代码如下：

代码 3-1　MovieLens 数据集介绍——用户性别年龄信息数据查看

```python
def getUsers(file_path):
    users = pd.read_table(
        file_path,
        header=None,
        sep="::",
        names=["userID", "gender", "age", "Occupation", "zip-code"],
    )
    print("userID 的范围为: <{},{}>".format(min(users["userID"]),
    max(users["userID"])))
    print("数据总条数为:\n{}".format(users.count()))

    usersGender = users["gender"].groupby(users["gender"]).count()
    print(usersGender)

    plt.axes(aspect=1)
    plt.pie(x=usersGender.values, labels=usersGender.keys(),
    autopct="%3.1f %%")
    plt.legend(bbox_to_anchor=(1.0, 1.0))
    plt.show()

if __name__ == "__main__":
    getUsers("../data/ml-1m/users.dat")
```

运行代码，显示结果如下：

```
userID 的范围为: <1,6040>
数据总条数为:
userID         6040
gender         6040
age            6040
Occupation     6040
zip-code       6040
```

```
dtype: int64
gender
F    1709
M    4331
```

用户性别分布统计如图 3-3 所示。

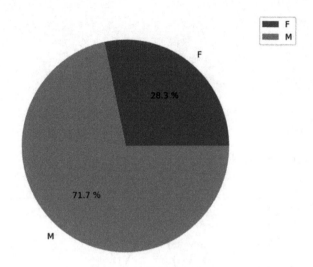

图 3-3　用户性别分布统计

从图 3-3 中可以看出，男性占比远超过女性，高达 71.7%。

在代码"代码 3-1 MovieLens 数据集介绍——用户性别年龄信息数据查看"中，evaUsers() 函数后边追加以下代码，可对用户的年龄分布信息进行统计。

代码 3-1　MovieLens 数据集介绍——用户性别年龄信息数据查看（续）

```
...
usersAge = users["age"].groupby(users["age"]).count()
    print(usersAge)

    plt.plot(
        usersAge.keys(),
        usersAge.values,
        label="用户年龄信息展示",
        linewidth=3,
        color="r",
        marker="o",
        markerfacecolor="blue",
        markersize=12,
    )
    # 图上添加数字
    for x, y in zip(usersAge.keys(), usersAge.values):
        plt.text(x, y+10, "%.0f" % y, ha="center", va="bottom", fontsize=12)
    plt.xlabel("用户年龄")
```

```
plt.ylabel("年龄段对应的人数")
plt.title("用户年龄段人数统计")
plt.show()
```

运行代码，显示结果如下：

```
...
age
1      222
18    1103
25    2096
35    1193
45     550
50     496
56     380
```

用户年龄分布统计如图 3-4 所示。

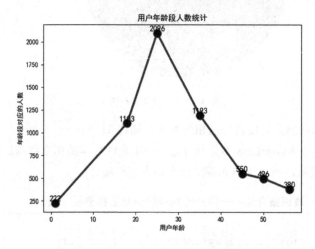

图 3-4　用户年龄分布统计

从图 3-4 中可以看出，年龄在 18～24 岁之间的用户数量最多，随着年龄的增加，用户数在逐步减少。这也符合一定的社会规律，青年人是活跃的用户群体。

 提示：

3.1.4 小节中分析了用户的性别和年龄分布，并用图进行了展示，请尝试对用户的职业进行图表分析。

3.2　Book-Crossings 数据集

该数据集是由 Cai-Nicolas Ziegler 在 Ron Hornbaker 的许可下，从 Book-Crossing 社区收集的图书评分数据集。它包含了 278858 个用户对 271379 本图书的 1149780 个评分数据。

数据集下载地址为：http://www2.informatik.uni-freiburg.de/~cziegler/BX/。

下载得到一个 BX-CSV-Dump 文件，解压重命名为 bookcrossings，该文件夹下有三个 csv 文件：BX-Book-Ratings.csv、BX-Books.csv 和 BX-Users.csv。

 提示：

BX-Users.csv、BX-Books.csv、BX-Book-Ratings.csv 三个文件为 CSV 文件，CSV 文件的列与列之间使用逗号分隔，但是打开这三个文件可以发现，列之间以 ";" 分隔，因此在使用 Pandas 读取时不能直接使用 read_csv() 方法进行读取。

3.2.1　BX-Book-Ratings.csv

该文件的内容是用户对图书的评分，数据格式如下：

```
User-ID;"ISBN";"Book-Rating"
276725;"034545104X";"0"
```

每行为一条记录，即每行即一个用户对一本图书的评分。列之间使用 ";" 分隔。

 提示：

图书的 ISBN（International Standard Book Number，国际标准书号）中可能包含字符，所以在使用 Pandas 读取文件时，如果不指定编码就会报错。

通过运行以下代码来查看用户评分的数据分布。

代码 3-2　Book-Crossings 数据集——评分记录数据查看

```python
import pandas as pd
import matplotlib.pyplot as plt

# 用来正常显示中文标签
plt.rcParams["font.sans-serif"] = ["SimHei"]
# 用来正常显示负号
plt.rcParams["axes.unicode_minus"] = False

def getRatings(file_path):
    print("filePath is '{}'".format(file_path))
    ratings = pd.read_table(
        file_path,
        header=0,
        sep=";",
        encoding="ISO-8859-1"
    )
    print("前 5 条数据为：\n {}".format(ratings.head(5)))
    print("总的数据记录条数为：\n {}".format(ratings.count()))
    print("用户对图书的评分范围为：<{},{}>\n"
          .format(ratings["Book-Rating"].min(), ratings["Book-Rating"].max()))
```

```
rateSer = ratings["Book-Rating"].groupby(ratings["Book-Rating"]).count()
plt.bar(rateSer.keys(), rateSer.values, fc="r", tick_label=rateSer.keys())
for x, y in zip(rateSer.keys(), rateSer.values):
    plt.text(x, y + 1, "%.0f" % y, ha="center", va="bottom", fontsize=9)
plt.xlabel("用户评分")
plt.ylabel("评分对应的人数")
plt.title("每种评分下对应的人数统计图")
plt.show()
```

```
if __name__ == "__main__":
    getRatings("../data/bookcrossings/BX-Book-Ratings.csv")
```

运行代码，显示结果如下：

```
filePath is '../data/bookcrossings/BX-Book-Ratings.csv'
前 5 条数据为:
    User-ID        ISBN Book-Rating
0   276725  034545104X           0
1   276726  0155061224           5
2   276727  0446520802           0
3   276729  052165615X           3
4   276729  0521795028           6
总的数据记录条数为:
 User-ID       1149780
ISBN          1149780
Book-Rating   1149780
dtype: int64
用户对图书的评分范围为: <0,10>
```

每种评分对应的人数统计柱状图如图 3-5 所示。

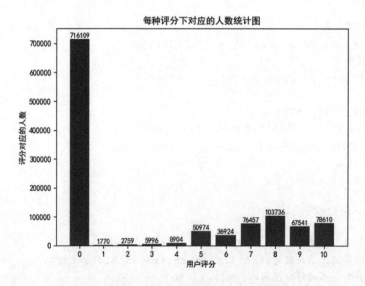

图 3-5   每种评分对应的人数统计

其中，评分为 0 的用户数为 716109，占据了极大部分，评分在 5～10 之间的用户个数要明显多于评分为 1～4 的用户个数。

3.2.2　BX-Books.csv

该文件记录的是图书信息，数据格式如下：

```
ISBN;"Book-Title";"Book-Author";"Year-Of-Publication";"Publisher";"Image-URL-S";
"Image-URL-M";"Image-URL-L"
  0195153448;"Classical Mythology";"Mark P. O. Morford";"2002";"Oxford University
Press";"http://images.amazon.com/images/P/0195153448.01.THUMBZZZ.jpg";"http://image
s.amazon.com/images/P/0195153448.01.MZZZZZZZ.jpg";"http://images.amazon.com/images/
P/0195153448.01.LZZZZZZZ.jpg"
```

每行为一条记录，即每行表示一本图书的信息。列之间使用";"分隔。

第 1 列为图书的唯一编号，第 2 列为图书名字，第 3 列为作者，第 4 列为出版时间，第 5 列为出版社，第 6、7、8 列为图书封面图片。

> **提示：**
>
> 当一本图书有多个作者时，数据集上只记录第一个作者。
>
> 图书封面图片以三种尺寸呈现，S 对应的为小尺寸，M 对应的为中尺寸，L 对应的为大尺寸。

在使用 Pandas 加载图书信息数据时，报错如下：

```
pandas.errors.ParserError: Error tokenizing data. C error: Expected 8 fields in line
6452, saw 9
```

查看原数据可知，在 Book-Title 中存在"&"，导致报错。由此可知，在得到数据后需要对数据进行验证。如果不符合使用要求，则要进行相关的处理。在 4.1 节会介绍数据预处理的知识。

3.2.3　BX-Users.csv

该文件内容记录的是图书的信息，数据格式如下：

```
User-ID;"Location";"Age"
1;"nyc    new york    usa";NULL
```

每行为一条记录，即每行表示一个用户的信息。列之间使用";"分隔。

第 1 列为用户编号，第 2 列为用户位置，第 3 列为用户年龄。

通过运行以下代码来查看用户的相关信息：

代码 3-2　Book-Crossings 数据集——用户信息数据查看

```
def getUsersMess(file_path):
    print("filePath is '{}'".format(file_path))
```

```
users = pd.read_table(
    file_path,
    header=0,
    sep=";",
    encoding="ISO-8859-1"
)
print("前 5 条数据为：\n {}".format(users.head(5)))
print("总的数据记录条数为：\n {}".format(users.count()))
print("年龄的最大最小值：<{},{}>"
        .format(users["Age"].min(), users["Age"].max()))

if __name__ == "__main__":
    getUsersMess("../data/bookcrossings/BX-Users.csv")
```

运行代码，显示结果如下：

```
filePath is '../data/bookcrossings/BX-Users.csv''
前 5 条数据为：
    User-ID                    Location     Age
0        1            nyc, new york, usa     NaN
1        2       stockton, california, usa  18.0
2        3   moscow, yukon territory, russia  NaN
3        4         porto, v.n.gaia, portugal 17.0
4        5 farnborough, hants, united kingdom NaN
总的数据记录条数为：
 User-ID    278858
Location    278858
Age         168096
dtype: int64
年龄的最大最小值：<0.0,244.0>
```

观察返回的信息，发现有两点异常：

（1）Age 列和 User-ID、Location 列数据条数不一致；

（2）年龄的取值范围不符合事实。

针对（1）中的情况，观察原数据可以发现，Age 列有很多空值，Pandas 在加载文件时会过滤掉这些空值，导致了 Age 列和另外两列数据记录条数不一致的情况。

针对（2）中的情况，观察原数据可以发现，最大和最小年龄的年龄值的确出现在 BX-Users.csv 文件中，即 Pandas 从文件中读取数据时是正确的。但是最大年龄值（244）和最小年龄值（0）不符合事实，因此这里可以认为该值是异常值。针对这种情况，常见的处理办法包括但不局限于：

- 符合事实的随机数填充；
- 平均数填充。

这里不对具体的方法实现进行介绍，具体可参考 4.1 节内容。

 提示：

本节介绍的数据集和 3.1 节介绍的数据集形式是一致的，均为用户对物品的评分记录集

合，不同的是该数据集中的部分文件有异常数据存在。这种情况是正常的。在使用任何一份数据之前，都要进行相关的数据验证和预处理，保证数据格式正确才能使用。

3.3　Last.fm 数据集

Last.fm 是一个音乐网站，提供了音乐推荐的数据集。数据集中的每个用户都包含他们喜欢的艺术家列表和播放喜欢的艺术家音乐的播放次数，以及他们对艺术家所打的标签。

> **提示：**
> Last.fm 数据集中包含了用户与用户之间的朋友关系，因此该数据集是一个具有用户社交网络信息的数据集。

可以从 GroupLens 网站（https://grouplens.org/datasets/hetrec-2011）下载 Last.fm 数据集。下载解压后重新命名为 lastfm-2k，该文件夹下包含 7 个文件。下面介绍这 7 个文件。

3.3.1　README

文件 README 是对整个数据集的简单介绍，包括文件内容格式、数据的简单统计结果等。关于每个文件的内容和格式可以参考该文件或阅读以下内容。

3.3.2　artists.dat

文件 artists.dat 包含了艺术家的 ID 编号、姓名、Last.fm 首页地址和图片地址，每条数据的格式如下所示。

```
id    name url pictureURL
1     MALICE MIZER http://www.last.fm/music/MALICE+MIZER
http://userserve-ak.last.fm/serve/252/10808.jpg
```

数据共四列，之间使用 "\t" 进行分隔。第 1 列为艺术家 ID，第 2 列为艺术家姓名，第 3 列为用户 Last.fm 的个人首页，第 4 列为图片链接。

上面的代码表示的是：ID 为 1 的用户名字为 MALICE MIZER，对应的 Last.fm 个人首页为 http://www.last.fm/music/MALICE+MIZER，对应的图片链接为：http://userserve-ak.last.fm/serve/252/ 10808.jpg。

3.3.3　tags.dat

文件 tags.dat 包含了标签的 ID 和名字，每条数据的格式如下：

```
tagIDtagValue
1       metal
```

数据共两列，列与列之间使用"\t"进行分隔。第 1 列为标签 ID，第 2 列为该 ID 对应的名字。

上述代码表示的是 ID 为 1 的 Tag 对应的名字为 metal。

3.3.4　user_artists.dat

文件 user_artists.dat 包含了用户听过的艺术家音乐和对应的次数，每条数据格式如下：

```
userID    artistID weight
2         51       13883
```

数据共三列，列与列之间使用"\t"进行分隔。第 1 列为用户 ID，第 2 列为艺术家 ID，第 3 列为次数。

上述代码表示的是 ID 为 2 的用户听过 ID 为 51 的艺术家的音乐 13883 次。

3.3.5　user_friends.dat

文件 user_friends.dat 包含了用户和对应用户的朋友关系，每条数据格式如下：

```
userID    friendID
2         275
```

数据共两列，列与列之间使用"\t"进行分隔。第 1 列为用户 ID，第 2 列为朋友的用户 ID。

上述代码表示的是 ID 为 2 的用户的朋友用户 ID 为 275。

3.3.6　uses_taggedartists.dat

文件包含了用户为艺术家打标签的相关信息。每条数据的格式如下：

```
userID    artistID tagID    day month    year
2         52       13       1   4         2009
```

数据共 6 列，列与列之间使用"\t"进行分隔。第 1 列为用户 ID，第 2 列为艺术家 ID，第 3 列为标签 ID，第 4 列为日期，第 5 列为月份，第 6 列为年份。

上述代码表示的是：ID 为 2 的用户在 2009 年 4 月 1 日为 ID 为 52 的艺术家打上了 ID 为 13 的标签。

3.3.7　user_taggedartists–timestamps.dat

该文件内容和 3.3.6 小节中的含义一致，只不过将对应的年月日时间转换成时间戳的形式。每条数据的格式如下：

```
userID    artistID tagID    timestamp
2         52       13       1238536800000
```

数据共四列，列与列之间使用"\t"进行分隔。第 1 列为用户 ID，第 2 列为艺术家 ID，第 3 列为标签 ID，第 4 列为时间戳。

上述代码表示的是：ID 为 2 的用户在时间戳为 1238536800000 这个时刻为 ID 为 52 的艺术家打上了 ID 为 13 的标签。

> **提示：**
>
> 时间戳是从 1970 年 1 月 1 日开始所经过的秒数。user_taggedartists-timestamps.dat 中的时间戳为毫秒级，即在秒级时间戳上乘以 1000。

毫秒级时间戳 1238536800000 转换为秒级时间戳是 1238536800，转换为时间是"2009-04-01 06:00:00"。

下面将演示如何使用 Python 进行转化，代码如下：

```
import datetime
# unix 时间戳
unix_ts = 1238536800000
# 时间戳转换为时间
t1 = datetime.datetime.fromtimestamp(unix_ts/1000)
print("1238536800000 转化为时间是: {}".format(t1))
```

3.4 FourSquare 数据集

FourSquare 是一家基于用户地理位置信息的手机服务网站，鼓励手机用户同他人分享自己当前所在地理位置等信息。

2013 年公开的 FourSquare 数据集包含 2153469 个用户、1143090 个场馆、1021966 个签到、27098488 个社交连接及 2809580 个用户对场馆的评分。这些数据都是通过公共 API 从 Foursquare 应用程序中提取的。

> **提示：**
>
> 所有用户信息都是匿名的，即用户地理定位是匿名的。各用户用 ID 和地理空间位置表示，场馆信息也是匿名的。

该数据集的地址为：https://archive.org/details/201309_foursquare_dataset_umn，下载地址为：https://archive.org/download/201309_foursquare_dataset_umn。

下载该文件并解压重命名为 foursquare-2013，它包含 5 个文件：users.dat、venues.dat、checkins.dat、socialgraph.dat 和 ratings.dat。

3.4.1 users.dat

文件 users.dat 包含的是用户的家乡位置信息，总共 2153469 个用户。数据格式如下：

```
id    |    latitude    |    longitude
------+----------------+--------------------
19    |    46.7866719  |    -92.1004852
```

文件的第 1 行表示的是列信息，第 2 行是分隔符，第 3 行开始为用户 ID 和对应的家乡位置信息。位置使用经纬度来进行表示。

示例中的数据表示的是：ID 为 19 的用户家乡在经度为 46.7866719、纬度为-92.1004852 的位置。

3.4.2　venues.dat

文件 venues.dat 包含的是场馆的位置信息，总共 1143090 个场馆。数据格式如下：

```
id       |    latitude    |    longitude
---------+----------------+----------------------
101759   |    45.5405832  |    -73.5965186
```

文件的第 1 行是列信息，第 2 行是分隔符，第 3 行开始为场馆 ID 和对应的位置信息。位置使用经纬度来表示。

示例中的数据表示的是：ID 为 101759 的场馆在经度为 45.5405832、纬度为-73.5965186 的位置。

3.4.3　checkins.dat

文件 checkins.dat 包含的是用户在场馆的签到信息，每条信息都包含签到 ID（唯一的）、用户 ID 和场馆 ID，总共 1021966 条签到信息。

数据格式如下：

```
id       | user_id | venue_id | latitude  | longitude |    created_at
---------+---------+----------+-----------+-----------+--------------------
984301   | 2041916 | 5222     |           |           | 2012-04-21 17:39:01
```

文件的第 1 行是列信息，第 2 行是分隔符，第 3 行开始为对应的签到信息。

示例中的数据表示的是：在 2012-04-21 17:39:01，ID 为 2041916 的用户在 ID 为 5222 的场馆进行了签到，签到唯一 ID 为 984301，签到的位置信息没有进行记录。

3.4.4　socialgraph.dat

文件 socialgraph.dat 包含的是用户的社交关系信息。每条关系包含两个用户，共 27098488 条社交关系信息。

数据格式如下：

```
first_user_id | second_user_id
--------------+----------------
        1     |       10
```

文件的第 1 行是列信息，第 2 行是分隔符，第 3 行开始为对应的社交关系信息。

示例中的数据表示的是：ID 为 1 的用户的一个朋友是 ID 为 10 的用户（这里的"朋友"指的是一定的社交关系指向）。

3.4.5 ratings.dat

文件 ratings.dat 包含的是用户对场馆的评分，共 2809580 条评分记录。

数据格式如下：

```
user_id | venue_id | rating
---------+----------+--------
     1   |    1     |   5
```

文件的第 1 行是列信息，第 2 行是分隔符，第 3 行开始为对应评分关系信息。

示例中的数据表示的是：ID 为 1 的用户为 ID 为 1 的场馆打了 5 分。

该文件中的评分范围是 1～5，可以通过以下代码查看评分的统计信息。

代码 3-3　FourSquare 数据集——评分记录数据查看

```python
import pandas as pd
import matplotlib.pyplot as plt

# 用来正常显示中文标签
plt.rcParams["font.sans-serif"] = ["SimHei"]
# 用来正常显示负号
plt.rcParams["axes.unicode_minus"] = False

def getRatingsMess(filePath):
    print("filePath is : {}".format(filePath))
    # drop 删除函数，这里删除第 0 行
    events = pd.read_table(filePath, header=0, sep="|").drop([0])
    print("数据的前 5 条为: \n{}".format(events.head(5)))
    print("events 的 key 为: \n {}".format(events.keys()))
    # 因为原数据的原因，按|分隔后 字段前后多了空格
    rateSer = events[" rating "].groupby(events[" rating "]).count()
    print("Event 的值有: \n{}".format(rateSer))

    plt.axes(aspect=1)
    plt.pie(x=rateSer.values, labels=rateSer.keys(), autopct="%3.1f %%")
    plt.legend(bbox_to_anchor=(1.0, 1.0))
    plt.show()

if __name__ == "__main__":
    getRatingsMess("../data/foursquare-2013/ratings.dat")
```

运行代码，显示信息如下：

```
数据的前 5 条为:
    user_id   venue_id   rating
1      1         1.0       5.0
```

```
2        1        51.0        4.0
3        1        51.0        2.0
4        1        51.0        5.0
5        1        52.0        5.0
events 的 key 为:
 Index([' user_id ', ' venue_id ', ' rating '], dtype='object')Event 的值有:
 rating
2.0    1016504
3.0     246642
4.0     629216
5.0     917218
Name: rating , dtype: int64
```

由运行结果信息可知，Index([' user_id ', ' venue_id ', ' rating '], dtype='object')中 user_id、venue_id、rating 的前后多了空格，这是由原始数据造成的。当然，也可以在使用这份数据之前进行预处理，去除这些空格。

评分汇总结果如图 3-6 所示。

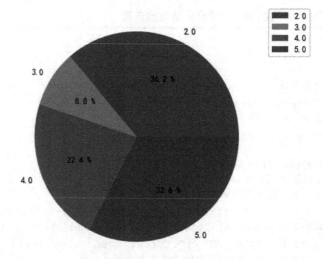

图 3-6　评分汇总结果

如图 3-6 所示，在评分结果中评分为 2 的记录最多（占比 36.2%），评分为 3 的记录最少（占比 8.8%）。

3.5　Kaggle 比赛之 retailrocket 数据集

retailrocket 数据集是一个真实的电子商务网站用户的行为数据，没有进行任何内容转换。但是由于安全问题，对所有数据都进行了 Hash 处理。该数据适用于研究隐式反馈推荐系统。

retailrocket 数据集的下载地址为：https://www.kaggle.com/retailrocket/ecommerce-dataset，下载解压后重命名为 retailrocket，该文件夹下包含三个文件：events.csv、item_properties.csv、category_tree.csv。

3.5.1 events.csv

该文件包含的是用户的行为数据记录，共计 1407580 个用户产生了 2756101 个行为，其中包括 2664312 次点击、69332 次加购、22457 次购买。

数据格式如下：

```
timestamp,visitorid,event,itemid,transactionid
1433221332117,257597,view,355908,
… …
1433193500981,121688,transaction,15335,11117
```

每行为一条记录，列与列之间使用逗号分隔（即 csv 文件）。第 1 列是时间戳，第 2 列是用户的 ID，第 3 列是行为，第 4 列是物品 ID，第 5 列是购买单号。

用户发生的行为有三种：view（点击）、addtocart（加入购物车）、transaction（购买）。

上面代码中的两条样例数据分别表示：

- ID 为 257579 的用户在时间为 1433221332117 时点击了 ID 为 355908 的物品。
- ID 为 121688 的用户在时间为 1433193500981 时购买了 ID 为 15335 的物品，购买单号为 11117。

对该数据进行相关的统计，代码如下：

代码 3-4　Kaggle 比赛之 retailrocket 数据集——用户行为数据查看

```python
import pandas as pd
import matplotlib.pyplot as plt

# 用来正常显示中文标签
plt.rcParams["font.sans-serif"] = ["SimHei"]
# 用来正常显示负号
plt.rcParams["axes.unicode_minus"] = False

def getEventsMess(filePath):
    print("filePath is : {}".format(filePath))
    events = pd.read_csv(filePath, header=0, encoding="utf-8")
    print("数据的前 5 条为: \n{}".format(events.head(5)))
    print("数据总条数为: \n{}".format(events.count()))
    eventSer = events["event"].groupby(events["event"]).count()
    print("Event 的值有: \n{}".format(eventSer))

    plt.axes(aspect=1)
    plt.pie(x=eventSer.values, labels=eventSer.keys(), autopct="%3.1f %%")
    plt.legend(bbox_to_anchor=(1.0, 1.0))
    plt.show()

if __name__ == "__main__":
    getEventsMess("../data/retailrocket/events.csv")
```

运行代码，显示信息如下：

```
filePath is : ../data/retailrocket/events.csv
数据的前5条为：
     timestamp  visitorid event  itemid  transactionid
0  1433221332117     257597  view  355908          NaN
1  1433224214164     992329  view  248676          NaN
2  1433221999827     111016  view  318965          NaN
3  1433221955914     483717  view  253185          NaN
4  1433221337106     951259  view  367447          NaN
数据总条数为：
timestamp        2756101
visitorid        2756101
event            2756101
itemid           2756101
transactionid      22457
dtype: int64
Event 的值有：
event
addtocart          69332
transaction        22457
view             2664312
Name: event, dtype: int64
```

通过显示结果中的 event 值，可以看出和官方给出的描述是一致的。用户行为数据统计如图 3-7 所示。

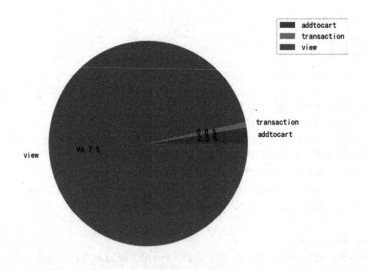

图 3-7　用户行为数据统计

从图 3-7 中可以看出，view（点击）发生次数最多（占比 96.7%），addtocart（加入购物车）和 transaction（购买）发生的次数占比较小。

3.5.2　category_tree.csv

文件 category_tree.csv 的内容是品类之间的关系信息，共 1669 条品类关系信息。数据格式如下：

```
categoryid,parentid
1016,213
… …
231,
```

每行即为一条类别对应关系，列与列之间使用逗号分隔。第 1 列是类别 ID，第 2 列是该类别 ID 的父类别 ID。

上面代码中的两条样例数据表示的是：

- 类别 ID1016 的父类别 ID 为 213。
- 类别 ID231 没有父类别 ID。

3.5.3　item_properties.csv

文件 item_properties.csv 的内容是物品相关属性信息，共包含 20275902 条物品属性信息。数据格式如下：

```
timestamp,itemid,property,value
1433041200000,183478,561,769062
```

每行为一个物品属性信息，列与列之间使用逗号分隔。

第 1 列是时间戳（这里的时间戳是毫秒级时间戳，可以参考 3.3.7 小节中给出的代码进行时间转换），第 2 列是物品 ID，第 3 列是所属类别，第 4 列是属性值。

> 📖 **提示：**
>
> 属性打上时间戳是因为物品的属性是会变化的，如价格、类别等。该文件中包含了约 90% 的 event.csv 文件中的用户有行为的 item 信息。

3.6　场 景 分 析

3.1～3.5 节介绍了五种数据集。不难发现，除了 1 和 2 类型相似外，其余 4 类数据集各有不同，那么所使用的场景也不同。

- MovieLens 数据集，主要适用于评分预测类的推荐场景。
- Last.fm 数据集，主要适用于基于标签的推荐场景，也适用于评分预测类和社交关系类的推荐场景。
- FourSquare 数据集，主要适用于基于位置的推荐场景，也适用于评分预测类推荐场景。
- Kaggle retailrocket 数据集，主要适用于隐式反馈推荐场景。

- Book-Crossings 数据集，主要适用于评分预测类的推荐场景。该数据的原数据中包含异常数据，旨在说明在使用数据之前需要进行数据有效性验证。

网上公开的还有其他很多推荐相关的数据集，感兴趣的读者可以自行进行搜索整理，本书只介绍上述五种数据集，且数据集可在本书的附带资料包中进行下载。

3.7 知 识 导 图

本章对推荐系统常用的数据集进行了介绍，同时也对数据集使用的场景做了简单分析，在后续的章节中会陆续使用到这些数据集。

本章内容知识结构如图 3-8 所示。

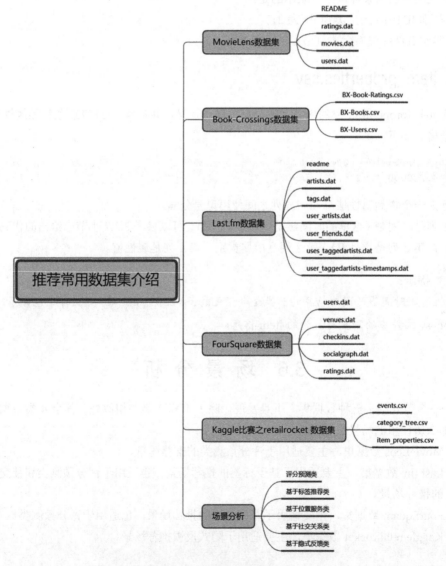

图 3-8 本章内容知识导图

第 2 篇
推荐系统涉及的算法介绍、冷启动和效果评估

- 第 4 章　数据挖掘——让推荐系统更懂你
- 第 5 章　基于用户行为特征的推荐
- 第 6 章　基于标签的推荐
- 第 7 章　基于上下文的推荐
- 第 8 章　基于点击率预估的推荐
- 第 9 章　推荐系统中的冷启动
- 第 10 章　推荐系统中的效果评估

第4章

数据挖掘——让推荐系统更懂你

个性化推荐是数据挖掘（Data Mining）中的一个目的明确的应用场景，所以，可以利用数据挖掘技术为推荐系统做一些基本工作，如了解数据、异常值处理、对用户群进行分类、对物品的价格进行聚类、构建用户的价格段偏好等，从而让推荐系统能够"千人千面"。

4.1 数据预处理

数据预处理（Data Preprocessing）是指：在使用数据进行建模或分析之前，对其进行一定的处理。

真实环境中产生的数据往往都是不完整、不一致的"脏数据"，无法直接用来建模或进行数据分析。为了提高数据挖掘质量，需要先对数据进行一定的处理。

常见的数据预处理包括：标准化、离散化、抽样、降维、去噪等。下面依次进行介绍。

4.1.1 数据标准化

数据标准化（Normalization）是指：将数据按照一定的比例进行缩放，使其落入一个特定的小区间。其中，最典型的就是数据的归一化处理，即将数据统一映射到[0, 1]之间。

> 📋 **提示：**
> 数据标准化的好处有：加快模型的收敛速度，提高模型的精度。

常见的数据标准化方法有以下 6 种。

1. Min-Max 标准化

Min-Max 标准化是指对原始数据进行线性变换，将值映射到[0,1]之间。

Min-Max 标准化的计算公式为：

$$x' = \frac{x - x_{\min}}{x_{\max} - x_{\min}}$$

式中，x 为原始数据中的一个数据，$x_{\min}$ 表示原始数据中的最小值，$x_{\max}$ 表示原始数据中的最大值，x' 为 Min-Max 标准化后的数据。

2．Z-Score 标准化

Z-Score（也叫 Standard Score，标准分数）标准化是指：基于原始数据的均值（mean）和标准差（standard deviation）来进行数据的标准化。Z-Score 标准化的计算公式为：

$$x' = \frac{x - \mu}{\sigma}$$

式中，x 为原始数据中的一个数据，μ 表示原始数据的均值，σ 表示原始数据的标准差，x' 为 Z-Score 标准化后的数据。

3．小数定标（Decimal scaling）标准化

小数定标标准化是指：通过移动小数点的位置来进行数据的标准化。小数点移动的位数取决于原始数据中的最大绝对值。小数定标标准化的计算公式为：

$$x' = \frac{x}{10^j}$$

式中，x 为原始数据中的一个数据，x' 为经过小数定标（Decimal scaling）标准化后的数据，j 表示满足条件的最小整数。

例如，一组数据为[-309, -10, -43,87,344,970]，其中绝对值最大的是 970。为使用小数定标标准化，用 1000（即 j=3）除以每个值。这样，-309 被标准化为-0.309，970 被标准化为 0.97。

4．均值归一化法

均值归一化是指：通过原始数据中的均值、最大值和最小值来进行数据的标准化。均值归一化法计算公式为：

$$x' = \frac{x - \mu}{x_{\max} - x_{\min}}$$

式中，x 为原始数据中的一个数据，μ 表示原始数据的均值，$x_{\max}$ 表示原始数据中的最大值，$x_{\min}$ 表示原始数据中的最小值，x' 为均值归一化后的数据。

> 📋 **提示：**
> 上述公式中的分母部分（$x_{\max} - x_{\min}$）也可以使用 $x_{\max}$ 进行替换。

5．向量归一化

向量归一化是指：通过用原始数据中的每个值除以所有数据之和来进行数据的标准化。向量归一化的计算公式为：

$$x' = \frac{x}{\sum_{i=1}^{n} x_i}$$

式中，x 为原始数据中的一个值，分母表示的是原始数据的所有数据之和，x' 为标准化后的数据。

6．指数转换

指数转换是指：通过对原始数据的值进行相应的指数函数变换来进行数据的标准化。进行指数转换常见的函数方法有 lg 函数、Softmax 函数和 Sigmoid 函数。

（1）lg 函数对应的标准化计算公式为：

$$x' = \frac{\lg (x)}{\lg (x_{max})}$$

式中，x 为原始数据中的一个数据，x_{max} 表示原始数据中的最大值，x' 为指数转换后的数据。

（2）Softmax 函数对应的标准化计算公式为：

$$x' = \frac{e^x}{\sum\limits_{i=1}^{n} e^{x_i}}$$

式中，x 为原始数据中的一个数据，e 为自然常数，分母表示的是原始数据中每个数据被 e 求指数后的和，分子表示的是原始数据中一个数据被 e 求指数，x' 为指数转换后的数据。

（3）Sigmoid 函数对应的标准化计算公式为：

$$x' = \frac{1}{1 + e^{-x}}$$

式中，x 为原始数据中的一个常数，e 为自然常数，x' 为指数转换后的数据。

4.1.2 实例 2：实现数据的标准化

4.1.1 小节介绍了常见的数据标准化方法，本节将使用 Python 进行代码编写。

例如，要对原始数据[1,2,3,4,5,6,7,8,9]进行标准化，代码如下：

代码 4-1 实现数据标准化

```
# -*-coding:utf-8-*-

import numpy as np
import math

class DataNorm:
    def __init__(self):
        self.arr = [1, 2, 3, 4, 5, 6, 7, 8, 9]
        self.x_max = max(self.arr)  # 最大值
        self.x_min = min(self.arr)  # 最小值
        self.x_mean = sum(self.arr) / len(self.arr)  # 平均值
        self.x_std = np.std(self.arr)  # 标准差

    def Min_Max(self):
        arr_ = list()
        for x in self.arr:
            # round(x,4) 对 x 保留 4 位小数
            arr_.append(round((x - self.x_min) / (self.x_max - self.x_min), 4))
        print("经过 Min_Max 标准化后的数据为:\n{}".format(arr_))

    def Z_Score(self):
        arr_ = list()
        for x in self.arr:
```

```python
            arr_.append(round((x - self.x_mean) / self.x_std, 4))
        print("经过 Z_Score 标准化后的数据为:\n{}".format(arr_))

    def DecimalScaling(self):
        arr_ = list()
        j = 1
        x_max = max([abs(one) for one in self.arr])
        while x_max / 10 >= 1.0:
            j += 1
            x_max = x_max / 10
        for x in self.arr:
            arr_.append(round(x / math.pow(10, j), 4))
        print("经过 Decimal Scaling 标准化后的数据为:\n{}".format(arr_))

    def Mean(self):
        arr_ = list()
        for x in self.arr:
            arr_.append(round((x - self.x_mean) / (self.x_max - self.x_min), 4))
        print("经过均值标准化后的数据为:\n{}".format(arr_))

    def Vector(self):
        arr_ = list()
        for x in self.arr:
            arr_.append(round(x / sum(self.arr), 4))
        print("经过向量标准化后的数据为:\n{}".format(arr_))

    def exponential(self):
        arr_1 = list()
        for x in self.arr:
            arr_1.append(round(math.log10(x) / math.log10(self.x_max), 4))
        print("经过指数转换法（log10）标准化后的数据为;\n{}".format(arr_1))

        arr_2 = list()
        sum_e = sum([math.exp(one) for one in self.arr])
        for x in self.arr:
            arr_2.append(round(math.exp(x) / sum_e, 4))
        print("经过指数转换法（SoftMax）标准化后的数据为;\n{}".format(arr_2))

        arr_3 = list()
        for x in self.arr:
            arr_3.append(round(1 / (1 + math.exp(-x)), 4))
        print("经过指数转换法（Sigmoid）标准化后的数据为;\n{}".format(arr_3))


if __name__ == "__main__":
    dn = DataNorm()
    dn.Min_Max()
    dn.Z_Score()
    dn.DecimalScaling()
    dn.Mean()
```

```
dn.Vector()
dn.exponential()
```

运行代码，显示信息如下：

```
经过 Min_Max 标准化后的数据为：
[0.0, 0.125, 0.25, 0.375, 0.5, 0.625, 0.75, 0.875, 1.0]
经过 Z_Score 标准化后的数据为：
[-1.5492, -1.1619, -0.7746, -0.3873, 0.0, 0.3873, 0.7746, 1.1619, 1.5492]
经过 Decimal Scaling 标准化后的数据为：
[0.1, 0.2, 0.3, 0.4, 0.5, 0.6, 0.7, 0.8, 0.9]
经过均值标准化后的数据为：
[-0.5, -0.375, -0.25, -0.125, 0.0, 0.125, 0.25, 0.375, 0.5]
经过向量标准化后的数据为：
[0.0222, 0.0444, 0.0667, 0.0889, 0.1111, 0.1333, 0.1556, 0.1778, 0.2]
经过指数转换法（log10）标准化后的数据为：
[0.0, 0.3155, 0.5, 0.6309, 0.7325, 0.8155, 0.8856, 0.9464, 1.0]
经过指数转换法（SoftMax）标准化后的数据为：
[0.0002, 0.0006, 0.0016, 0.0043, 0.0116, 0.0315, 0.0856, 0.2326, 0.6322]
经过指数转换法（Sigmoid）标准化后的数据为：
[0.7311, 0.8808, 0.9526, 0.982, 0.9933, 0.9975, 0.9991, 0.9997, 0.9999]
```

在"代码 4-1 实现数据标准化"中，使用 round 函数来进行小数后数据位数的保留，如 round(x,4)表示的是保留小数点后 4 位小数。

4.1.3 数据离散化

数据离散化（也叫数据分组）是指将连续的数据进行分组，使其变为一段段离散化的区间。

根据离散化过程中是否考虑类别属性，可以将离散化算法分为有监督算法和无监督算法两类。由于有监督算法（如基于熵进行数据的离散化）充分利用了类别属性的信息，所以在分类中能获得较高的正确率。

常见的数据离散化方法有以下几种。

> **提示：**
> 以下介绍的数据分组方法均需要对数据进行排序，且假设待离散化的数据按照升序排列。

1. 等宽分组

等宽分组的原理是，根据分组的个数得出固定的宽度，分到每个组中的变量的宽度是相等的。例如，将一组变量（1,7,12,12,22,30,34,38,46）分成三组。

- 宽度为 15，即用变量中的最大值（46）减去变量中的最小值（1），然后用差除以组数（3）。
- 每组的范围为：（1,16]、（16,31]、（31,46]。

> **提示：**
> （1,16]表示半开半闭区间，即大于 1 且小于或等于 16。另外，采用半开半闭区间时，最小值不能进行有效分组，这里默认将其归为第一组。

- 分组后的结果为：（1,7,12,12）、（22,30）、（34,38,46）。

2．等频分组

等频分组也叫分位数分组，即分组后每组的变量个数相同。

例如，将一组变量（1,7,12,12,22,30,34,38,46）分成三组。

变量的总个数为 9，所以每组的变量为 3 个。分组后的结果为：（1,7,12）、（12,22,30）、（34,38,46）。

> **提示：**
>
> 等宽分组和等频分组实现起来比较简单，但都需要人为地指定分组个数。
>
> 等宽分组的缺点是：对离群值比较敏感，将属性值不均匀地分布到各个区间。有些区间包含的变量较多，有些区间包含的变量较少。
>
> 等频分组虽然能避免等宽分组的缺点，但是会将相同的变量值分到不同的组（以满足每个组内的变量个数相同）。

3．单变量分组

单变量分组也叫秩分组。其原理是：将所有变量按照降序或升序排序，排序名次即为排序结果，即将值相同的变量划分到同一组。

例如，将一组变量（1,7,12,12,22,30,34,38,46）分成三组。

去重后，变量个数为 8，所以该组变量的分组数目为 8。

结果为：（1）、（7）、（12,12）、（22）、（30）、（34）、（38）、（46）。

4．基于信息熵分组

在学习信息熵分组之前，先了解一下信息量和熵的概念。

（1）信息量。

香农（Shannon）被称为"信息论之父"，他认为"信息是用来消除随机不确定性的东西"。即，衡量信息量大小就看这个信息消除不确定性的程度。

信息量的大小和事件发生的概率成反比。信息量可表示为：

$$l(x) = -\log_2 p(x)$$

式中，$p(x)$表示 x 事件发生的概率。

信息量度量的是"一个具体事件发生"所带来的信息。

（2）熵。

熵是在结果出来之前对可能产生的信息量的期望——考虑该随机变量的所有可能取值，即所有可能发生事件所带来的信息量的期望。

$$E(x) = -\sum_{i=1}^{n} p(x_i) \log_2 p(x_i) \tag{4.1}$$

式中，$p(x_i)$表示 x_i 事件发生的概率，n 为 x 中所有类别的个数。

按照随机变量的所有可能取值划分数据的总熵 E 是所有事件的熵的加权平均：

$$E = \sum_{i=1}^{k} w_i E_i \qquad (4.2)$$

式中，$w_i = m_i/m$ 是第 x 个事件出现的比例，m_i 是第 i 个可能取值出现的次数，m 是所有取值出现的总次数。

> 📋 **提示：**
>
> 熵表示样本集合的不确定性。熵越大，则样本的不确定性越大。

所以，基于信息熵进行数据分组的具体做法是：

（1）对属性 A 的所有取值从小到大排序；

（2）遍历属性 A 的每个值 V_i，将属性 A 的值分为两个区间 S_1、S_2，使得将其作为分隔点划分数据集后的熵 S 最小，熵 S 的计算方式见式（4.1）和式（4.2）；

（3）当划分后的熵大于设置的阈值且小于指定的数据分组个数时，递归对 S_1、S_2 执行步骤（2）中的划分。

4.1.4 实例 3：基于信息熵的数据离散化

1. 准备数据

基于信息熵的数据离散化算法是有监督学习算法。在使用该方法对数据进行离散化时，需要数据有对应的标签。

现有一份数据，见表 4-1。

表 4-1 用户最近点击的 20 个商品的价格与是否加入购物车对应关系

价 格	标 签	价 格	标 签	价 格	标 签	价 格	标 签
56	1	641	1	10	1	2398	1
87	1	63	0	9	0	592	1
129	0	2764	1	88	1	561	1
23	0	2323	0	222	0	764	0
342	1	453	1	97	0	121	1

对该份数据进行离散化：新建 DiscreteByEntropy 类，然后初始化相关函数，并加载数据。对应的代码如下。

代码 4-2 基于信息熵的数据离散化——新建类并加载数据

```
import numpy as np
import math

class DiscreteByEntropy:
    def __init__(self, group, threshold):
        self.maxGroup = group  # 最大分组数
        self.minInfoThreshold = threshold  # 停止划分的最小熵
```

```
        self.result = dict()  # 保存划分结果

# 准备数据
def loadData(self):
    data = np.array(
        [
            [56, 1],   [87, 1],  [129, 0],  [23, 0],   [342, 1],
            [641, 1],  [63, 0],  [2764, 1], [2323, 0], [453, 1],
            [10, 1],   [9, 0],   [88, 1],   [222, 0],  [97, 0],
            [2398, 1], [592, 1], [561, 1],  [764, 0],  [121, 1],
        ]
    )
    return data
```

2. 计算数据的信息熵

该步骤是计算数据的信息熵，是为下一步分割数据集做准备。对应的代码如下：

代码 4-2　基于信息熵的数据离散化——计算数据的信息熵

```
# 计算按照数据指定数据分组后的香农熵
def calEntropy(self, data):
    numData = len(data)
    labelCounts = {}
    for feature in data:
        # 获得标签
        oneLabel = feature[-1]
        # 如果标签不在新定义的字典里则创建该标签
        labelCounts.setdefault(oneLabel, 0)
        # 该类标签下含有数据的个数
        labelCounts[oneLabel] += 1
    shannonEnt = 0.0
    for key in labelCounts:
        # 同类标签出现的概率
        prob = float(labelCounts[key]) / numData
        # 以 2 为底求对数
        shannonEnt -= prob * math.log(prob, 2)
    return shannonEnt
```

3. 分割数据集

寻找一组数据最佳分割点的方法是：遍历所有属性值，数据按照该属性分割，使得平均熵最小。对应的代码如下：

代码 4-2　基于信息熵的数据离散化——分割数据集

```
# 按照调和信息熵最小化原则分割数据集
def split(self, data):
    # inf 为正无穷大
    minEntropy = np.inf
```

```
    # 记录最终分割索引
    index = -1
    # 按照第一列对数据进行排序
    sortData = data[np.argsort(data[:, 0])]
    # 初始化最终分割数据后的熵
    lastE1, lastE2 = -1, -1
    # 返回的数据结构，包含数据和对应的熵
    S1 = dict()
    S2 = dict()
    for i in range(len(sortData)):
        # 分割数据集
        splitData1, splitData2 = sortData[: i + 1], sortData[i + 1 :]
        entropy1, entropy2 = (
            self.calEntropy(splitData1),
            self.calEntropy(splitData2),
        )  # 计算信息熵
        entropy = entropy1 * len(splitData1) / len(sortData) + \
                entropy2 * len( splitData2) / len(sortData)
        # 如果调和平均熵小于最小值
        if entropy < minEntropy:
            minEntropy = entropy
            index = i
            lastE1 = entropy1
            lastE2 = entropy2
    S1["entropy"] = lastE1
    S1["data"] = sortData[: index + 1]
    S2["entropy"] = lastE2
    S2["data"] = sortData[index + 1 :]
    return S1, S2, minEntropy
```

4. 数据离散化

按照 4.1.3 节中基于信息熵分组的内容，对数据做离散化处理。对应的代码如下：

代码 4-2　基于信息熵的数据离散化——数据离散化

```
# 对数据进行分组
def train(self, data):
    # 需要遍历的 key
    needSplitKey = [0]
    # 将整个数据作为一组
    self.result.setdefault(0, {})
    self.result[0]["entropy"] = np.inf
    self.result[0]["data"] = data
    group = 1
    for key in needSplitKey:
        S1, S2, entropy = self.split(self.result[key]["data"])
        # 如果满足条件
        if entropy > self.minInfoThreshold and group < self.maxGroup:
```

```
            self.result[key] = S1
            newKey = max(self.result.keys()) + 1
            self.result[newKey] = S2
            needSplitKey.extend([key])
            needSplitKey.extend([newKey])
            group += 1
        else:
            break
```

相应的主函数调用为：

```
if __name__ == "__main__":
    dbe = DiscreteByEntropy(group=6,threshold=0.5)
    data = dbe.loadData()
    dbe.train(data)
print("result is {}".format(dbe.result))
```

运行代码，显示信息如下：

```
result is {0: {'entropy': 0.9910760598382222, 'data': array([[  9,   0],
       [ 10,   1],
       [ 23,   0],
       [ 56,   1],
       [ 63,   0],
       [ 87,   1],
       [ 88,   1],
       [ 97,   0],
       [121,   1]])}, 1: {'entropy': 0.7642045065086203, 'data': array([[ 342,    1],
       [ 453,    1],
       [ 561,    1],
       [ 592,    1],
       [ 641,    1],
       [ 764,    0],
       [2323,    0],
       [2398,    1],
       [2764,    1]])}, 2: {'entropy': 0.0, 'data': array([[129,   0],
       [222,   0]])}}
```

可见这里将商品价格分为了 3 份，分别为{9,10,23,56,63,87,88,97,121}、{342,453,561,592,641,764,2323,2398,2764}、{129,222}。

4.1.5　数据抽样

数据抽样也叫数据采样。数据抽样是选择数据子集对象的一种常用方法。
- 在统计学中，抽样的目的是实现数据的调查和分析。
- 在数据挖掘中，抽样的目的是压缩数据量，减小数据挖掘算法的资源开销。
- 在数据挖掘中，抽样主要是从海量数据中产生训练集（Train Set）、测试集（Test Set）和验证集（Validation Set）。

训练集、测试集和验证集三者的区别如下：

- 训练集用来进行模型训练。
- 测试集用来衡量模型的一些统计指标，如准确率、召回率等。在训练模型的过程中不允许使用测试集，否则会导致模型过拟合。
- 验证集用来验证模型、辅助构建模型。在使用机器学习算法时，验证集是可选的。

> **提示：**
> "过拟合"表示：模型学习特征过于彻底时，噪声数据也会进入模型，导致后期测试时不能很好地识别数据，泛化能力太差。
> "欠拟合"表示：没有很好地捕捉到数据特征，不能很好地拟合数据。

常见的数据抽样方法有以下四种。

1．随机抽样

随机抽样（Random Sampling）是指，每次从数据集中随机取出一条数据作为抽样结果。在此情况下，每条数据被抽取的概率是一样的。随机抽样是最简单的抽样方法。

随机抽样分为以下两种。

- 有放回抽样：每次抽取的数据不从总体数据中删除。
- 无放回抽样：每次抽取的数据从总体数据中删除。

2．分层抽样

如果数据总体由不同类型的对象组成，且每种类型的对象数据差别较大，那么，简单随机抽样不能充分代表不太频繁出现的对象类型。如果分析中需要所有类型的代表，则随机抽样方法会有问题。分层抽样（Stratified Sampling）就是解决这种问题的抽样方法。

抽样时，分层抽样会从预先指定的组开始抽样。分层抽样分以下两种。

- 等个数抽样：在不同组内抽取的数据条数一致。
- 等比例抽样：在不同组内抽取的数据条数符合组与组之间的数据条数比例。

3．系统抽样

系统抽样（Systematic Sampling）又称为机械抽样、等距抽样。它的抽样过程如下：

（1）将数据按照一定的顺序分为长度相等的 n 个部分（假设每一部分的长度为 l）；

（2）从第 1 部分随机抽取第 k 个数据；

（3）依次用相等间距 l 从每一部分中抽取一条数据。

这些抽取出的数据组成抽样样本。

4．渐近抽样

合适的样本容量很难确定，因此有时需要自适应（Adaptive）或渐近抽样（Progressive Sampling）的方法。这些方法从一个小的样本集开始，然后逐渐增大样本容量，直至足够容量的样本。

渐近抽样方法不需要在一开始就确定正确的样本容量，但需要一个评估方法，以便确定样本容量增大到何种程度是最合适的。例如，使用渐近抽样来学习一个线性回归预测模型。尽管预测模型的准确率随着样本容量的增加而增大，但是在某一点准确率会逐渐减小。我们希望在该点停止增大样本集。

具体做法是：通过掌握模型准确率随样本增大的变化情况，并选取接近于稳定点的其他样本，可以估算出与稳定点的接近程度，从而决定是否停止抽样。

如图 4-1 所示，当样本容量达到 M 时，模型准确率最高。在进行渐近抽样时，应该在此刻停止抽样。

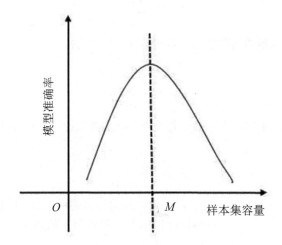

图 4-1　模型准确率随样本集容量的变化曲线

4.1.6　数据降维

在构建机器学习模型时，有时特征是极其复杂的，当特征的维度达到几千维时，模型训练将会耗费大量的时间。另外，如果特征较多，还会出现多重共线性、稀疏性的问题。

因此，需要简化属性、去噪、去冗余，以求取更典型的属性，但同时又希望不损失数据本身的意义，这时就需要对特征进行降维。

1. 降维的方法

数据降维分为线性降维和非线性降维。

- 线性降维：分为主成分分析（PCA）、线性判断分析（LDA）。
- 非线性降维：分为基于核函数的 KPCA、KICA、KDA 和基于特征值的 ISOMAP、LLE、LE、LPP、LTSA、MVU 等。

> 📖 提示：
> 由于本书的重点是推荐系统，故不对降维方法进行具体介绍。下面只对 PCA 降维方法进行介绍，其余方法可自行学习。

2. 主成分分析

主成分分析（Principal Component Analysis，PCA）是一种统计方法。通过正交变换，将一组可能存在相关性的变量转换为一组线性不相关的变量，转换后的这组变量叫主成分。

在数据分析中，常使用 PCA 给数据降维，它能在指定的损失范围内最大限度地简化属性。

PCA 的核心知识点是：协方差矩阵和特征值分解。在开始学习 PCA 之前，先学习以下几个概念：

- 均值：一组数据的平均水平。对应的计算公式为：

$$\overline{x} = \frac{\sum_{i=1}^{n} x_i}{n}$$

- 标准差：一组数据的离散程度。对应的计算公式为：

$$S = \sqrt{\frac{\sum_{i=1}^{n}(x_i - \overline{x})^2}{n-1}}$$

- 方差：标准差的平方，表示的也是一组数据的离散程度。对应的计算公式为：

$$S^2 = \frac{\sum_{i=1}^{n}(x_i - \overline{x})^2}{n-1}$$

- 协方差：表示的是两个随机变量 x、y 之间的相互关系。对应的计算公式为：

$$\mathrm{cov}(x, y) = E([x - E(x)][y - E(y)])$$

式中，$E(x)$ 为变量 x 的期望，经常用变量 x 的平均值代替。

当 x 和 y 相等时，协方差等于方差，即方差是协方差的一种特殊情况。

协方差的计算结果分为三种情况。

（1）大于 0：表示两个随机变量正相关。

（2）等于 0：表示两个随机变量不相关。

（3）小于 0：表示两个随机变量负相关。

- 协方差矩阵：协方差只能表示两个随机变量之间的相互关系。如果有多个随机变量，则需要使用协方差矩阵。假设有三个随机变量 x、y、z，那么对应的协方差矩阵为：

$$C = \begin{pmatrix} \mathrm{cov}(x,x) & \mathrm{cov}(x,y) & \mathrm{cov}(x,z) \\ \mathrm{cov}(y,x) & \mathrm{cov}(y,y) & \mathrm{cov}(y,z) \\ \mathrm{cov}(z,x) & \mathrm{cov}(z,y) & \mathrm{cov}(z,z) \end{pmatrix}$$

在清楚这些概念之后，通过以下的学习来理解 PCA。

通常，PCA 的降维过程如下：

（1）对特征进行标准化；

（2）计算协方差矩阵；

（3）计算协方差矩阵的特征值和特征向量；

（4）选取最大的 k 个特征值对应的特征向量，得到特征向量矩阵；

（5）将数据变换到 k 维，得到新的数据集。

下面将结合一个例子学习 PCA。

【例】假设有一组特征数据 data，数据如下。下面将对这组数据进行特征标准化，即对特征去中心化。

```
data = np.array([
    [1,2],
    [-2,-3.5],
    [3,5],
    [-4,-7]
])
```

（1）对特征进行标准化采用的是每列特征值减去该列特征的平均值，实现代码如下：

```
def Standard(self,data):
    # axis=0 按列取均值
    mean_vector=np.mean(data,axis=0)
    return data - mean_vector
```

标准化后的特征数据如下：

```
[[ 1.5    2.875]
 [-1.5   -2.625]
 [ 3.5    5.875]
 [-3.5   -6.125]]
```

（2）对标准化后的特征数据进行协方差矩阵计算，实现代码如下：

```
def getCovMatrix(self,newData):
    # rowvar=0 表示数据的每一列代表一个 feature
    return np.cov(newData,rowvar=0)
```

上述标准化后的特征数据对应的协方差矩阵为：

```
[[ 9.66666667 16.75    ]
 [16.75       29.0625  ]]
```

（3）计算协方差矩阵的特征值和特征向量，实现代码如下：

```
def getFValueAndFVector(self,covMatrix):
    fValue,fVector = np.linalg.eig(covMatrix)
    return fValue,fVector
```

对应的特征值为：

```
[9.68504702e-03 3.87194816e+01]
```

对应的特征向量为：

```
[[-0.86633062 -0.49947098]
 [ 0.49947098 -0.86633062]]
```

（4）根据指定的维数，求出方差最大的列对应的特征向量，进而转化为 $n \times k$ 的特征向量矩阵。其中，n 为数据长度，k 为指定的维数。实现代码如下：

```
def getVectorMatrix(self,fValue,fVector,k):
    fValueSort = np.argsort(fValue)
```

```
fValueTopN = fValueSort[:-(k + 1):-1]
return fVector[:,fValueTopN]
```

原始数据为 4×2 即 4 行 2 列的矩阵，现在指定 k 为 1，即将数据从二维空间降维到一维空间，对应的特征向量矩阵为：

```
[[-0.49947098]
 [-0.86633062]]
```

（5）结合原始数据（4×2）和特征向量矩阵（2×1），求出降维后的数据矩阵（4×1），实现代码如下：

```
def getResult(self,data,vectorMatrix):
    return np.dot(data,vectorMatrix)
```

（6）最终的计算结果为：

```
[[-3.239907  ]
 [ 3.02332434]
 [-6.83784081]
 [ 7.05442347]]
```

4.1.7　实例 4：对鸢尾花数据集特征进行降维

鸢尾花数据集是一个多重变量分析的数据集，其中包含 150 个数据集，分为 3 类，每类 50 个数据。每个数据包含花萼长度、花萼宽度、花瓣长度、花瓣宽度 4 个属性。

利用这些属性特征可以预测某个鸢尾花卉属于 Setosa、Versicolour、Virginica 三个种类中的哪一类。

例如，原始数据集格式如下：

```
5.1,3.5,1.4,0.2,Iris-setosa
4.9,3.0,1.4,0.2,Iris-setosa
```

现在使用 PCA 将数据集中的特征从四维降到二维，实现代码如下：

代码 4-3　对鸢尾花数据集特征进行降维

```
import numpy as np
from sklearn import datasets

class PCATest:
    def __init__(self):
        pass

    # 加载鸢尾花数据集中的特征作为 PCA 的原始数据集并进行标准化
    def loadIris(self):
        data = datasets.load_iris()["data"]
        return data

    # 标准化数据
```

```python
    def Standard(self,data):
        # axis=0 按列取均值
        mean_vector=np.mean(data,axis=0)
        return mean_vector,data - mean_vector

    # 计算协方差矩阵
    def getCovMatrix(self,newData):
        # rowvar=0 表示数据的每一列代表一个 feature
        return np.cov(newData,rowvar=0)

    # 计算协方差矩阵的特征值和特征向量
    def getFValueAndFVector(self,covMatrix):
        fValue,fVector = np.linalg.eig(covMatrix)
        return fValue,fVector

    # 得到特征向量矩阵
    def getVectorMatrix(self,fValue,fVector,k):
        fValueSort = np.argsort(fValue)
        fValueTopN = fValueSort[:-(k + 1):-1]
        return fVector[:,fValueTopN]

    # 得到降维后的数据
    def getResult(self,data,vectorMatrix):
        return np.dot(data,vectorMatrix)

if __name__ == "__main__":
    # 创建 PCA 对象
    pcatest = PCATest()
    # 加载 Iris 数据集
    data = pcatest.loadIris()
    # 归一化数据
    mean_vector,newData = pcatest.Standard(data)
    # 得到协方差矩阵
    covMatrix = pcatest.getCovMatrix(newData)
    print("协方差矩阵为:\n {}".format(covMatrix))
    # 得到特征值和特征向量
    fValue, fVector = pcatest.getFValueAndFVector(covMatrix)
    print("特征值为:{}".format(fValue))
    print("特征向量为:\n{}".format(fVector))
    # 得到要降到 k 维的特征向量矩阵
    vectorMatrix = pcatest.getVectorMatrix(fValue, fVector, k=2)
    print("k 维特征向量矩阵为:\n{}".format(vectorMatrix))
    # 计算结果
    result = pcatest.getResult(newData,vectorMatrix)
    print("最终降维结果为:\n{}".format(result))
    # 得到重构数据
```

```
print("最终重构结果为:\n{}".format( np.mat(result) * vectorMatrix.T +
mean_vector) )
```

运行代码，显示结果如下：

```
协方差矩阵为:
 [[ 0.68569351 -0.042434    1.27431544  0.51627069]
 [-0.042434    0.18997942 -0.32965638 -0.12163937]
 [ 1.27431544 -0.32965638  3.11627785  1.2956094 ]
 [ 0.51627069 -0.12163937  1.2956094   0.58100626]]
特征值为:[4.22824171 0.24267075 0.0782095  0.02383509]
特征向量为:
 [[ 0.36138659 -0.65658877 -0.58202985  0.31548719]
 [-0.08452251 -0.73016143  0.59791083 -0.3197231 ]
 [ 0.85667061  0.17337266  0.07623608 -0.47983899]
 [ 0.3582892   0.07548102  0.54583143  0.75365743]]
k 维特征向量矩阵为:
 [[ 0.36138659 -0.65658877]
 [-0.08452251 -0.73016143]
 [ 0.85667061  0.17337266]
 [ 0.3582892   0.07548102]]
最终降维结果为:
 [[-2.68412563 -0.31939725]
 [-2.71414169  0.17700123]
 [-2.88899057  0.14494943]
 ...
最终重构结果为:
 [[5.08303897 3.51741393 1.40321372 0.21353169]
 [4.7462619  3.15749994 1.46356177 0.24024592]
 [4.70411871 3.1956816  1.30821697 0.17518015]
 [4.6422117  3.05696697 1.46132981 0.23973218]
 [5.07175511 3.52655486 1.36373845 0.19699991]
 ...
```

从结果可以看出，成功地将数据集中特征从四维降到二维。其中，数据的特征值为：[4.22824171 0.24267075 0.0782095 0.02383509]。前两个主成分对应的方差占总方差的 97.77%。大部分方差都包含在前两个主成分中，因此，舍弃后面的主成分并不会损失太多信息。

4.1.8 数据清理

3.2 节中接触到了原始数据中的数据格式错误和年龄的异常值，这些便是"脏数据"的体现。

"脏数据"对算法模型的直接影响是不能被使用，间接影响是降低模型的精度。这种情况下就需要对数据进行清理，包括（但不局限于）：不合格数据修正、缺失值填充、噪声值处理、离群点处理。

1. 不合格数据修正

不合格数据泛指一切不符合直观期望的数据。例如一份 CSV 文件数据：

```
Name, sex, age
Jack, male, 23
Lucy; female, 22
Tom, &%^&*, 24
```

在这份数据中，列与列之间大部分使用逗号分隔，但存在小部分使用分号分隔的情况；"性别"列应该是 male 或 female，但这里出现了非法字符。

出现该种情况，就需要手动对不合格数据进行修正，或者在代码处理时进行异常捕获，以忽略不合格数据。

2．缺失值填充

缺失值即某些属性的值为空。例如在一份 CSV 文件数据中，age 列有数据缺失：

```
Name, sex, age
Jack, male, 24
Lucy, female, 22
Tom, male,
```

常见的缺失值处理方法包括（但不局限于）：

- 忽略数据：在使用数据时忽略 "Tom,male," 这一行数据。
- 人工填写缺失值：当数据集很大时，该种方法比较耗时。
- 使用全局固定值填充：将缺失的属性值使用同一个常量（如 Null、None）进行填充。
- 使用属性的中心度量（如均值、中位数）进行填充：如使用非缺失值的平均数（24+22）/2=23 进行填充。
- 使用与给定元组属于同一类的所有样本的属性均值或中位数填充，如 Tom 和 Jack 均为男性，那么猜测 Tom 的年龄和 Jack 一样大（当有多个样本时，求相应的均值即可）。
- 使用回归、决策树等工具进行推理：该种方法较可靠，是最流行的处理方法。

3．噪声值处理

噪声是指数据中的干扰数据、对场景描述不准确的数据。例如，导航地图服务商的数据采集员在采集数据的过程中会开车在各条公路上行驶，进行拍照，并将数据上报。但如果在采集的过程中遇到了急刹车、突发事件等，就会对信号采集产生影响，生成噪声数据。

通常认为"观察数据=真实数据+噪声值"。真实值是由观察数据除掉噪声数据得到的。下一个小标题中的"离群点"便是观察数据。

在数据挖掘中，往往认为离群点和噪声都属于数据集中的"脏数据"，所以对两者的处理方法也是通用的。

噪声值的检测和处理，可参考 "离群点处理"中的内容。

4．离群点处理

离群点也被称为异常值，即数据集中包含了一些数据对象，它们与数据的一般行为或模型不一致。例如，一份人口统计数据中的年龄范围是−20~200，这显然是不合理的。

当得到数据中的异常值时，往往采用删除的方法得到"干净"数据，然后进行模型训练等。常见的异常值检测方法包括：正态分布检测、Tukey's Test、基于模型检测等。

（1）正态分布检测。

正态分布检测基于统计学进行异常值检测。

$$f(x) = \frac{1}{\sqrt{2\pi}\sigma} \exp\left[-\frac{(x-\mu)^2}{2\sigma^2}\right] \tag{4.3}$$

在式（4.3）中，μ 为数据集的平均值，σ 为数据集的标准差，x 为数据集中的数据。

相较于正常数据，异常值可以理解为小概率事件，而正态分布就具备异常值可以理解为小概率事件的特点。

在图 4-2 中的正态曲线下：

* 横轴区间（$\mu-\sigma$，$\mu+\sigma$）内的面积（即置信区间）为 68.2%；
* 横轴区间（$\mu-2\sigma$，$\mu+2\sigma$）内的面积（即置信区间）为 95.4%；
* 横轴区间（$\mu-3\sigma$，$\mu+3\sigma$）内的面积（即置信区间）为 99.7%。

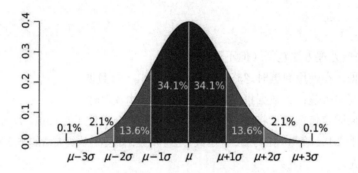

图 4-2　μ 关于 σ 的正态曲线图

根据这一特点，可以计算出数据集的标准差和方差，根据不同的置信区间来排除异常值。

（2）Tukey's Test。

Tukey's Test 基于四分位数计算出数据集中的最小估计值和最大估计值，超过最小估计值和最大估计值的数为异常值。

例如，一组数据的分位数如图 4-3 所示。

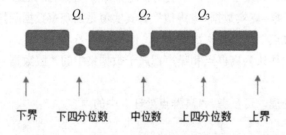

图 4-3　一组数据的分位数

最小估计值为 $Q_1-k(Q_3-Q_1)$，最大估计值为 $Q_3+k(Q_3-Q_1)$。

* 当 k=1.5 时，小于最小估计值和大于最大估计值的为中度异常；
* 当 k=3 时，小于最小估计值和大于最大估计值的为重度异常。

（3）基于模型检测。

基于模型的检测主要包括：基于聚类的异常点检测、基于回归的异常点检测、基于邻近度/距离/相似度的异常点检测、基于密度的异常点检测等。

> **提示：**
>
> 基于模型检测的异常值处理方法这里不做过多介绍。通常情况下，基于统计学的检测方法（正态分布检测和 Tukey's Test）可以处理大部分数据中的异常值。但是在异常检测和安全检测方面，基于统计学的方法就略显薄弱了，此时需要采用一些复杂的基于模型的检测方法。

4.1.9 相似度计算

相似度计算在数据挖掘和推荐系统中有着广泛的应用场景。例如：

- 在协同过滤算法中，可以利用相似度计算用户之间或物品之间的相似度。
- 在利用 k-means 进行聚类时，利用相似度计算公式计算个体到簇类中心的距离，进而判断个体所属的类别。
- 利用 KNN 进行分类时，利用相似度计算个体与已知类别之间的相似性，从而判断个体所属的类别等。

下面将依次介绍常见的相似度计算方法。

1. 欧氏距离

欧氏距离也叫欧几里得距离，指在 m 维空间中两个点的真实距离。

在二维平面上，计算点 $a(x_1,y_1)$ 与点 $b(x_2,y_2)$ 之间的欧氏距离的公式如下。如果是多维空间，则类比往后追加。比如是三维空间，则在根号中再加 $(z_1-z_2)^2$。

$$d_{12} = \sqrt{(x_1 - x_2)^2 + (y_1 - y_2)^2}$$

对应的 Python 代码为：

代码 4-4 相似度计算——欧氏距离

```
from numpy import *

def EuclideanDistance(a,b):
    return sqrt( (a[0]-b[0])**2 + (a[1]-b[1])**2 )

print('a,b 二维欧氏距离为: ',EuclideanDistance((1,1),(2,2)))
```

2. 曼哈顿距离

曼哈顿距离又叫城市街区距离。想象你在曼哈顿，要从一个十字路口开车到另外一个十字路口，驾驶距离是两点间的直线距离吗？显然不是，除非你能穿越大楼。实际驾驶距离就是"曼哈顿距离"。这也是"曼哈顿距离"名称的来源。

在二维平面中，计算点 $a(x_1,y_1)$ 与点 $b(x_2,y_2)$ 间的曼哈顿距离的公式如下：

$$d_{12} = |x_1 - x_2| + |y_1 - y_2|$$

对应的 Python 代码为：

代码 4-4 相似度计算——曼哈顿距离

```
from numpy import *

def ManhattanDistance(a,b):
    return abs(a[0]-b[0])+abs(a[1]-b[1])

print('a,b 二维曼哈顿距离为: ', ManhattanDistance((1,1),(2,2)))
```

3. 切比雪夫距离

切比雪夫距离（Chebyshev Distance）的定义为：$\max(|x_1 - x_2|, |y_1 - y_2|, \cdots)$。

在二维平面中，计算点 $a(x_1, y_1)$ 与点 $b(x_2, y_2)$ 间的切比雪夫距离的公式如下：

$$d_{12} = \max(|x_1 - x_2|, |y_1 - y_2|)$$

对应的 Python 代码为：

代码 4-4 相似度计算——切比雪夫距离

```
from numpy import *

def ChebyshevDistance(a,b):
    return max( abs(a[0]-b[0]), abs(a[1]-b[1]))

print('a,b 二维切比雪夫距离: ' , ChebyshevDistance((1,2),(3,4)))
```

4. 马氏距离

马氏距离是指数据的协方差距离。有 m 个样本向量 $(X_1, \cdots, X_m)$，协方差矩阵为 S。其中，向量 X_i 与 X_j 之间的马氏距离的公式如下：

$$D(X_i, X_j) = \sqrt{(X_i - X_j)^T S^{-1} (X_i - X_j)}$$

5. 夹角余弦距离

几何中的夹角余弦用来衡量两个向量方向的差异。机器学习中借用了这一概念，用来衡量样本向量之间的差异。在二维空间中，向量 $a(x_1, y_1)$ 与向量 $b(x_2, y_2)$ 的夹角余弦公式如下：

$$\cos(\theta) = \frac{x_1 x_2 + y_1 y_2}{\sqrt{x_1^2 + y_1^2} \cdot \sqrt{x_2^2 + y_2^2}}$$

对应的 Python 代码如下：

代码 4-4 相似度计算——夹角余弦距离

```
from numpy import *

def CosineSimilarity(a,b):
    cos = (a[0]*b[0]+a[1]*b[1]) / (sqrt(a[0]**2 + a[1]**2) * sqrt(b[0]**2 +
    b[1]**2) )
```

```
    return cos

print('a,b 二维夹角余弦距离: ',CosineSimilarity((1,1),(2,2)))
```

6. 杰卡德相似系数与杰卡德距离

两个集合 A 和 B 的交集元素在 A 和 B 的并集中所占的比例，称为两个集合的杰卡德相似系数，用符号 $J(A,B)$ 表示，对应的公式如下：

$$J(A,B) = \frac{|A \cap B|}{|A \cup B|}$$

杰卡德相似系数是衡量两个集合相似度的一种指标。

对应的 Python 代码为：

代码 4-4　相似度计算——杰卡德相似系数

```
from numpy import *

def JaccardSimilarityCoefficient(a,b):
    set_a = set(a)
    set_b = set(b)
    dis = float(len(set_a & set_b)  )/ len(set_a | set_b)
    return dis

print('a,b 杰卡德相似系数: ', JaccardSimilarityCoefficient((1,2,3),(2,3,4)))
```

与杰卡德相似系数相反的概念是杰卡德距离（Jaccard Distance）。杰卡德距离的公式如下：

$$J_\delta(A,B) = \frac{|A \cup B| - |A \cap B|}{|A \cup B|}$$

杰卡德距离即两个集合中不同元素占所有元素的比例，用来衡量两个集合的区分度。对应的 Python 代码为：

代码 4-4　相似度计算——杰卡德距离

```
from numpy import *

def JaccardSimilarityDistance(a,b):
    set_a = set(a)
    set_b = set(b)
    dis = float(len( (set_a | set_b) - (set_a & set_b) ) )/ len(set_a | set_b)
    return dis

print('a,b 杰卡德距离: ', JaccardSimilarityDistance((1,2,3),(2,3,4)))
```

7. 相关系数与相关距离

相关系数是衡量随机变量 X 与 Y 相关程度的一种方法，相关系数的取值范围是[-1,1]。相关系数的绝对值越大，表明 X 与 Y 的相关度越高。

当 X 与 Y 线性相关时，相关系数取值为 1（正线性相关）或 -1（负线性相关）。

随机变量 X 与 Y 的相关系数为：

$$\rho_{XY} = \frac{\mathrm{Cov}(X,Y)}{\sqrt{D(X)}\sqrt{D(Y)}} = \frac{E((X-EX)(Y-EY))}{\sqrt{D(X)}\sqrt{D(Y)}}$$

则随机变量 X 与 Y 的相关距离为：

$$D_{XY} = 1 - \rho_{XY}$$

4.2 数 据 分 类

分类算法是数据挖掘中常用的基本算法之一，属于有监督学习算法（Supervised Learning）。

在实际应用场景中，往往利用分类算法对基础数据进行处理，或者做一些基础模型供推荐系统使用。

4.2.1 K 最近邻算法

1. KNN 算法介绍

K 最近邻算法（K-Nearest Neighbor，KNN）是最基本的分类算法，其基本原理是：从最近的 K 个邻居（样本）中，选择出现次数最多的类别作为判定类别。

现在有一组关于身高、体重和性别的数据，对应关系见表 4-2。

表 4-2 身高、体重与性别对应关系表

身高（cm）	体重（kg）	性别
180	76	男
158	43	女
176	78	男
161	49	女

现在新来了一个人，要猜测他（她）是男是女？这时就可以使用 KNN 来进行判定了。

实现 KNN 算法核心的一般思路为：

（1）计算未知样本和每个训练样本的距离 distance；

（2）按照距离 distance 的递增关系排序；

（3）得到距离最小的前 K 个样本；

（4）统计 K 最近邻样本中每个类标号出现的次数；

（5）选择出现频率最高的类标号作为未知样本的类标号。

2. K 值的选择

K 值的选择会对 KNN 算法产生较大影响。

 提示：

如果 K 值较小，则意味着：只有当需要进行预测的样本和训练的样本集较接近时，才能具有好的效果；

如果 *K* 值较大，则意味着：算法分类的近似误差增大。这时，与输入样本距离较远的样本也会对结果产生作用。

在实际应用中，*K* 值一般选择一个较小的数，也可以通过交叉验证的方法寻找最优 *K* 值。另外，*K* 值应为奇数。

3．KNN 算法在推荐系统中的应用

KNN 是一个分类算法，但可以使用 KNN 的原始算法思路进行推荐，即，为每个内容或物品寻找 *K* 个与其最相似的内容或物品，然后推荐给用户。

例如，在一个简单的电商网站中，用户浏览了一本图书，则推荐系统会依据图书的一些性质特征为用户推荐前 *K* 个与该图书最相似的图书。

4.2.2　实例 5：利用 KNN 算法实现性别判定

对性别进行预测在电商网站中也常用到。某些用户在填写注册信息时并没有注明性别，或者填写的数据不正确。如果在性别未知的情况下进行商品推荐，则容易将男性商品推荐给女性，或者将女性商品推荐给男性。这种情况下就需要对用户性别进行判定。

本节将基于 4.2.1 小节的相关数据，利用 KNN 算法实现性别判定。

> **提示：**
> 在实际场景中，往往会有更加丰富的特征用来进行性别判定，而且不同的场景构造的特征不尽相同。

1．收集数据

这里是根据表 4-2 中的身高、体重与性别的对应关系来判定性别，所以数据就是表 4-2 中的数据。

2．准备数据

将数据格式化并保存到 Python 的数据结构中，方便进行调用。建 KNN 类，并将表 4-2 中的数据加载到 Python 的数据结构中：

代码 4-5　利用 KNN 算法实现性别判定——新建 KNN 类并加载数据

```python
import numpy as np

class KNN:
    def __init__(self, k):
        self.K = k

    # 准备数据
    def createData(self):
        features = np.array([[180, 76], [158, 43], [176, 78], [161, 49]])
```

```
labels = ["男", "女", "男", "女"]
return features, labels
```

3. 分析数据

由于身高和体重并不在一个数量级上，所以需要对体重和身高进行标准化。标准化采用的是 Min-Max 标准化方法。代码实现为：

代码 4-5　利用 KNN 算法实现性别判定——数据标准化

```
# 数据进行Min-Max 标准化
def Normalization(self, data):
    maxs = np.max(data, axis=0)
    mins = np.min(data, axis=0)
    new_data = (data - mins) / (maxs - mins)
    return new_data, maxs, mins
```

4. 计算 K 最近邻用户性别

计算新数据到各个已知数据的距离（这里采用的是欧氏距离计算方法，具体计算方法可参考 4.1.9 小节中的内容），并从小到大排序。

（1）选取前 K 个近邻样本，统计 K 个样本中性别最多的，作为新数据的计算结果。对应的代码实现为：

代码 4-5　利用 KNN 算法实现性别判定——计算 K 最近邻

```
# 计算K 最近邻
def classify(self, one, data, labels):
    # 计算新样本与数据集中每个样本之间的距离，这里采用的欧氏距离计算方法
    differenceData = data - one
    squareData = (differenceData ** 2).sum(axis=1)
    distance = squareData ** 0.5
    sortDistanceIndex = distance.argsort()
    # 统计K 最近邻的 label
    labelCount = dict()
    for i in range(self.K):
        label = labels[sortDistanceIndex[i]]
        labelCount.setdefault(label, 0)
        labelCount[label] += 1
    # 计算结果
    sortLabelCount = sorted(labelCount.items(), key=lambda x: x[1],
reverse=True)
    print(sortLabelCount)
    return sortLabelCount[0][0]
```

（2）在主函数中进行调用，对应的代码为：

代码 4-5　利用 KNN 算法实现性别判定——主函数进行调用

```
if __name__ == "__main__":
    # 初始化类对象
```

```
knn = KNN(3)
# 创建数据集
features, labels = knn.createData()
# 数据集标准化
new_data, maxs, mins = knn.Normalization(features)
# 新数据的标准化
one = np.array([176, 76])
new_one = (one - mins) / (maxs - mins)
# 计算新数据的性别
result = knn.classify(new_one, new_data, labels)
print("数据 {} 的预测性别为 : {}".format(one, result))
```

（3）运行代码，结果如下：

```
[('男', 2), ('女', 1)]
数据 [176 76] 的预测性别为 : 男
```

这里 K 值选择的是 3。在选取的 3 个最近邻样本中，两条数据为男性，一条数据为女性。所以，这里遵从"少数服从多数"的原则，判断身高 176cm、体重 76kg 的为男性。

4.2.3　决策树算法

决策树（Decision Tree）是根据一系列规则对数据进行分类的过程。

决策树分为回归决策树和分类决策树。

* 回归决策树是对连续变量构建决策树。
* 分类决策树是对离散变量构建决策树。

其中分类决策树的代表为 ID3 算法，C4.5 和 CART 既可构建分类决策树也可以构建回归决策树。本节讨论的是基于 ID3 算法的决策树。

1. 决策树简介

首先通过一个直观的例子：一个面试者根据"公司是否是互联网公司"和"是否上市"来决定是否去面试。图 4-4 所示是该问题的决策树。

在图 4-4 中，"是否是互联网公司"这个特征权重较大（即该特征携带的信息量较大），直接决定了面试者是否去面试。在 4.1.3 小节中提到了信息量、熵的定义，在决策数据中使用信息增益来决定使用哪个特征值作为节点进行分割。

信息增益（Information Gain）的计算公式为：

$$g(D,A) = E(D) - E(D|A)$$

式中，$E(D)$ 表示原始数据集的信息熵，$E(D|A)$ 表示使用特征值 A 分割数据集后计算的信息熵，$g(D,A)$ 表示信息增益。

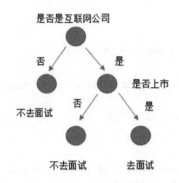

图 4-4 根据公司性质决定是否去面试的决策树

2．决策树的构建过程

决策树的构建过程如下：

（1）树从代表训练样本的根结点开始；

（2）如果样本都在同一个类中，则该节点为树叶，并用该类标记；

（3）否则，算法选择最有分类能力的属性作为决策树的当前节点；

（4）根据当前决策结点属性取值的不同，将训练样本数据集 data 分为若干子集，每个取值形成一个分支，有几个取值就形成几个分支；

（5）针对步骤（4）得到的每一个子集，重复进行步骤（1）、（2）、（3），递归形成每个划分样本上的决策树。一旦一个属性只出现在一个节点上，就不必在该节点的任何子节点考虑它。

> **提示：**
>
> 递归划分步骤仅当下列条件之一成立时停止：
>
> - 给定节点的所有样本属于同一类。
> - 没有剩余属性可以用来进一步划分样本。在这种情况下，使用多数表决，将给定的节点转换成树叶，并以样本中元组个数最多的类别为类别标记，同时也可以存放该节点样本的类别分布。
> - 如果某一分支没有满足该分支中已有分类的样本，则以样本的多数类创建一个树叶。

3．实例说明

下面通过一个实例来说明基于 ID3 的决策树算法实现。

某公司每月都要举办一次活动，但需要根据天气、温度、湿度、风速来决定是否举办活动。过去一年（12 个月）的数据记录见表 4-3。

表 4-3 不同属性与是否举办活动的关系对应表

天气	温度	湿度	风速	是否举办活动
晴	炎热	高	弱	是
晴	炎热	高	强	否

续表

天气	温度	湿度	风速	是否举办活动
阴	炎热	高	弱	是
雨	寒冷	正常	弱	是
雨	寒冷	正常	强	否
阴	寒冷	正常	强	是
晴	适中	高	弱	否
晴	寒冷	正常	弱	是
雨	适中	正常	弱	是
晴	适中	正常	强	是
阴	炎热	正常	弱	否
雨	适中	高	强	否

在表 4-3 中，共有四个属性——天气、温度、湿度、风速；类别标签有两个——是和否，分别表示是否举办活动。

按照 4.1.3 节中介绍的熵的计算公式：

$$E(x) = -\sum_{i=1}^{n} p(x_i) \log_2 p(x_i)$$

数据集中包含了 12 个训练样本集，其中，"是"的标签有 7 个，"否"的标签有 5 个，根据式（4.1），熵的计算结果如下：

$$E = -\frac{7}{12} \times \log_2\left(\frac{7}{12}\right) - \frac{5}{12} \times \log_2\left(\frac{5}{12}\right) = 0.9799$$

下面对每个属性分别计算其对应的信息熵。

（1）"天气"对应的信息熵。

"天气"共有三种取值：

① 晴。晴出现了 5 次，其中，"是"标签有 3 个，"否"标签有两个，天气为晴时对应的熵为：

$$E(天气|晴) = \frac{5}{12} \times \left[-\frac{3}{5} \times \log_2\left(\frac{3}{5}\right) - \frac{2}{5} \times \log_2\left(\frac{2}{5}\right)\right] = 0.4046$$

② 阴。阴出现了 3 次，其中"是"标签有两个，"否"标签有 1 个，天气为阴时对应的熵为：

$$E(天气|阴) = \frac{3}{12} \times \left[-\frac{2}{3} \times \log_2\left(\frac{2}{3}\right) - \frac{1}{3} \times \log_2\left(\frac{1}{3}\right)\right] = 0.2296$$

③ 雨。雨出现了 4 次，其中"是"标签有两个，"否"标签有两个，天气为雨时对应的熵为：

$$E(天气|雨) = \frac{4}{12} \times \left[-\frac{2}{4} \times \log_2\left(\frac{2}{4}\right) - \frac{2}{4} \times \log_2\left(\frac{2}{4}\right)\right] = 0.3333$$

则基于"天气"划分数据集，对应总的信息熵为：

$$E(天气) = E(天气|晴) + E(天气|阴) + E(天气|雨) = 0.9675$$

对应的信息增益为：

$$g(天气) = 0.9799 - 0.9675 = 0.0124$$

同理，可以求出其他几个属性的信息熵。

（2）基于"温度"划分数据集，对应总的信息熵为：

$$E(温度) = E(温度|炎热) + E(温度|寒冷) + E(温度|适中) = 0.9371$$

对应的信息增益为：

$$g(温度) = 0.9799 - 0.9371 = 0.0428$$

（3）基于"湿度"划分数据集，对应的信息熵为：

$$E(湿度) = E(湿度|高) + E(湿度|正常) = 0.9080$$

对应的信息增益为：

$$g(湿度) = 0.9799 - 0.9080 = 0.0719$$

（4）基于"风速"划分数据集，对应的信息熵为：

$$E(风速) = E(风速|强) + E(风速|弱) = 0.9080$$

对应的信息增益为：

$$g(风速) = 0.9799 - 0.9080 = 0.0719$$

> **提示：**
>
> 对比 4 个特征值下的信息增益可以看出：第一次决策应该以湿度（或风速）属性为参考，然后根据"湿度"属性将数据集划分为两个子数据集。递归使用上述计算方法，进而求得第二次决策使用的属性。依此类推，最终可得一棵完整的决策树。

4.2.4　实例 6：构建是否举办活动的决策树

在 4.2.3 小节中，分析了天气、温度、湿度、风速和构建"是否举办活动"的决策树的第一次决策过程，本小节将会基于决策树算法实现上述数据集的决策树构建。

1. 准备数据集

数据集是 4.2.3 小节中的天气、温度、湿度、风速和"是否举办活动"的对应关系表。

这里将相应的属性值转化为数字，并初始赋值给 data。对应关系为：

天气：晴（2）、阴（1）、雨（0）；

温度：炎热（2）、适中（1）、寒冷（0）；

湿度：高（1）、正常（0）；

风速：强（1）、弱（0）；

举办活动（yes）、不举办活动（no）。

代码 4-6　构建是否举办活动的决策树——新建 DecisionTree 类并准备数据集

```
import operator
import math


class DecisionTree:
    def __init__(self):
        pass


    # 加载数据集
```

```
def loadData(self):
    # 天气晴(2),阴(1),雨(0);温度炎热(2),适中(1),寒冷(0);湿度高(1),正常(0)
    # 风速强(1),弱(0);举办活动(yes),不举办活动(no)
    # 创建数据集
    data = [
        [2, 2, 1, 0, "yes"],
        [2, 2, 1, 1, "no"],
        [1, 2, 1, 0, "yes"],
        [0, 0, 0, 0, "yes"],
        [0, 0, 0, 1, "no"],
        [1, 0, 0, 1, "yes"],
        [2, 1, 1, 0, "no"],
        [2, 0, 0, 0, "yes"],
        [0, 1, 0, 0, "yes"],
        [2, 1, 0, 1, "yes"],
        [1, 2, 0, 0, "no"],
        [0, 1, 1, 1, "no"],
    ]
    # 分类属性
    features = ["天气", "温度", "湿度", "风速"]
    return data, features
```

2. 计算初始香农熵

计算原始数据集（即不使用任何属性进行拆分）的香农熵 E。

代码 4-6　构建是否举办活动的决策树——计算初始香农熵

```
# 计算给定数据集的香农熵
def ShannonEnt(self, data):
    numData = len(data)  # 求长度
    labelCounts = {}
    for feature in data:
        oneLabel = feature[-1]  # 获得标签
        # 如果标签不在新定义的字典里，则创建该标签值
        labelCounts.setdefault(oneLabel, 0)
        # 该类标签下含有数据的个数
        labelCounts[oneLabel] += 1
    shannonEnt = 0.0
    for key in labelCounts:
        # 同类标签出现的概率
        prob = float(labelCounts[key]) / numData
        # 以 2 为底求对数
        shannonEnt -= prob * math.log2(prob)
    return shannonEnt
```

3. 选择最好的划分属性标签

针对原始数据集，遍历每个属性，计算根据每个属性划分数据集后对应的香农熵 E_i，然后

计算每个属性对应的信息增益 G_i，最后根据信息增益最大原则返回其对应的属性标签。

代码 4-6　构建是否举办活动的决策树——选择最好的划分属性标签

```python
# 划分数据集,三个参数为带划分的数据集，划分数据集的特征，特征的返回值
def splitData(self, data, axis, value):
    retData = []
    for feature in data:
        if feature[axis] == value:
            # 将拥有相同特征的数据集抽取出来
            reducedFeature = feature[:axis]
            reducedFeature.extend(feature[axis + 1 :])
            retData.append(reducedFeature)
    return retData  # 返回一个列表


# 选择最好的数据集划分方式
def chooseBestFeatureToSplit(self, data):
    numFeature = len(data[0]) - 1
    baseEntropy = self.ShannonEnt(data)
    bestInfoGain = 0.0
    bestFeature = -1
    for i in range(numFeature):
        # 获取第 i 个特征所有的可能取值
        featureList = [result[i] for result in data]
        # 从列表中创建集合，得到不重复的所有可能取值
        uniqueFeatureList = set(featureList)
        newEntropy = 0.0
        for value in uniqueFeatureList:
            # 以 i 为数据集特征, value 为返回值，划分数据集
            splitDataSet = self.splitData( data, i, value )
            # 数据集特征为 i 的数据集所占的比例
            prob = len(splitDataSet) / float(len(data))
            # 计算每种数据集的信息熵
            newEntropy += prob * self.ShannonEnt(splitDataSet)
        infoGain = baseEntropy - newEntropy
        # 计算最好的信息增益,增益越大说明所占决策权越大
        if infoGain > bestInfoGain:
            bestInfoGain = infoGain
            bestFeature = i
    return bestFeature
```

接下来就是遍历整个数据集，递归构建决策树。

代码 4-6　构建是否举办活动的决策树——递归构建决策树

```python
# 递归构建决策树
def majorityCnt(self, labelsList):
    labelsCount = {}
    for vote in labelsList:
```

```
        if vote not in labelsCount.keys():
            labelsCount[vote] = 0
        labelsCount[vote] += 1
    sortedLabelsCount = sorted(
        labelsCount.iteritems(), key=operator.itemgetter(1), reverse=True
    )  # 排序，True 升序
    # 返回出现次数最多的
    print(sortedLabelsCount)
    return sortedLabelsCount[0][0]
```

```
# 创建决策树
def createTree(self, data, features):
    # 使用"="产生的新变量，实际上两者是一样的，避免后面 del() 函数对原变量值产生影响
    features = list(features)
    labelsList = [line[-1] for line in data]
    # 类别完全相同则停止划分
    if labelsList.count(labelsList[0]) == len(labelsList):
        return labelsList[0]
    # 遍历完所有特征值时返回出现次数最多的
    if len(data[0]) == 1:
        return self.majorityCnt(labelsList)
    # 选择最好的数据集划分方式
    bestFeature = self.chooseBestFeatureToSplit(data)
    bestFeatLabel = features[bestFeature]  # 得到对应的标签值
    myTree = {bestFeatLabel: {}}
    # 清空 features[bestFeat],在下一次使用时清零
    del (features[bestFeature])
    featureValues = [example[bestFeature] for example in data]
    uniqueFeatureValues = set(featureValues)
    for value in uniqueFeatureValues:
        subFeatures = features[:]
        # 递归调用创建决策树函数
        myTree[bestFeatLabel][value] = self.createTree(
            self.splitData(data, bestFeature, value), subFeatures
        )
    return myTree
```

4．实现对新数据的预测

前面介绍了如何根据现有的数据构建一个决策树，那么假设现在又到了要举办活动的时间了，对应的数据见表 4-4。

表 4-4　对应环境条件及是否举办活动

天气	温度	湿度	风速	是否举办活动
阴	适中	高	弱	未知

（1）使用构建好的决策树来决定是否要举办活动，对应的代码如下：

代码 4-6 构建是否举办活动的决策树——预测是否举办活动

```
# 预测新数据特征下是否举办活动
def predict(self, tree, features, x):
    for key1 in tree.keys():
        secondDict = tree[key1]
        # key是根节点代表的特征，featIndex是取根节点特征在特征列表中的索引，方便后面
对输入样本逐变量判断
        featIndex = features.index(key1)
        # 这里每一个key值对应的是根节点特征的不同取值
        for key2 in secondDict.keys():
            # 找到输入样本在决策树中由根节点往下走的路径
            if x[featIndex] == key2:
                # 该分支产生了一个内部节点，则在决策树中继续用同样的操作查找路径
                if type(secondDict[key2]).__name__ == "dict":
                    classLabel = self.predict(secondDict[key2], features, x)
                # 该分支产生的是叶节点，直接取值就得到类别
                else:
                    classLabel = secondDict[key2]
    return classLabel
```

（2）构建 main 函数，在 main 中进行上述代码的调用。

代码 4-6 构建是否举办活动的决策树——主函数调用

```
if __name__ == "__main__":
    dtree = DecisionTree()
    data, features = dtree.loadData()
    myTree = dtree.createTree(data, features)
    print(myTree)
    label = dtree.predict(myTree, features, [1, 1, 1, 0])
    print("新数据[1,1,1,0]对应的是否要举办活动为:{}".format(label))
```

（3）运行代码，返回的结果如下：

```
{'湿度': {0: {'温度': {0: {'天气': {0: {'风速': {0: 'yes', 1: 'no'}}, 1: 'yes', 2: 'yes'}},
1: 'yes', 2: 'no'}}, 1: {'天气': {0: 'no', 1: 'yes', 2: {'温度': {1: 'no', 2: {'风速':
{0: 'yes', 1: 'no'}}}}}}}}
新数据[1,1,1,0]对应的是否要举办活动为:yes
```

可见，第一次决策的属性是湿度，和分析计算结果是一致的。同时对新数据的预测结果为：在天气为阴、温度适中、湿度高、风速弱的情况下举办活动。

4.2.5 朴素贝叶斯算法

贝叶斯算法是一类算法的总称，这些算法均以贝叶斯定理为基础。本节讲述的是朴素贝叶斯分类算法，它是贝叶斯分类中最简单的，也是最常见的一种分类算法。

1．贝叶斯定理

贝叶斯理论是以 18 世纪的一位神学家托马斯•贝叶斯（Thomas Bayes）的名字命名的。通常，在事件 B 已经发生的前提下事件 A 发生的概率，与事件 A 已经发生的前提下事件 B 发生的概率是不一样的，然而这两者是有关系的。贝叶斯定理就是针对这种关系所做的陈述。

$P(A|B)$ 表示在事件 B 已经发生的前提下事件 A 发生的概率。其基本求解公式为：

$$P(A \mid B) = \frac{P(AB)}{P(B)}$$

贝叶斯定理便是基于条件概率的等式定理，其计算公式如下：

$$P(B \mid A) = \frac{P(A \mid B)P(B)}{P(A)}$$

 提示：

> 贝叶斯定理根据 $P(A|B)P(B) = P(AB)$，$P(B|A)P(A) = P(AB)$ 对 $P(B|A)$ 的求解做了等式变换。

2．朴素贝叶斯算法介绍

特征独立性假设是指，假设每个特征之间是没有联系的，如表 4-3 中的天气、温度、湿度和风速这四类特征之间是没有联系的。

下面基于该假设来理解朴素贝叶斯算法。

给定的训练数据集为 (x,y)，其中，每个样本 x 都包含 n 维特征，即 $x=(x_1, x_2, x_3, \cdots, x_n)$，类别标记集合含有 m 种类别，即 $y=(y_1, y_2, y_3, \cdots, y_m)$。如果新来一个样本 x，该怎么判断它的类别呢？

从概率论的角度看，该问题就是：判断给定 x 属于哪个类别的概率最大，即求 $P(y_1|x)$，$P(y_2|x)$，$P(y_3|x)$，$\cdots$，$P(y_m|x)$ 中的最大值。那么 $P(y_k|x)$ 怎么求呢？这就要用到贝叶斯定理了。

$$P(y_k \mid x) = \frac{P(x \mid y_k)P(y_k)}{P(x)} \tag{4.4}$$

$$P(A) = \sum_{1}^{\infty} P(B_i)P(A|B_i) \tag{4.5}$$

式（4.5）中，A 为某事件发生的概率，B_i 为样本空间的一个划分。

根据式（4.5），可以将式（4.4）中的分母进行分解，分解后的公式为：

$$P(y_k \mid x) = \frac{P(x \mid y_k)P(y_k)}{\sum_{i=1}^{m} P(x \mid y_i)P(y_i)} \tag{4.6}$$

在式（4.6）中，$P(y_i)$ 是先验概率，根据训练数据集的标签和数据总数目就可以进行计算；而条件概率 $P(x|y_i)=P(x_1, x_2, x_3, \cdots, x_n|y_i)$ 的参数规模是指数量级的。假设，第 i 维特征 x_i 的可取值个数为 S_i，类别取值有 m 个，那么参数的个数为 $m\prod_{i=1}^{n} S_i$，这显然是不行的。

针对这个问题，朴素贝叶斯算法对条件概率分布做出了独立性假设，通俗地讲就是，假设各个维度的特征 $x_1, x_2, x_3, \cdots, x_n$ 互相独立，在这个假设的前提下，条件概率可以转化为：

$$P(x \mid y_k) = P(x_1, x_2, x_3, \cdots, x_n \mid y_k) = \prod_{i=1}^{n} P(x_i \mid y_k) \tag{4.7}$$

这样参数规模就降到 $\sum_{i=1}^{n} m S_i$。将式（4.7）代入式（4.6）中，可得：

$$P(y_k \mid x) = \frac{P(y_k) \prod_{i=1}^{n} P(x_i \mid y_k)}{\sum_{i=1}^{m} P(y_i) \prod_{i=1}^{n} P(x_i \mid y_i)} \tag{4.8}$$

对于所有 $P(y_k|x)$，式（4.8）中的分母部分都是一样的，所以求 x 所属类别的函数可以转化为：

$$f(x) = \max(P(y_k \mid x)) = \max(P(y_k) \prod_{i=1}^{n} P(x_i \mid y_k)) \tag{4.9}$$

式（4.9）中的 $P(y_k)$ 和 $P(x_i|y_k)$ 都是可以根据训练集计算出来的。

3. 三种常见模型

朴素贝叶斯算法有三种常见模型：多项式模型、高斯模型和伯努利模型。

（1）多项式模型。

当特征是离散值时，采用多项式模型。多项式模型在计算先验概率 $P(y_k)$ 和条件概率 $P(x_i|y_k)$ 时会做一些平滑处理。先验概率 $P(y_k)$ 对应的平滑处理公式为：

$$P(y_k) = \frac{n_{y_k} + a}{n + ma}$$

式中，n 是总的样本个数，m 是总的类别个数，a 是平滑值。条件概率 $P(x_i|y_k)$ 对应的平滑处理公式为：

$$P(x_i|y_k) = \frac{n_{y_k x_i} + a}{n_{y_k} + na}$$

n_{y_k} 是类别为 y_k 的样本个数，n 是特征的维数，$n_{y_k x_i}$ 是类别为 y_k 的样本中第 i 维特征的值是 x_i 的样本个数，a 是平滑值。

当 $a=1$ 时，称作 Laplace 平滑；当 $0<a<1$ 时，称作 Lidstone 平滑；当 $a=0$ 时，不做平滑处理。

如果不做平滑处理，当某一维特征的值 x_i 没在训练样本中出现过时，会导致 $P(x_i|y_k)=0$，从而导致后验概率为 0。加上平滑则可以克服这个问题。

（2）高斯模型。

当特征是连续变量时，运用多项式模型就会导致很多 $P(x_i|y_k)=0$（不做平滑处理的情况下），此时即使做平滑处理，所得到的条件概率也难以描述真实情况。所在，在处理连续变量时就会采用高斯模型。

高斯模型的前提——假设数据的每一维特征都服从高斯分布，则 $P(x_i|y_k)$ 的计算公式如下：

$$P(x_i|y_k) = \frac{1}{\sqrt{2\pi\sigma_{y_k,i}^2}} e^{-\frac{(x_i - \mu_{y_k,i})^2}{2\sigma_{y_k,i}^2}}$$

$\mu_{y_k,i}$ 表示类别为 y_k 的样本中，第 i 维特征的均值，$\sigma^2_{y_k,i}$ 表示类别为 y_k 的样本中，第 i 维特

征的方差。

（3）伯努利模型。

与多项式模型一样，伯努利模型适用于离散特征的情况。不同的是，伯努利模型中每个特征的取值只能是 1 或 0（以文本分类为例，某个单词在文档中出现过，则其特征值为 1，否则为 0）。

在伯努利模型中，条件概率 $P(x_i|y_k)$ 的计算方式是：

- 当特征值 x_i 为 1 时，$P(x_i|y_k)=P(x_i=1|y_k)$；
- 当特征值 x_i 为 0 时，$P(x_i|y_k)=1-P(x_i=1|y_k)$。

4.2.6 实例 7：基于朴素贝叶斯算法进行异常账户检测

在电商网站中，往往会存在一些异常用户，包括恶意刷单用户、爬虫爬取数据的用户等。这些异常用户产生的数据信息在推荐场景中往往是没有用的，即所说的"脏数据"。那么在准备推荐算法相关数据时，应过滤掉这些异常用户所产生的数据。

本小节将实现基于朴素贝叶斯算法的异常账户检测。

1. 准备数据

现在已经有一批异常用户和对应的相关信息，见表 4-5。

表 4-5 是否是异常用户及对应特征

注册天数	活跃天数	购物次数	点击商品个数	是否是异常用户
320	204	198	265	是
253	53	15	2243	否
53	32	5	325	否
63	50	42	98	是
1302	523	202	5430	否
32	22	5	143	否
105	85	70	322	是
872	730	840	2762	是
16	15	13	52	是
92	70	21	693	否

 提示：

活跃天数表示用户在电商网站中有行为的天数。

本实例中使用的数据为连续型变量，所以这里使用高斯模型进行计算。新建 NaiveBayesian 类并初始化数据集（为了便于计算，这里异常账户用 1 表示，非异常账户用 0 表示）：

代码 4-7 基于朴素贝叶斯算法进行异常账户检测——新建 NaiveBayesian 类并准备数据集

```
import numpy as np
```

```
class NaiveBayesian:
    def __init__(self, alpha):
        self.classP = dict()
        self.classP_feature = dict()
        self.alpha = alpha  # 平滑值

    # 加载数据集
    def createData(self):
        data = np.array(
            [
                [320, 204, 198, 265],
                [253, 53, 15, 2243],
                [53, 32, 5, 325],
                [63, 50, 42, 98],
                [1302, 523, 202, 5430],
                [32, 22, 5, 143],
                [105, 85, 70, 322],
                [872, 730, 840, 2762],
                [16, 15, 13, 52],
                [92, 70, 21, 693],
            ]
        )
        labels = np.array([1, 0, 0, 1, 0, 0, 1, 1, 1, 0])
        return data, labels
```

2. 训练朴素贝叶斯算法模型

本实例所使用的数据为连续型变量，所以这里采用高斯模型。

遍历数据集，计算每种账户类型下的每列特征属性对应的均值和方差，并赋值给 self. classP_feature()，为下一步预测做准备。

 提示：

self. classP_feature()对应的是一个字典数据结构，用来存放每个 label 下每个特征标签下对应的高斯分布中的均值和方差，字典数据结构为：{ label1:{ feature1:{ mean:0.2, var:0.8 }, feature2:{} }, label2:{...} }。

对应的代码为：

代码 4-7 基于朴素贝叶斯算法进行异常账户检测——训练朴素贝叶斯模型

```
# 计算某个特征列对应的均值和方差
def calMuAndSigma(self, feature):
    mu = np.mean(feature)
    sigma = np.std(feature)
    return (mu, sigma)
```

```
# 训练朴素贝叶斯算法模型
def train(self, data, labels):
    numData = len(labels)
    numFeatures = len(data[0])
    # 是异常用户的概率
    self.classP[1] = (
            (sum(labels) + self.alpha) * 1.0 / (numData + self.alpha *
len(set(labels)))
    )
    # 不是异常用户的概率
    self.classP[0] = 1 - self.classP[1]

    # 用来存放每个 label 下每个特征标签下对应的高斯分布中的均值和方差
    # { label1:{ feature1:{ mean:0.2, var:0.8 }, feature2:{} }, label2:{...} }
    self.classP_feature = dict()
    # 遍历每个特征标签
    for c in set(labels):
        self.classP_feature[c] = {}
        for i in range(numFeatures):
            feature = data[np.equal(labels, c)][:, i]
            self.classP_feature[c][i] = self.calMuAndSigma(feature)
```

至此，关于朴素贝叶斯算法对应的数据已经计算完毕。

3. 实现对新数据的预测

现在有一个用户，对应的数据见表 4-6。

表 4-6　用户对应的数据

注册天数	活跃天数	购物次数	点击商品个数	是否是异常用户
134	84	235	349	未知

判别该条数据的代码为：

代码 4-7　基于朴素贝叶斯算法进行异常账户检测——判别新用户的账户类型

```
# 计算高斯分布函数值
def gaussian(self, mu, sigma, x):
    return 1.0 / (sigma * np.sqrt(2 * np.pi)) * np.exp(-(x - mu) ** 2 / (2
* sigma ** 2))

# 预测新用户是否是异常用户
def predict(self, x):
    label = -1  # 初始化类别
    maxP = 0

    # 遍历所有的 label 值
    for key in self.classP.keys():
        label_p = self.classP[key]
```

```
        currentP = 1.0
        feature_p = self.classP_feature[key]
        j = 0
        for fp in feature_p.keys():
            currentP *= self.gaussian(feature_p[fp][0], feature_p[fp][1],
x[j])
            j += 1
        # 如果计算出来的概率大于初始的最大概率，则进行最大概率赋值和对应的类别记录
        if currentP * label_p > maxP:
            maxP = currentP * label_p
            label = key
    return label
```

在主函数中进行上述代码的调用，对应的代码如下：

代码 4-7　基于朴素贝叶斯算法进行异常账户检测——主函数调用

```
if __name__ == "__main__":
    nb = NaiveBayesian(1.0)
    data, labels = nb.createData()
    nb.train(data, labels)
    label = nb.predict(np.array([134, 84, 235, 349]))
    print("未知类型用户对应的行为数据为：[134,84,235,349]，该用户的可能类型为：
{}".format(label))
```

运行代码，显示的信息如下：

未知类型用户对应的行为数据为：[134,84,235,349]，该用户的可能类型为：1

算法的计算结果为 1，即是异常账户。

简单分析该用户对应的特征可知，用户注册总天数为 134，其中活跃天数为 84，在 84 天中总共下了 235 个订单。正常来讲，一个用户下了这么多订单，肯定会浏览很多商品。但该用户仅浏览了 349 个商品，这显然是不符合常理的，所以判断该用户为异常用户。

4.2.7　分类器的评估

在 4.2.1～4.2.6 节中介绍了几个简单的分类算法原理和实例。在数据挖掘中，还有很多其他的分类算法，当然本书不可能一一展开介绍。但任何一个分类算法，最终要达到的目的都是一样的——实现对未知事物类别的判断。

4.2.1～4.2.6 小节中或多或少都涉及了分类算法在推荐系统中的应用，但没有介绍分类算法效果的评估。本小节将介绍如何评价一个分类算法的好坏。

分类算法的主要评估指标有准确率（Accuracy）、精确率（Precision）、召回率（Recall）和 F-Score。对于分类问题，实际类别和预测类别在坐标轴上的表示如图 4-5 所示。

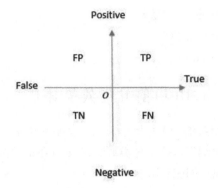

图 4-5　实际类别和预测类别在坐标轴上的表示

其中，True 或 False 代表判别结果是否正确，Positive 和 Negative 代表被程序找出的结果。TP、FP、TN、FN 表示的含义为：

- TP（True Positive）：实际为正样本，预测结果也为正样本。
- FP（False Positive）：实际为负样本，预测结果为正样本。
- TN（True Negative）：实际为负样本，预测结果为负样本。
- FN（False Negative）：实际为正样本，预测结果为负样本。

1．准确率（Accuracy）

准确率是指：对于给定的测试数据集，分类器正确分类的样本数目与总样本数目之比。公式为：

$$A = \frac{TN + TP}{TP + FP + TN + FN}$$

2．精确率（Precision）

精确率是指：预测结果中符合实际值的比例。可以将其理解为：在判别结果中，被分类器判定为正样本中真正为正样本的比例。公式为：

$$P = \frac{TP}{TP + FP}$$

3．召回率（Recall）

召回率是指：正确分类的数量与所有"应该"被正确分类（符合目标标签）的数量的比例。可以理解为召回结果中没有被"漏报"的样本比例。公式为：

$$R = \frac{TP}{TP + FN}$$

4．F-Score

F-Score 值是精确率和召回率的调和均值，公式为：

$$F = (1 + \beta^2) \times \frac{Precision \times Recall}{\beta^2 \times Precision + Recall}$$

β 用来权衡 Precision 和 Recall 在 F-Score 中的权重，其取值有三种情况。

- $\beta=1$：Precision 和 Recall 一样重要。
- $\beta<1$：Precision 比 Recall 重要。
- $\beta>1$：Recall 比 Precision 重要。

4.2.8 实例 8：scikit-learn 中的分类效果评估

scikit-learn 是 Python 中封装的一个机器学习包，里面包含许多机器学习算法，但是要明白算法的原理还是要自己动手去编写程序。分类算法在 scikit-learn 中也有，感兴趣的读者可以从链接 http://scikit-learn.org/stable 中进行学习。

同样在 scikit -learn 包中也封装了分类器效果评估的方法，具体使用方法如下：

代码 4-8　scikit-learn 中的分类器效果评估

```
from sklearn.metrics import classification_report
y_true = [0, 1, 2, 2, 2]
y_pred = [0, 0, 2, 2, 1]
target_names = ['class0', 'class1', 'class2']
print(classification_report(y_true, y_pred, target_names=target_names))
```

代码 4-8 中，y_true 为真实的类别，y_pred 为判别的类别，target_names 为类别标签。

运行代码，显示结果如下：

	precision	recall	f1-score	support
class0	0.50	1.00	0.67	1
class1	0.00	0.00	0.00	1
class2	1.00	0.67	0.80	3
avg / total	0.70	0.60	0.61	5

需要注意的是，结果中最后一列 support 为每个标签出现的次数，最后一行 avg/total 是根据 class0、class1、class2 和 support 计算出来的。例如，$(0.5\times1+0.0\times1+1.0\times3)/5\approx0.70$。

4.3　数　据　聚　类

聚类算法也是数据挖掘中常用的基本算法之一，属于无监督学习算法（Unsupervised Learning）。在实际应用场景中，会利用聚类算法对基础数据进行处理，或者做一些基础模型供推荐系统使用。

4.3.1　kMeans 算法

1．kMeans 介绍及一般执行步骤

kMeans 算法的基本原理是：

（1）随机初始化 K 个初始簇类中心，对应 K 个初始簇类，按照"距离最近"原则，将每条

数据都划分到最近的簇类；

（2）第一次迭代之后，更新各个簇类中心，然后进行第二次迭代，依旧按照"距离最近"原则进行数据归类；

（3）直到簇类中心不再改变，或者前后变化小于给定的误差值，或者达到迭代次数，才停止迭代。

具体的执行步骤如下：

（1）在数据集中初始 K 个簇类中心，对应 K 个初始簇类；

（2）计算给定数据集中每条数据到 K 个簇类中心的距离；

（3）按照"距离最近"原则，将每条数据都划分到最近的簇类中；

（4）更新每个簇类的中心；

（5）迭代执行步骤（2）～步骤（4），直至簇类中心不再改变，或者变化小于给定的误差区间，或者达到迭代次数；

（6）结束算法，输出最后的簇类中心和对应的簇类。

2．初始簇类中心的选择

选择初始簇类中心对聚类效果有很大的影响，那么该如何去确定簇类中心呢？

（1）随机选取。

随机选取是最简单的方法，但是也是有技巧的。可通过对数据的预估来进行观察，从而确定初始的 K 值。

- 对于二维平面上的点，可以将其可视化到二维平面中，然后肉眼进行判断，从而确定 K 值。
- 对于一些利用特征值进行聚类的数据，可以将其量化到二维或三维空间中，通过肉眼判断（对于高维数据，首先可以进行降维操作，再进行可视化）。

随机选择法，假设有 M 行数据，可以用使用 Python 的 random 模块来随机选取 K 行作为初始的簇类中心。

（2）初始聚类。

首先选用层次聚类法或 Canopy 算法进行初始聚类，然后将这些簇类中心作为 kMeans 算法初始簇类中心。常用的层次聚类算法有 Birch、Rock、Canopy。

① 层次聚类的思想是：一层一层地进行聚类，可以自下而上地把小的 cluster 合并聚集，也可以从上而下地将大的 cluster 进行分割。一般用得比较多的是从下而上地聚类。

这里简单介绍自下而上的聚类。自下而上地合并聚类就是指，每次找到距离最短的两个 cluster，然后将其合并成一个大的 cluster，直至全部合并为一个 cluster。整个过程就是建立一棵树，如图 4-6 所示，第一次将 2、3 合并，第二次将 2、3 合并后的结果与 7 合并，依此类推。

② Canopy 算法的主要过程是：

a．定义两个距离 T_1 和 T_2，$T_1 > T_2$。从初始的点的集合 S 中随机移除一个点 P；

b．对于还在 S 中的每个点 I，计算出该点 I 与点 P 之间的距离；

- 如果距离小于 T_1，则将点 I 加入到点 P 所代表的 Canopy 中；
- 如果距离小于 T_2，则将点 I 从集合 S 中移除，并将点 I 加入到点 P 所代表的 Canopy 中。

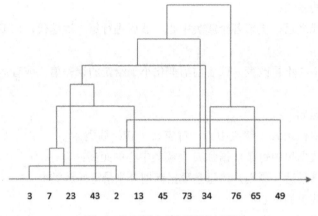

图 4-6　自下而上合并聚类的过程

c．迭代一次后，重新从集合 S 中随机选择一个点作为新的点 P，然后重复执行以上步骤。Canopy 算法执行完毕后会得到很多 Canopy，可以认为每个 Canopy 都是一个 Cluster。

> **提示：**
> 与 kMeans 等硬划分算法不同，Canopy 的聚类结果中每个点有可能属于多个 Canopy。可以选择距离每个 Canopy 的中心点最近的那个数据点，还可以直接选择每个 Canopy 的中心点作为 kMeans 的初始 K 个簇类中心。

（3）平均质心距离的加权平均值。

首先随机选出一个点，然后选取与这个点距离最大的点作为第二个点，再选出与这两个点的最近距离最大的点作为第三个点。依此类推，选出 K 个点。

3．K 值的确定

调试 K 值并对结果进行评测，从而判断最优 K 值，并将其应用到实际模型中。

给定一个合适的簇类指标，如平均半径或直径。只要该簇类的数目等于或多于真实的簇类数目，该指标（用于评判模型好坏的指标）就会上升很缓慢；而一旦试图得到少于真实数目的簇类时，该指标会急剧上升。

> **提示：**
> 簇类的直径是指簇类内任意两点之间的最大距离；簇类的半径是指簇类内所有点到簇类中心距离的最大值。

4．最近原则

即任意两条数据之间的相似度，具体的计算方法可参考 4.1.9 小节中的内容。

5．更新簇类中心

更新簇类中心的办法是求平均值。

> **提示：**
>
> 这里所说的平均值并不一定是真实存在的数据，很有可能是一个虚拟数据。例如，在对二维平面上的点进行聚类时，更新后簇类中心就不是原数据中的某个点。同样，对于用户给 item 评分的数据聚类，更新簇类中心后的 item 也并不是一个真正的 item，而是虚拟的。

6. 停止聚类的条件

一般情况下，停止聚类的条件是：簇类中心更新前后不发生变化。

但是，对于始终无法停止聚类的数据，需要一些额外的约束来迫使其停止聚类。例如，更新簇类中心前后的新旧簇类中心误差在 10% 以内、迭代次数达到 100 等。

4.3.2 实例 9：基于 kMeans 算法进行商品价格聚类

在电商网站中，商品的数目很多，对应的商品价格也很多。但对于用户来讲，并不是对所有价格的商品都感兴趣。例如，一个经常网购 1000 元左右手机的用户，通常没必要向他推荐价格超过 5000 元的手机。

所以，需要对商品的价格进行聚类，进而求出用户感兴趣的价格段，从而提高推荐系统的准确度和可信赖度。

本节将基于 kMeans 算法进行商品价格聚类。

1. 准备数据

现在有一份商品编号及对应的价格数据，存在于 sku_price.csv 文件中，见表 4-7。

表 4-7 商品编号及对应的价格数据

skuid	price
10002	66
……	……

新建一个 kMeans 类，初始化一些参数，并加载数据集，具体实现如下。

代码 4-9 基于 kMeans 算法进行商品价格聚类——加载数据集

```
import numpy as np
import pandas as pd
import random


class kMeans:
    def __init__(self):
        pass


    # 加载数据集
    def loadData(self,file):
        return pd.read_csv(file,header=0,sep=",")
```

2. 去除异常值

在实际场景中，商品价格范围很大。但是，那些过高或过低的价格，对用户来讲是没有任何意义的，这时就需要将这些价格去除掉。

本实例中，去除异常值的办法是：使用正态分布的 99.73% 置信区间，即 $(\mu - 3\sigma, \mu + 3\sigma)$。另外，还可以手动设置最大异常值边界和最小异常值边界（更多关于噪声数据和异常值数据的内容可参考 4.1.8 小节）。具体实现代码如下：

代码 4-9　基于 kMeans 算法进行商品价格聚类——去除异常值

```
# 去除异常值,使用正态分布方法,同时保证最大异常值为5000,最小异常值为1
def filterAnomalyValue(self,data):
    upper = np.mean(data["price"]) + 3 * np.std(data["price"])
    lower = np.mean(data["price"]) - 3 * np.std(data["price"])
    upper_limit = upper if upper > 5000 else 5000
    lower_limit = lower if lower > 1 else 1
    print("最大异常值为:{}, 最小异常值为:{}"
          .format(upper_limit,lower_limit))
    # 过滤掉大于最大异常值和小于最小异常值的
    newData = data[(data["price"]<upper_limit)
                 & (data["price"]>lower_limit)]
    return newData,upper_limit,lower_limit
```

3. 初始化聚类中心

在去除异常值的价格中初始化 K 个簇类中心，具体实现代码如下：

代码 4-9　基于 kMeans 算法进行商品价格聚类——初始聚类中心

```
# 初始化簇类中心
def initCenters(self,values,K,Cluster):
    random.seed(100)
    oldCenters = list()
    for i in range(K):
        index = random.randint(0,len(values))
        Cluster.setdefault(i,{})
        Cluster[i]["center"]=values[index]
        Cluster[i]["values"]=[]

        oldCenters.append(values[index])
    return oldCenters,Cluster
```

4. 进行聚类

（1）聚类。具体实现代码如下：

🈳 **提示：**

这里，停止聚类的条件是：更新后簇类中心前后不变，或者达到迭代次数上限。

代码 4-9　基于 kMeans 算法进行商品价格聚类——进行聚类

```python
# 计算任意两条数据之间的欧氏距离
def distance(self,price1,price2):
    return np.emath.sqrt(pow(price1-price2, 2))


# 聚类
def kMeans(self,data,K,maxIters):
    Cluster = dict()  # 最终聚类结果
    oldCenters, Cluster = self.initCenters(data,K,Cluster)
    print("初始的簇类中心为:{}".format(oldCenters))
    # 标志变量, 若为 True, 则继续迭代
    clusterChanged = True
    i = 0  # 记录迭代次数 最大迭代
    while clusterChanged:
        for price in data:
            # 每条数据与最近簇类中心的距离, 初始化为正无穷大
            minDistance = np.inf
            # 每条数据对应的索引, 初始化为-1
            minIndex = -1
            for key in Cluster.keys():
                # 计算每条数据到簇类中心的距离
                dis = self.distance(price, Cluster[key]["center"])
                if dis < minDistance:
                    minDistance = dis
                    minIndex = key
            Cluster[minIndex]["values"].append(price)

        newCenters = list()
        for key in Cluster.keys():
            newCenter = np.mean(Cluster[key]["values"])
            Cluster[key]["center"] = newCenter
            newCenters.append(newCenter)
        print("第{}次迭代后的簇类中心为:{}".format(i,newCenters))
        if oldCenters == newCenters or i > maxIters:
            clusterChanged = False
        else:
            oldCenters = newCenters
            i += 1
            # 删除 Cluster 中记录的簇类值
            for key in Cluster.keys(): Cluster[key]["values"]=[]
    return Cluster
```

（2）主函数调用，对应的代码如下：

代码 4-9　基于 kMeans 算法进行商品价格聚类——主函数调用

```python
if __name__ == "__main__":
    file = "../data/sku-price/skuid_price.csv"
```

```
km = kMeans()
data = km.loadData(file)
newData,upper_limit,lower_limit = km.filterAnomalyValue(data)
Cluster = km.kMeans(newData["price"].values,K=7,maxIters=200)
print(Cluster)
```

（3）运行代码，显示信息如下：

最大异常值为:5149.081853395541，最小异常值为:1
初始的簇类中心为:[362, 58, 48, 1881, 149, 145, 18]
第 0 次迭代后的簇类中心为:[639.5957446808511, 76.22099447513813, 42.116883116883116, 2633.59649122807, 194.6044776119403, 123.68, 15.355371900826446]
第 1 次迭代后的簇类中心为:[803.8540372670808, 78.05555555555556, 43.8034188034188, 3236.0897435897436, 259.305, 127.03703703703704, 13.345794392523365]
…… ……
第 60 次迭代后的簇类中心为:[2822.3611111111113, 665.7659574468086, 333.2888888888889, 4174.935483870968, 1655.75, 994.7355371900826, 82.0547703180212]
第 61 次迭代后的簇类中心为:[2822.3611111111113, 665.7659574468086, 333.2888888888889, 4174.935483870968, 1655.75, 994.7355371900826, 82.0547703180212]
{0: {'center': 2822.3611111111113, 'values': [3308, 2988, 2404, ...]}, 1: {'center': 665.7659574468086, 'values': [609, 757, 644, 758, ...]}, 2: {'center': 333.2888888888889, 'values': [385, 405, 233, ...]}, 3: {'center': 4174.935483870968, 'values': [4374, 4297, 3848, ...]}, 4: {'center': 1655.75, 'values': [1760, 1433, 1430, ...]}, 5: {'center': 994.7355371900826, 'values': [838, 1007, 847, ...]}, 6: {'center': 82.0547703180212, 'values': [143, 196, 35, ...]}}}

从结果中可以看出：在迭代次数达到 61 时，簇类中心不再发生变化，迭代停止。

在最后的 Cluster 结果中，保存了最终 K 个簇类中心和对应的 values。接着按照簇类中心进行排序，就可以得到 K 个价格段和对应的价格数据了，再和商品进行关联，就可以得到商品对应的价格段了。

4.3.3　二分-kMeans 算法

二分-kMeans 算法（二分-k 均值聚类算法）是分层聚类（Hierarchical Clustering）的一种，是基于 kMeans 算法实现的。

在二分-kMeans 算法中，调用 kMeans（k =2）把一个簇类分成两个，迭代此过程，直至分成 k 个。其实现的具体思路为：

（1）初始化簇类表，使之包含所有的数据；

（2）对每一个簇类应用 k 均值聚类算法（k = 2）；

（3）计算划分后的误差，选择所有被划分的聚簇中总误差最小的并保存；

如何计算才能保证误差最小？这里采用的是误差平方和（Sum of Squares for Error，SSE）最小的计算方式，其计算公式如下（其中，y_i 表示每条数据，$\bar{y}$ 表示数据的平均值）：

$$SSE = \sum_{i=1}^{n}(y_i - \bar{y})^2$$

（4）迭代步骤（2）和步骤（3），簇类数目达到 k 后停止。

相对于 kMeans 算法，二分-kMeans 的改进点有以下两点：

- 加速了 kMeans 的执行速度，减少了相似度的计算次数；
- 能够克服 "kMeans 收敛于局部最优" 的缺点。

4.3.4　实例 10：基于二分–kMeans 算法进行商品价格聚类

由于二分-kMeans 是基于 kMeans 算法实现的，所以本实例在 "代码 4-9　基于 kMeans 算法进行商品价格聚类" 的基础上增加二分-kMeans 的调用。

新增的代码如下：

代码 4-10　实现基于二分-kMeans 的商品价格聚类——二分-kMeans 调用

```
# 计算对应的 SSE 值
def SSE(self,data,mean):
    newData = np.mat(data)-mean
    return (newData * newData.T).tolist()[0][0]


# 二分-kMeans
def diKMeans(self,data,K=7):
    clusterSSEResult = dict() # 簇类对应的 SSE 值
    clusterSSEResult.setdefault(0,{})
    clusterSSEResult[0]["values"] = data
    clusterSSEResult[0]["sse"] = np.inf  # inf 为正无穷大
    clusterSSEResult[0]["center"] = np.mean(data)

    while len(clusterSSEResult) < K:
        maxSSE = -np.inf
        maxSSEKey = 0
        # 找到最大 SSE 值对应数据，进行 kmeans 聚类
        for key in clusterSSEResult.keys():
            if clusterSSEResult[key]["sse"] > maxSSE:
                maxSSE = clusterSSEResult[key]["sse"]
                maxSSEKey = key
        # clusterResult {0: {'center': x, 'values': []}, 1: {'center': x,
'values': []}}
        clusterResult = \
            self.kMeans(clusterSSEResult[maxSSEKey]["values"],K=2,maxIters
= 200)

        # 删除 clusterSSE 中的 minKey 对应的值
        del clusterSSEResult[maxSSEKey]
        # 将经过 kMeas 聚类后的结果赋值给 clusterSSEResult
        clusterSSEResult.setdefault(maxSSEKey,{})
        clusterSSEResult[maxSSEKey]["center"]=clusterResult[0]["center"]
        clusterSSEResult[maxSSEKey]["values"]=clusterResult[0]["values"]
        clusterSSEResult[maxSSEKey]["sse"]=\
```

```
self.SSE(clusterResult[0]["values"],clusterResult[0]["center"])

        maxKey = max(clusterSSEResult.keys()) + 1
        clusterSSEResult.setdefault(maxKey,{})
        clusterSSEResult[maxKey]["center"]=clusterResult[1]["center"]
        clusterSSEResult[maxKey]["values"]=clusterResult[1]["values"]
        clusterSSEResult[maxKey]["sse"]=\

    self.SSE(clusterResult[1]["values"],clusterResult[1]["center"])

    return clusterSSEResult
```

在主函数中的调用方式如下：

代码 4-10　实现基于二分-kMeans 的商品价格聚类——主函数增加引用

```
if __name__ == "__main__":
    file = "../data/sku-price/skuid_price.csv"
    km = kMeans()
    data = km.loadData(file)
    newData,upper_limit,lower_limit = km.filterAnomalyValue(data)
    clusterSSE = km.diKMeans(newData["price"].values,K=7)
    print(clusterSSE)
```

运行函数，最终返回的聚类结果如下：

```
{3: {'center': 4152.09375, 'values': [4374, 4297, ...], 'sse': 7261498.71875}, 1:
{'center': 1127.6285714285714, 'values': [1007, 981, ...], 'sse': 4282336.514285713},
4: {'center': 707.6685714285715, 'values': [838, 609, ...], 'sse': 2263906.7771428567},
2: {'center': 336.3314606741573, 'values': [385, 405, ...], 'sse': 1361889.4438202248},
5: {'center': 82.72056239015818, 'values': [143, 196, ...], 'sse': 1723360.5694200352},
0: {'center': 2241.0, 'values': [2404, 2360, ...], 'sse': 1233570.0}, 6: {'center': 2998.0,
'values': [3308, 2988, ...], 'sse': 1134238.0}}
```

对比 kMeans 算法的聚类结果，两者在趋势上是一致的。

4.3.5　聚类算法的评估

在聚类算法属于无类标的情况下（即事先并不知道每条数据所属的类别），常见的评价指标有紧密性、间隔性、戴维森堡丁指数、邓恩指数。对带有标签的数据（即事先知道每条数据所属的类别）进行评价的指标有准确性、兰德指数、F-Score。

1. 紧密性（Compactness，CP）

CP 计算每一个类各点到聚类中心的平均距离。CP 越小，意味着类内聚类距离越近。对应的计算公式为：

$$\overline{\mathrm{CP}} = \frac{1}{K}\sum_{k=1}^{K}\overline{\mathrm{CP}}_k$$

式中，$\overline{\mathrm{CP}}_k$ 为：

$$\overline{\mathrm{CP}}_k = \frac{1}{C_L} \sum_{x_i \in C} |x_i - c_i|$$

式中，C 表示簇类，C_L 表示簇类 C 的数据条数，x_i 表示簇类 C 中的每条数据，c_i 表示簇类 C 的簇类中心，$|x_i - c_i|$ 表示簇类 C 中每条数据到簇类中心的距离，K 表示簇类个数。

2. 间隔性（Separation，SP）

SP 计算的是各聚类中心两两之间的平均距离。SP 越大，意味类间聚类距离越远。对应的计算公式如下：

$$\overline{\mathrm{SP}} = \frac{2}{k^2 - k} \sum_{i=1}^{k} \sum_{j=i+1}^{k} |w_i - w_j|$$

式中，k 表示簇类个数，$|w_i - w_j|$ 表示两个簇类中心的距离。

3. 戴维森堡丁指数（Davies-Bouldin Index，DB）

DB 计算的是任意两类别的类内平均距离（CP）之和除以两聚类中心距离求最大值。DB 越小，意味着类内距离越小，同时类间距离越大。对应的计算公式如下：

$$\mathrm{DB} = \frac{1}{k} \sum_{i=1}^{k} \max_{i \neq j} \left(\frac{\overline{C_i} + \overline{C_j}}{|w_i - w_j|} \right)$$

式中，$\overline{C_i} + \overline{C_j}$ 表示的是两个簇类的平均距离之和，$|w_i - w_j|$ 表示两个簇类中心的距离。

4. 邓恩指数（Dunn Validity Index，DVI）

DVI 计算的是任意两个簇类元素的最短距离（类间）除以任意簇类中的最大距离（类内）。DVI 越大，意味着类间距离越大，同时类内距离越小。对应的计算公式如下：

$$\mathrm{DVI} = \frac{\min\limits_{0 < m \neq n < K} \left\{ \min\limits_{\substack{\forall x_i \in C_m \\ \forall x_j \in C_n}} \{|x_i - x_j|\} \right\}}{\max\limits_{0 < m \leqslant K} \max\limits_{\forall x_i,\ x_j \in C_m} \{|x_i - x_j|\}}$$

式中，$|x_i - x_j|$ 表示任意两个簇类中的元素之间的距离。

5. 准确性（Cluster Accuracy，CA）

准确性是一种极为简单的聚类评价方法，只需计算正确聚类的数据数目占总数据数目的比例。对应的计算公式为：

$$\mathrm{CA} = \frac{1}{N} \sum_{i=1}^{K} C_i$$

式中，C_i 表示第 i 个簇类中判别正确的数据数目，N 表示总数据数目。CA 取值范围是[0,1]。CA 值越大，意味着聚类结果与真实情况越吻合。

6. 兰德指数（Rand index，RI）

RI 方法实际上用排列组合原理来对聚类进行评价，对应的计算公式如下：

$$RI = \frac{TP + FP}{TP + FP + TN + FN}$$

- TP：被聚在一起的两条数据被正确分类了；
- TN：不应该被聚在一起的两条数据被正确分开了；
- FP：不应该放在一起的两条数据被错误地聚在了一起；
- FN：不应该分开的两条数据被错误地分开了。

RI 的取值范围是[0,1]。RI 值越大，则意味着聚类结果与真实情况越吻合。

7. F-Score

F-Score 和分类算法中表达的思想一致，它是基于兰德指数衍生出来的，对应的计算公式如下：

$$P = \frac{TP}{TP + FP}$$

$$R = \frac{TP}{TP + FN}$$

$$F_\beta = \frac{(1 + \beta^2)\ PR}{\beta^2 P + R}$$

式中，P 表示精确率，R 表示召回率，β 用来权衡精确率和召回率的比重，β 的含义和 4.2.7 小节中 F-Score 的含义一致。

4.3.6　实例 11：scikit-learn 中的聚类效果评估

scikit -learn 中也封装了聚类效果评估的方法，具体使用方法如下：

代码 4-11　scikit-learn 中的聚类效果评估

```
from sklearn import metrics

labels_true = [0, 0, 0, 1, 1, 1]
labels_pred = [0, 0, 1, 1, 2, 2]

# 以下判别结果均是：值越大，则判别结果与真实结果越吻合

# 兰德指数
print(metrics.adjusted_rand_score(labels_true, labels_pred))
# 互信息
print(metrics.adjusted_mutual_info_score(labels_true, labels_pred))

# 同质性
print(metrics.homogeneity_score(labels_true, labels_pred))
# 完整性
print(metrics.completeness_score(labels_true, labels_pred))
# 同质性与完整性的调和平均
print(metrics.v_measure_score(labels_true, labels_pred) )
```

```
# FMI
print( metrics.fowlkes_mallows_score(labels_true, labels_pred) )
```

更多内容请参考 sklearn 官网：http://scikit-learn.org/stable/modules/clustering.html#clustering-performance-evaluation。

4.4　关　联　分　析

关联分析的目的是，找到具有某种相关性的物品。这种分析在推荐系统中也有很大的作用，如经常出现在一个购物篮中的商品就可以相互推荐。

4.4.1　Apriori 算法

1. Apriori 算法简介

Apriori 算法是挖掘频繁项集和关联规则的经典算法。Apriori 在拉丁语中指"来自以前"。在定义问题时，通常会使用先验知识或假设，这被称作"一个先验"（A Priori）。Apriori 算法的名字正是基于这样的事实：算法使用频繁项集性质的先验性质，即频繁项集的所有非空子集也一定是频繁的。

2. 相关概念

- 关联分析（Association Analysis）：从大规模数据集中寻找商品的隐含关系。
- 项集（Item Set）：包含 0 个或多个项的集合。
- 频繁项集：那些经常一起出现的物品集合。
- 支持度计数（Support Count）：一个项集出现的次数（即，整个交易数据集中包含该项集的事物数）。
- 项集支持度：一个项集出现的次数与数据集所有事物数的百分比，计算公式如下：

$$\text{Support}(A \to B) = \frac{\text{SupportCount}(A \cup B)}{N}$$

- 项集置信度（confidence）：数据集中同时包含 A、B 的数目占 A 的比例，计算公式如下：

$$\text{Confidence}(A \to B) = \frac{\text{SupportCount}(A \cup B)}{\text{SupportCount}(A)}$$

3. Apriori 算法过程分析

Apriori 算法使用一种称为逐层搜索的迭代方法，其中 k 项集用于探索（$k+1$）项集（如使用频繁 1 项集找到频繁 2 项集），其实现过程如下：

（1）通过扫描数据库，累计每个项的计数，并收集满足最小支持度的项，找出频繁 1 项集的集合。该集合记作 L_1；

（2）使用 L_1 找出频繁 2 项集的集合 L_2，使用 L_2 找出 L_3；

（3）如此下去，直至不能再找到频繁 k 项集，每找出一个 L_k 需要一次完整的数据库扫描。

下面通过一个实例来分析 Apriori 算法。超市早餐订单编号及对应的商品见表 4-8。

表 4-8　超市早餐订单编号及对应的商品

订单编号	商　品
10001	可乐、泡面
10002	面包、纯奶、火腿
10003	面包、纯奶、火腿、泡面
10004	面包、纯奶

频繁项集的发现过程如下（假设这里支持度最低为 0.5，因为共有 4 条数据，所以项集出现次数最小为 2）：

（1）扫描表 4-8 中的数据，统计每项出现的次数，见表 4-9。

表 4-9　扫描全部数据得到初始项集 C_1

项　集	支持度
{可乐}	1
{泡面}	2
{面包}	3
{纯奶}	3
{火腿}	2

（2）根据最小支持度生成频繁项集 L_1，见表 4-10。

表 4-10　根据最小支持度生成频繁项集 L_1

项　集	支持度
{泡面}	2
{面包}	3
{纯奶}	3
{火腿}	2

（3）由 L_1 生成候选项集 C_2，并扫描表 4-8，对项集进行计数，见表 4-11。

表 4-11　由 L_1 生成候选项集 C_2

项　集	支持度
{泡面,面包}	1
{泡面,纯奶}	1
{泡面,火腿}	1
{面包,纯奶}	3
{面包,火腿}	2
{纯奶,火腿}	2

（4）根据最小支持度计数生成频繁项集 L_2，见表 4-12。

表 4-12　根据最小支持度计数生成频繁项集 L_2

项　集	支持度
{面包,纯奶}	3
{面包,火腿}	2
{纯奶,火腿}	2

（5）结合 L_2 生成候选项集 C_3，并扫描表 4-8，对项集进行计数，见表 4-13。

表 4-13　结合 L_2 生成候选项集 C_3

项　集	支持度
{面包,纯奶,火腿}	2

（6）根据最小支持度计数生成频繁项集 L_3，见表 4-14。

表 4-14　根据最小支持度计数生成频繁项集 L_3

项　集	支持度
{面包,纯奶,火腿}	2

从频繁项集 L_2 和 L_3 中可以看出：{面包,纯奶}、{面包,火腿}、{纯奶,火腿}、{面包,纯奶,火腿}即为所求的候选项集。

接下来求相关规则了。关联规则是基于置信度的，如关联规则{面包，纯奶}→{火腿}对应的置信度计算方式如下：

$$confidence = \frac{SupportCount(\{面包，纯奶\} \cup 火腿)}{SupportCount(\{面包，纯奶\})}$$

当 confidence 大于所认为的最小置信度（minConfidence）时，则可以认为这个关联规则是有效的。现在有一个项集{0,1,2,3}，其产生的所有相关规则如图 4-7 所示，其中阴影区域给出的是最低可信度的规则。

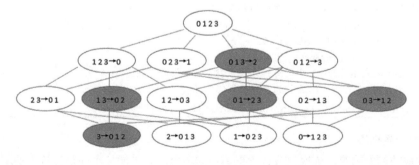

图 4-7　项集{0,1,2,3}产生的所有相关规则

从图 4-7 中可以看出，在{0,1,3}→2 是一条低可信度规则的情况下，所有后半部分包含 2 的都是低可信度规则。

同样可以看出，如果某条规则并不满足最小可信度要求，那么该规则的所有子集也不会满足最小可信度要求。假设{0,1,3}→2 不满足最小可信度原则，则任何一个前半部分包含{0,1,3}的子集也不满足最小可信度要求。

4.4.2 实例 12：基于 Apriori 算法实现频繁项集和相关规则挖掘

1．准备数据

本小节将基于 Apriori 算法实现频繁项集和相关规则挖掘，使用的是表 4-8 中的数据。这里对数据中的商品进行转化：可乐→1、面包→2、纯奶→3、火腿→4、泡面→5。

新建 Apriori 类，初始化相关参数并加载数据，对应的代码如下：

代码 4-12　基于 Apriori 算法实现频繁项集和相关规则挖掘——新建 Apriori 类并加载数据

```
class Apriori:
    def __init__(self, minSupport, minConfidence):
        # 最小支持度
        self.minSupport = minSupport
        # 最小置信度
        self.minConfidence = minConfidence
        self.data = self.loadData()

    # 加载数据集
    def loadData(self):
        return [[1, 5], [2, 3, 4], [2, 3, 4, 5], [2, 3]]
```

2．生成项集 C_1

生成项集 C_1，即找到每个单项元素，实现代码如下：

代码 4-12　基于 Apriori 算法实现频繁项集和相关规则挖掘——生成项集 C_1

```
# 生成项集 C1，不包含项集中每个元素出现的次数
def createC1(self, data):
    C1 = list()  # C1 为大小为 1 的项的集合
    for items in data:  # 遍历数据集
        for item in items:
            if [item] not in C1:
                C1.append([item])
    # map 函数表示遍历 C1 中的每一个元素执行 forzenset
    # frozenset 表示"冰冻"的集合，即不可改变
    return list(map(frozenset, sorted(C1)))
```

3．生成频繁项集

根据生成的初始项集，依次生成包含更多项的项集，并过滤掉不满足支持度的项集，得到最终结果。对应的步骤如下：

（1）扫描初始候选项集 C_1，生成项集 L_1 和所有的项集组合 SupportData；

（2）将项集 L_1 加入 L 中进行记录（L 为每次迭代后符合支持度的项集）；

（3）根据 L_1 生成新的候选项集 C_2；

（4）扫描候选项集 C_2，生成项集 L_2 和所有的项集集合；

（5）更新项集集合 SupportData 和 L；

（6）重复步骤（2）～步骤（5），直到项集中的元素为全部元素时停止迭代。

以上步骤对应的代码如下：

代码 4-12　基于 Apriori 算法实现频繁项集和相关规则挖掘——生成频繁项集

```
# 该函数用于从候选项集 Ck 生成 Lk，Lk 表示满足最低支持度的元素集合
def scanD(self, Ck):
    # Data 表示数据列表的列表 [set([]), set([]), set([]), set([])]
    Data = list(map(set, self.data))
    CkCount = {}
    # 统计 Ck 项集中每个元素出现的次数
    for items in Data:
        for one in Ck:
            # issubset: 表示如果集合 one 中的每一元素都在 items 中则返回 true
            if one.issubset(items):
                CkCount.setdefault(one, 0)
                CkCount[one] += 1
    numItems = len(list(Data))   # 数据条数
    Lk = []   # 初始化符合支持度的项集
    supportData = {}   # 初始化所有符合条件的项集及对应的支持度
    for key in CkCount:
        # 计算每个项集的支持度，如果满足条件则把该项集加入到 Lk 列表中
        support = CkCount[key] * 1.0 / numItems
        if support >= self.minSupport:
            Lk.insert(0, key)
        # 构建支持的项集的字典
        supportData[key] = support
    return Lk, supportData


# generateNewCk 的输入参数为频繁项集列表 Lk 与项集元素个数 k，输出为 Ck
def generateNewCk(self, Lk, k):
    nextLk = []
    lenLk = len(Lk)
    # 若两个项集的长度为 k-1，则必须前 k-2 项相同才可连接，即求并集，所以 [:k-2] 的实际作
    #用为取列表的前 k-1 个元素
    for i in range(lenLk):
        for j in range(i + 1, lenLk):
            # 前 k-2 项相同时合并两个集合
            L1 = list(Lk[i])[: k - 2]
            L2 = list(Lk[j])[: k - 2]
            if sorted(L1) == sorted(L2):
                nextLk.append(Lk[i] | Lk[j])
    return nextLk
```

```
# 生成频繁项集
def gengrateLK(self):
    # 构建候选项集 C1
    C1 = self.createC1(self.data)
    L1, supportData = self.scanD(C1)
    L = [L1]
    k = 2
    while len(L[k - 2]) > 0:
        # 组合项集 Lk 中的元素，生成新的候选项集 Ck
        Ck = self.generateNewCk(L[k - 2], k)
        Lk, supK = self.scanD(Ck)
        supportData.update(supK)
        L.append(Lk)
        k += 1
    return L, supportData
```

4. 生成相关规则

一旦找出了频繁项集，就可以直接由它们生成相关规则。生成步骤如下：

（1）对于每个频繁项集 itemset，生成 itemset 的所有非空子集（这些非空子集一定是频繁项集）；

（2）对于 itemset 的每个非空子集 s，如果 s 的置信度大于设置的最小置信度，则输出对应的相关规则。

代码 4-12　基于 Apriori 算法实现频繁项集和相关规则挖掘——生成相关规则

```
# 生成相关规则
def generateRules(self, L, supportData):
    ruleResult = []  # 最终记录的相关规则结果
    for i in range(1, len(L)):
        for ck in L[i]:
            Cks = [frozenset([item]) for item in ck]
            # 频繁项集中有三个及三个以上元素的集合
            self.rulesOfMore(ck, Cks, supportData, ruleResult)
    return ruleResult


# 频繁项集只有两个元素
def rulesOfTwo(self, ck, Cks, supportData, ruleResult):
    prunedH = []
    for oneCk in Cks:
        # 计算置信度
        conf = supportData[ck] / supportData[ck - oneCk]
        if conf >= self.minConfidence:
            print(ck - oneCk, "-->", oneCk, "Confidence is:", conf)
            ruleResult.append((ck - oneCk, oneCk, conf))
            prunedH.append(oneCk)
    return prunedH
```

```
# 频繁项集中有三个及三个以上元素的集合，递归生成相关规则
def rulesOfMore(self, ck, Cks, supportData, ruleResult):
    m = len(Cks[0])
    while len(ck) > m:
        Cks = self.rulesOfTwo(ck, Cks, supportData, ruleResult)
        if len(Cks) > 1:
            Cks = self.generateNewCk(Cks, m + 1)
            m += 1
        else:
            break
```

增加主函数的调用，实现如下：

代码 4-12　基于 Apriori 算法实现频繁项集和相关规则挖掘——主函数调用

```
if __name__ == "__main__":
    apriori = Apriori(minSupport=0.5, minConfidence=0.6)
    L, supportData = apriori.gengrateLK()
    for one in L:
        print("项数为 %s 的频繁项集: " % (L.index(one) + 1), one)
    print("supportData:", supportData)
    print("minConf=0.6 时: ")
    rules = apriori.generateRules(L, supportData)
```

运行代码，符合支持度的频繁项集如下：

```
项数为 1 的频繁项集: [frozenset({4}), frozenset({3}), frozenset({2}), frozenset({5})]
项数为 2 的频繁项集: [frozenset({2, 3}), frozenset({2, 4}), frozenset({3, 4})]
项数为 3 的频繁项集: [frozenset({2, 3, 4})]
项数为 4 的频繁项集: []
```

所有的项集和对应的支持度为：

```
supportData: {frozenset({1}): 0.25, frozenset({5}): 0.5, frozenset({2}): 0.75,
frozenset({3}): 0.75, frozenset({4}): 0.5, frozenset({3, 4}): 0.5, frozenset({2, 4}):
0.5, frozenset({2, 3}): 0.75, frozenset({4, 5}): 0.25, frozenset({3, 5}): 0.25,
frozenset({2, 5}): 0.25, frozenset({2, 3, 4}): 0.5}
```

当最小置信度为 0.6 时，对应的相关规则如下：

```
frozenset({3}) --> frozenset({2}) Confidence is: 1.0
frozenset({2}) --> frozenset({3}) Confidence is: 1.0
frozenset({4}) --> frozenset({2}) Confidence is: 1.0
frozenset({2}) --> frozenset({4}) Confidence is: 0.6666666666666666
frozenset({4}) --> frozenset({3}) Confidence is: 1.0
frozenset({3}) --> frozenset({4}) Confidence is: 0.6666666666666666
frozenset({3, 4}) --> frozenset({2}) Confidence is: 1.0
frozenset({2, 4}) --> frozenset({3}) Confidence is: 1.0
frozenset({2, 3}) --> frozenset({4}) Confidence is: 0.6666666666666666
frozenset({4}) --> frozenset({2, 3}) Confidence is: 1.0
frozenset({3}) --> frozenset({2, 4}) Confidence is: 0.6666666666666666
frozenset({2}) --> frozenset({3, 4}) Confidence is: 0.6666666666666666
```

4.5　知识导图

本章对数据挖掘中常用的一些数据处理方法和算法进行了介绍，同时给出了相应的实例。在实际的生产系统中，推荐系统是极其复杂的，这些算法常常用来处理基础数据和构建一些基本的模型，为推荐系统服务。

本章内容知识导图如图 4-8 所示。

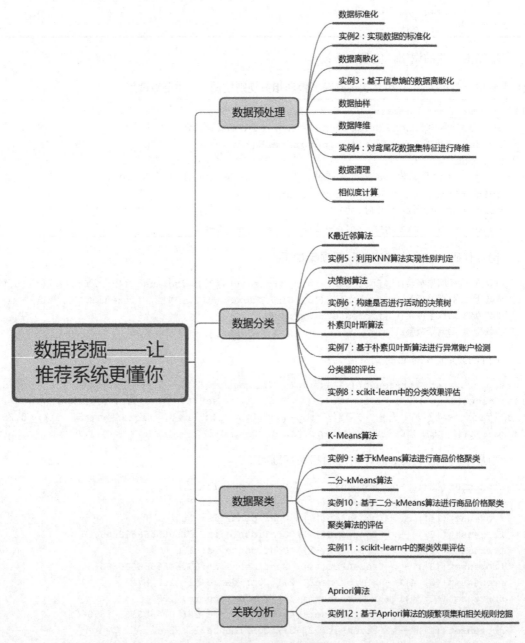

图 4-8　本章内容知识导图

第 **5** 章

基于用户行为特征的推荐

从本章开始，将正式开始进行推荐算法的学习。

推荐系统的受众对象为用户，只有明白用户的意图，才能给用户推荐更好的内容。

基于用户行为特征的推荐，其实在真正的"个性化推荐系统"诞生之前就已经存在了。最简单的就是各种排行榜，它们基于简单的用户统计，又对其他选择提供一定的指引。

5.1　用户行为分类

用户行为分为两种——显性反馈行为和隐性反馈行为。

1. 显性反馈行为

显性反馈行为是指，用户很明显地表达出自己的喜好，如对内容评分、表示喜欢/不喜欢等。例如，豆瓣电影中的评分机制和 YouTube 中的"点赞"功能都是典型的显性反馈。

2. 隐性反馈行为

隐性反馈行为是指，用户不明确表达出自己的喜好信息。例如，用户在京东 APP 中的商品浏览日志、在网易云上听歌的日志等，实际上京东和网易已经得到了一定的用户行为数据，但没有以显性方式直接反馈，而是在其他地方间接地反馈出来。

> **提示：**
>
> 两者的区别是：
>
> （1）显性反馈行为数据量小，但表达含义明确，且数据可以实时获取。
>
> （2）隐性反馈行为数据量大，表达含义不明确，从获取到使用这类数据存在一定的延迟。

用户行为特征分析，是很多互联网产品的设计基础。例如，当用户在豆瓣浏览某一部电影时，豆瓣会给用户推荐一些其他相关的电影，如图 5-1 所示。

个性化推荐算法通过对用户行为的深度分析为用户推荐相关物品，可以带来更好的用户体验。

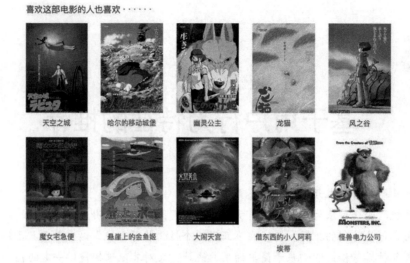

图 5-1　豆瓣基于用户行为推荐电影

5.2　基于内容的推荐算法

基于内容的推荐算法，根据用户过去一段时间内喜欢的物品，以及由此推算出来用户偏好，为用户推荐相似物品。其中的"内容"指的便是：用户过去一段时间内喜欢的物品，以及由此推算出来的用户偏好。

图 5-2 所示是一个基于内容推荐的例子，用户 A 和用户 C 喜欢爱情、浪漫类型的电影，用户 B 喜欢恐怖、惊悚的电影，因此将类型为爱情、浪漫且用户 A 没有行为的电影 C 推荐给用户 A。

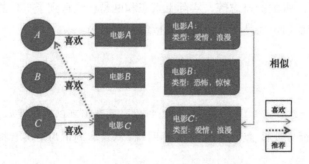

图 5-2　基于内容进行电影推荐的例子

5.2.1　算法原理——从"构造特征"到"判断用户是否喜欢"

基于内容（Content Based，CB）的推荐原理非常简单：向用户推荐所喜欢的 Item 的相似 Item。其中包含了三步：

（1）构造 Item 的特征；

（2）计算 Item 之间的相似度；

（3）评判用户是否喜欢某个 Item。

1. 构造 Item 的特征

在真实应用场景中，往往会用一些属性描述 Item 的特征，这些属性通常分为以下两种：

- 结构化属性：意义比较明确，其取值固定在某个范围内。
- 非结构化属性：特性意义相对不太明确，取值没有什么限制，不可以直接使用。

 提示：

在典型的电商网站中，Item 就是一个个商品。例如，Item 如果是鞋子，那么尺寸、颜色、品牌等都是结构化的属性，因为它们都可以进行量化，所以表达的意义比较明确。

一个商品的标题、详细介绍虽然也能传达一些含义，但是这些属性并不是结构化的。

- 结构化的数据，可以直接拿来使用。
- 非结构化的数据，需要利用技术手段或人工进行拆分和标注，使之成为结构化的数据，然后才能使用。

 提示：

如何使用结构化和非结构化的属性将在 5.2.2 小节详细介绍。

例如，在京东商城上的一款男性小白鞋（如图 5-3 所示）和其对应的商品介绍（如图 5-4 所示），对于其结构化的属性，可以构造如下特征，见表 5-1。

表 5-1 男性小白鞋结构化属性特征

特征名字	颜色	京东价格	Plus 价格	材质	风格	产地	好评率
特征值	白色	289.0	279.0	皮	简约	广州	97%

对于其非结构化属性，如商品的标题"京造 男款休闲牛皮小白鞋板鞋 43 码"，可以进行人工处理，提取出相应的特征，见表 5-2。

表 5-2 男性小白鞋非结构化属性特征

特征名字	是否京造	性别	材质	类别	大小
特征值	是	男	牛皮	板鞋	43 码

 提示：

表 5-1 和表 5-2 列出的特征仅为示例，不做实际参考。表 5-2 中选用标题作为非结构化属性特征进行构建，也仅为示例。在实际应用场景中，不限于使用标题，也可以基于标题或其他非结构化属性抽取更高纬度的特征。

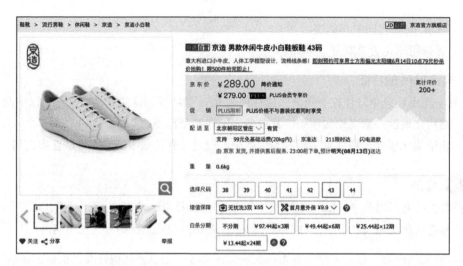

图 5-3　京东商城男性小白鞋主页图

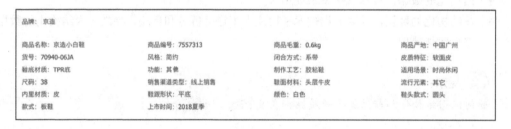

图 5-4　京东商城男性小白鞋对应商品介绍

2．计算 Item 之间的相似度

在确定好 Item 的特征和用户的偏好模型后，需要计算两个 Item 间的相似度。根据具体场景，往往需要使用不同的相似度计算方法。在 4.1.9 小节中详细介绍了各种相似度计算方法。

3．评判用户是否喜欢

在推荐算法中评判用户是否喜欢某个 Item 就是：利用监督学习或非监督学习的方法，来评判用户喜欢哪些 Item，不喜欢哪些 Item，从而根据用户的喜好，为他生成一个偏好模型，进而对未知的 Item 进行喜好评判。

在基于内容的推荐算法中，使用的则是监督学习，利用用户对 Item 的已知评分和 Item 所属的类别，学习得到用户对每种类型的偏好程度，然后结合 Item 的类别特征计算用户对 Item 的偏好程度。

> 📖 提示：
>
> 　　监督学习（Supervised Learning）：利用一组已知类别的样本，调整模型的参数，从而对未知样本进行类别判断或回归计算。例如，第 4 章中分类算法中的 K 近邻算法。
>
> 　　非监督学习（Unsupervised Learning）：样本的类别未知，通过模型对未知类别的样本进行分类。例如第 4 章中的 kMeans 算法。

5.2.2　实例 13：对手机属性进行特征建模

在得到物品的特征数据之后，就可以对这些特征数据进行进一步处理了。

1. 认识结构化数据

结构化数据分为以下两类。

- 离散型数据：只能采用自然数或整数单位计算的变量。例如，商品属性中的唯一编码，虽然是一个整数，但其在数值上没有意义，只是一个唯一标示。
- 连续型数据：在一定区间内可以任意取值的变量。例如，商品属性中的长度为 125.4cm，宽度为 40.2cm。

使用离散型数据和连续型数据时，往往需要根据实际需要对数据进行归一化。

例如，有三个商品 iPhone 5、iPhone 6、iPhone 6s Plus，可以根据三者的属性构造其对应的特征表，见表 5-3（实际场景中属性必然更加丰富，这里只是为了说明属性的转换方法）。

表 5-3　商品特征表

商品	颜色	尺寸	内存	价格
iPhone 5	金色	4 寸	16G	1358 元
iPhone 6	银色	4.7 寸	32G	2788 元
iPhone 6s Plus	白色	5.5 寸	64G	3656 元

下面利用在第 4 章学习的数据归一化方法来对表 5.3 中的数据进行归一化处理。

先对离散型数据（颜色和内存）进行 One-Hot 编码。

- 颜色的特征值包含：[金色, 银色, 白色]。
- 内存的特征值包含：[16G, 32G, 64G]。

这里以 iPhone 5 的颜色和内存特征为例。

可以直接采用序列化的方法得到 iPhone 5 的特征：[0,0]。但是这样的特征处理并不能直接放入机器学习算法中去，需要对 iPhone 5 进行 One-Hot 编码：

- 金色对应[1,0,0]；
- 16G 对应[1,0,0]。

则 iPhone 5 的离散型属性特征的完整 One-Hot 编码为[1,0,0,1,0,0]。

然后对连续型数据（尺寸和价格）进行 0-1 标准化，使其特征值落入 0~1 之间。例如针对手机尺寸特征，采用 Min-Max 标准化可以得到 iPhone 5，iPhone 6 和 iPhone 6s Plus 的特征值为 [0.0, 0.4667, 1.0]。

> 🔲 提示：
>
> 0-1 标准化就是将特征数据转化到 0-1 之间，常用的 0-1 标准化方法包含 Min-Max 标准化指数转换等。其他具体的特征数据处理方法参见第 4.1.1 小节。

2. 实现离散型特征的 One-Hot 编码

"1.认识结构化数据"对应的代码如下：

代码 5-1 对手机属性进行特征建模——对 iPhone 5 的离散型属性（颜色和内存）进行 One-Hot 编码（1）

```
from sklearn import preprocessing

# 对 iPhone 5 的离散型属性（颜色和内存）进行 One-Hot 编码（1）
onehot = preprocessing.OneHotEncoder()
# 训练数据，所有特征的可能组合
onehot.fit([[0,0],[0,1],[0,2],[1,0],[1,1],[1,2],[2,0],[2,1],[2,2]])
print(onehot.transform([[0,0]]).toarray())
```

输出结果为：

```
[[1,0,0,1,0,0]]
```

其中，训练样本为[[0,0],[0,1],[0,2],[1,0],[1,1],[1,2],[2,0],[2,1],[2,2]]。

因为每个离散型属性有三种取值 0、1、2，所以，这里的训练样本并不一定是全部特征值的可能组合，只需要包含数据每类属性的每个维度即可，例如：

代码 5-1 对手机属性进行特征建模——对 iPhone 5 的离散型属性（颜色和内存）进行 One-Hot 编码（2）

```
# 对 iPhone 5 的离散型属性（颜色和内存）进行 One-Hot 编码（2）
from sklearn import preprocessing
onehot = preprocessing.OneHotEncoder()
onehot.fit([[0, 0], [1, 1], [2, 2]])
print(onehot.transform([[0, 0]]).toarray())
```

输出结果为：

```
[[1,0,0,1,0,0]]
```

可以看出两者结果是一样的。

3. 实现非连续型特征的 0-1 标准化

下面演示用 0-1 标准化对连续型属性（尺寸和价格）进行归一化处理。

具体的代码如下：

代码 5-1 对手机属性进行特征建模——对 iPhone 5 的连续型属性（尺寸和价格）进行 0-1 归一化处理

```
# 对 iPhone 5 的连续型属性（尺寸和价格）进行 0-1 归一化处理
def MaxMinNormalization(x, Max, Min):
    x=(x - Min)/(Max-Min)
    return x

# 尺寸数组
```

```
sizes = [4, 4.7, 5.5]
# 价格数组
prices = [1358, 2788, 3656]
size_min, size_max = min(sizes), max(sizes)
price_min, price_max = min(prices), max(prices)

# 求 iPhone 5, iPhone 6, iPhone 6sp 的尺寸归一化
nor_size = []
for size in sizes:
    nor_size.append(round(MaxMinNormalization(size, size_max, size_min), 4))
print("尺寸归一化为：%s" % nor_size)

# 求 iPhone 5, iPhone 6, iPhone 6sp 的价格归一化
nor_price = []
for price in prices:
    nor_price.append(round(MaxMinNormalization(price, price_max, price_min),
    4))
print("价格归一化为：%s" % nor_price)
```

得到的结果为：

```
尺寸归一化为：[0.0, 0.4667, 1.0]
价格归一化为：[0.0, 0.6223, 1.0]
```

通过对 iPhone 5、iPhone 6、iPhone 6sp 的属性进行 One-Hot 和 0-1 归一化处理，便可以得到最终可供模型使用的属性特征：

```
[[1,0,0,1,0,0,0,0],
 [0,1,0,0,1,0,0.4667,0.6223],
 [0,0,1,0,0,1,1,1]]
```

5.3　实例 14：编写一个基于内容推荐算法的电影推荐系统

通过对算法原理和物品特征建模的学习，相信读者对基于内容的推荐算法有了一定的了解，本节来进行一个小实验。

> **案例描述：**
> 利用基于内容的推荐算法编写一个电影推荐系统，当用户在浏览某部电影时，为其推荐所浏览电影的相似电影。

5.3.1　了解实现思路

试想一下，当 Item 数目很多时，计算每两个 Item 之间的相似度所产生的算法复杂度是很高的，所以进行了以下的优化：首先使用训练数据得到用户的偏好信息矩阵和物品的特征信息矩阵，然后计算用户对未进行评分电影的偏好分，选取前 K 个推荐给用户。

1．构建电影的特征信息矩阵

例如：

- A 电影的类型为：Animation|Children's|Comedy
- B 电影的类型为：Adventure|Children's|Fantasy

这里假设电影类型为[Adventure,Animation,Comedy,Children's,Fantasy]中的一种或几种。

对于算法模型来讲，这里的类型名字是没有办法直接使用的，需要将其转化成数字才能使用。将每条数据的电影类型用一维矩阵表示，则 A 为[0,1,1,1,0]，B 为[1,0,0,1,1]。

2．构建用户的偏好信息

例：表 5-4 是一个用户-电影评分表（满分为 5 分，空表示未进行评分）。

表 5-4　用户-电影评分表

姓名	《山楂树之恋》	《芳华》	《战狼2》
张三	4	5	3
李四		1	4

可以看出，张三更喜欢《山楂树之恋》和《芳华》这两部电影。

假设这两部电影都属于青春类型，那么推断出张三更喜欢青春类型的电影，这样就可以为张三构建偏好信息：

（1）张三的电影平均分：(4+5+3)/3=4。

（2）根据下面的公式计算张三对青春类型电影的偏好程度。

- x_i：所有张三打过分的青春类型电影；
- avg：张三对其评分的电影的平均分；
- n：所有涉及青春类型的电影的个数。

那么张三对青春类型的偏好程度为：

$$\frac{1}{n}\sum_{i=1}^{n}(x_i - \text{avg}) = \frac{(4-4)+(5-4)}{2} = 0.5$$

（3）为用户建立偏好矩阵：其中每个元素表示用户对每种电影类型的偏好程度，如张三的偏好矩阵为[0.5,…]。

3．计算用户与每部电影的距离

根据式（5.1）计算用户与每部电影的距离。

$$\cos(U,I) = \frac{\sum U_a \times I_a}{\sqrt{\sum U_a^2} \times \sqrt{\sum I_a^2}} \tag{5.1}$$

式中：

- U_a：用户对电影类型 a 的偏好程度；
- I_a：电影是否属于类型 a，即"构建电影的特征信息矩阵"中对应类型 a 的特征信息矩阵。

> **提示:**
> 用户与每部电影的余弦相似度越高，则说明用户对电影的偏好程度越高。

5.3.2 准备数据

使用的数据集为推荐系统中常用的 MovieLens 数据集（数据下载地址为：https://grouplens.org/datasets/movielens/1m/）。其中，movies.dat 记录了每部电影所属的类型，文件 ratings.dat 记录了用户对电影的评分。下载数据，并解压至 data 目录。

1. 数据格式转换

为了数据后续使用方便，这里将 data 目录下的文件转化为 csv 文件，新建 DataProcessing 类，并进行数据格式转换，代码如下：

代码 5-2 数据格式转换——新建 DataProcessing 类，进行数据格式转换

```python
import pandas as pd
import json

class DataProcessing:
    def __init__(self):
        pass

    def process(self):
        print('开始转换用户数据（users.dat）...')
        self.process_user_data()
        print('开始转换电影数据（movies.dat）...')
        self.process_movies_date()
        print('开始转换用户对电影评分数据（ratings.dat）...')
        self.process_rating_data()
        print('Over!')

    def process_user_data(self, file='../data/ml-1m/users.dat'):
        fp = pd.read_table(file, sep='::', engine='python',names=['UserID',
'Gender', 'Age', 'Occupation', 'Zip-code'])
        fp.to_csv('../data/ml-1m/use/users.csv', index=False)

    def process_rating_data(self, file='../data/ml-1m/ratings.dat'):
        fp = pd.read_table(file, sep='::', engine='python',names=['UserID',
'MovieID', 'Rating', 'Timestamp'])
        fp.to_csv('../data/ml-1m/use/ratings.csv', index=False)

    def process_movies_date(self, file='../data/ml-1m/movies.dat'):
        fp = pd.read_table(file, sep='::', engine='python',names=['MovieID',
'Title', 'Genres'])
        fp.to_csv('../data/ml-1m/use/movies.csv', index=False)
```

```
if __name__ == '__main__':
    dp=DataProcessing ()
    dp.process()
```

2．计算电影的特征信息矩阵

给类 dataProcessing 添加 prepare_item_profile()函数，进而计算得到电影的特征信息矩阵并保存在文件中，对应的代码如下：

代码 5-2　数据格式转换——计算电影的特征信息矩阵

```
# 获取 item 的特征信息矩阵
def prepare_item_profile(self,file='data/movies.csv'):
    items=pd.read_csv(file)
    item_ids=set(items["MovieID"].values)
    self.item_dict={}
    genres_all=list()
    # 将每个电影的类型放在 item_dict 中
    for item in item_ids:

        genres=items[items["MovieID"]==item]["Genres"].values[0].split("|")
        self.item_dict.setdefault(item,[]).extend(genres)
        genres_all.extend(genres)
    self.genres_all=set(genres_all)
    # 将每个电影的特征信息矩阵存放在 self.item_matrix 中
    # 保存 dict 时，key 只能为 str，所以这里对 item id 做 str()转换
    self.item_matrix={}
    for item in self.item_dict.keys():
        self.item_matrix[str(item)]=[0] * len(set(self.genres_all))
        for genre in self.item_dict[item]:
            index=list(set(genres_all)).index(genre)
            self.item_matrix[str(item)][index]=1
    json.dump(self.item_matrix,
            open('data/item_profile.json','w'))
    print("item 信息计算完成，保存路径为：{}"
        .format('data/item_profile.json'))
```

同时在 main 函数中添加对 dp.prepare_item_profile()函数的引用。

3．计算用户的偏好矩阵

在 DataProcessing 类中添加 prepare_user_profile()函数，进而计算得到用户的偏好矩阵并保存在文件中，对应的代码如下：

代码 5-2　数据格式转换——计算用户的偏好矩阵

```
# 计算用户的偏好矩阵
def prepare_user_profile(self,file='data/ratings.csv'):
    users = pd.read_csv(file)
    user_ids = set(users["UserID"].values)
```

```python
# 将 users 信息转换成 dict
users_rating_dict={}
for user in user_ids:
    users_rating_dict.setdefault(str(user),{})
with open(file,"r") as fr:
    for line in fr.readlines():
        if not line.startswith("UserID"):
            (user,item,rate)=line.split(",")[:3]
            users_rating_dict[user][item]=int(rate)

# 获取用户对每个类型下的哪些电影进行了评分
self.user_matrix={}
# 遍历每个用户
for user in users_rating_dict.keys():
    print("user is {}".format(user))
    score_list=users_rating_dict[user].values()
    # 用户的平均打分
    avg=sum(score_list)/len(score_list)
    self.user_matrix[user]=[]
    # 遍历每个类型（保证 item_profile 和 user_profile 信息矩阵中每列表示的类型一致）
    for genre in self.genres_all:
        score_all=0.0
        score_len=0
        # 遍历每个 item
        for item in users_rating_dict[user].keys():
            # 判断类型是否在用户评分过的电影里
            if genre in self.item_dict[int(item)]:
                score_all += (users_rating_dict[user][item]-avg)
                score_len+=1
        if score_len==0:
            self.user_matrix[user].append(0.0)
        else:
            self.user_matrix[user].append(score_all / score_len)
json.dump(self.user_matrix,
        open('data/user_profile.json', 'w'))
print("user 信息计算完成，保存路径为：{}"
    .format('data/user_profile.json'))
```

同时在 main 函数中添加对 dp.prepare_user_profile()函数的引用。

运行 main 函数，打印信息如下：

```
item 信息计算完成，保存路径为：data/item_profile.json
user is 1
user is 2
user is 3
user is 4
... ...
user is 6038
```

```
user is 6039
user is 6040
user 信息计算完成，保存路径为：data/user_profile.json
```

5.3.3　选择算法

这里选用基于内容的推荐算法，选用杰卡德相似系数来衡量两个 item 之间的相似度。

5.3.4　模型训练

因为这里是无监督学习，并不需要去训练模型，只需要运行下面的代码即可。

代码 5-3　基于内容的推荐算法创建电影推荐系统——实现对用户的电影推荐

```python
import json
import pandas as pd
import numpy as np
import math
import random


class CBRecommend:
    # 加载 dataProcessing.py 中预处理的数据
    def __init__(self,K):
        # 给用户推荐的 item 个数
        self.K = K
        self.item_profile=json.load(open("data/item_profile.json","r"))
        self.user_profile=json.load(open("data/user_profile.json","r"))

    # 获取用户未进行评分的 item 列表
    def get_none_score_item(self,user):
        items=pd.read_csv("data/movies.csv")["MovieID"].values
        data = pd.read_csv("data/ratings.csv")
        have_score_items=data[data["UserID"]==user]["MovieID"].values
        none_score_items=set(items)-set(have_score_items)
        return none_score_items

    # 获取用户对 item 的喜好程度
    def cosUI(self,user,item):
        Uia=sum(
            np.array(self.user_profile[str(user)])
            *
            np.array(self.item_profile[str(item)])
        )
        Ua=math.sqrt( sum( [ math.pow(one,2) for one in
self.user_profile[str(user)] ] ) )
        Ia=math.sqrt( sum( [ math.pow(one,2) for one in
self.item_profile[str(item)] ] ) )
        return  Uia / (Ua * Ia)
```

```python
# 为用户进行电影推荐
def recommend(self,user):
    user_result={}
    item_list=self.get_none_score_item(user)
    for item in item_list:
        user_result[item]=self.cosUI(user,item)
    if self.K is None:
        result = sorted(
            user_result.items(), key= lambda k:k[1], reverse=True
        )
    else:
        result = sorted(
            user_result.items(), key= lambda k:k[1], reverse=True
        )[:self.K]
    print(result)

if __name__=="__main__":
    cb=CBRecommend(K=10)
    cb.recommend(1)
```

如果要为某个用户推荐电影，只需要在 recommend()函数中传进去即可。

现在为编号为 1 的用户进行电影推荐，输出结果如下：

```
[(632, 0.6832725491451497), (665, 0.6832725491451497), (760, 0.6832725491451497),
(777, 0.6832725491451497), (1450, 0.6832725491451497), (1927, 0.6832725491451497),
(2669, 0.6832725491451497), (2670, 0.6832725491451497), (3066, 0.6832725491451497),
(3339, 0.6832725491451497)]
```

从结果中可以看出，编号为 1 的用户对编号为 632 的电影最感兴趣。

5.3.5 效果评估

这里采用的效果评估指标是：给用户推荐的电影和用户本身评分电影的交集与用户本身评分电影的数目比。

在代码中封装了一个 evaluate 方法，随机选取 20 个用户来进行模型效果的评估，实现如下：

代码 5-3 基于内容的推荐算法创建电影推荐系统——推荐系统效果评估

```python
# 推荐系统效果评估
def evaluate(self):
    evas=[]
    data = pd.read_csv("data/ratings.csv")
# 随机选取20个用户进行效果评估
    for user in random.sample([one for one in range(1,6041)], 20):
        have_score_items=data[data["UserID"] == user]["MovieID"].values
        items=pd.read_csv("data/movies.csv")["MovieID"].values
```

```
        user_result={}
        for item in items:
            user_result[item]=self.cosUI(user,item)
        results = sorted(
            user_result.items(), key=lambda k: k[1], reverse=True
        )[:len(have_score_items)]
        rec_items=[]
        for one in results:
            rec_items.append(one[0])
        eva = len(set(rec_items) & set(have_score_items)) /
len(have_score_items)
        evas.append( eva )
    return sum(evas) / len(evas)
```

在 main()函数中添加对 evaluate()函数的引用，运行 main()函数，返回结果如下：

```
0.05422415999142728
```

由结果可见推荐系统的准确率是非常低的，但这与原始数据、数据的预处理和选取的用户都有很大关系，这里不追求算法的准确率，重点在于过程实现。

5.4 基于近邻的推荐算法

基于近邻的推荐算法是比较基础的推荐算法，在学术界和工业界应用十分广泛。这里讨论的基于近邻的推荐算法指的是协同过滤（Collaborative Filtering）算法。

基于近邻的协同过滤推荐算法分为：

- 基于用户的协同过滤（User-CF-Based）算法；
- 基于物品的协同过滤（Item-CF-Based）算法。

关于协同过滤，一个最经典的例子就是看电影：有时不知道哪一部电影是我们喜欢的或评分比较高的，通常的做法就是问问周围的朋友，看看最近有什么好的电影推荐。在询问时，都习惯于问与自己品味差不多的朋友，这就是协同过滤的核心思想。

5.4.1 UserCF 算法的原理——先"找到相似同户"，再"找到他们喜欢的物品"

基于用户的协同过滤通过用户的历史行为数据发现用户喜欢的物品，并对这些偏好进行度量和打分，然后根据不同用户对相同物品的评分或偏好程度来评测用户之间的相似性，对有相同偏好的用户进行物品推荐。

简单地讲，基于用户的协同过滤就是给用户推荐"和他兴趣相投的其他用户"喜欢的物品。

图 5-5 所示是一个基于用户的协同过滤推荐的例子，用户 A 和用户 C 同时喜欢电影 A 和电影 C，用户 C 还喜欢电影 D，因此将用户 A 没有表达喜好的电影 D 推荐给用户 A。

又如，现在有 A、B、C、D 四个用户，分别对 a、b、c、d、e 五个物品表达了自己喜好程度（通过评分的高低来表现自己的偏好程度高低），现在要为 C 用户推荐物品：

（1）计算得到 C 用户的相似用户；

（2）找到这些相似用户喜欢的但 C 没有进行过评分的物品并推荐给 C。

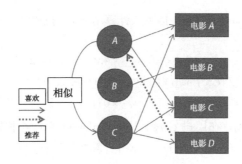

图 5-5　基于用户的协同过滤推荐的例子

1．构建用户物品评分表

假设用户对物品所表达的喜好程度（即评分）见表 5-5。

表 5-5　用户-物品评分表

用户	物品 a	物品 b	物品 c	物品 d	物品 e
A	3.0	4.0	0	3.5	0
B	4.0	0	4.5	0	3.5
C	0	3.5	0	0	3
D	0	4	0	3.5	3

2．相似度计算

计算用户之间相似度的方法有很多，这里选用的是余弦相似度，如式（5.2）所示。

$$W_{uv} = \frac{|N(u) \bigcap N(v)|}{\sqrt{|N(u)||N(v)|}} \tag{5.2}$$

针对用户 u 和 v，上述公式中的参数如下。

- $N(u)$：用户 u 有过评分的物品集合；
- $N(v)$：用户 v 有过评分的物品集合；
- W_{uv}：用户 u 和用户 v 的余弦相似度。

结合表 5-5，可以分别求得用户 C 和其他三个用户的相似度，见下面三公式：

$$W_{CA} = \frac{|(b,e) \bigcap (a,b,d)|}{\sqrt{|(b,e)||(a,b,d)|}} = \frac{1}{\sqrt{6}}$$

$$W_{CB} = \frac{|(b,e) \bigcap (a,c,e)|}{\sqrt{|(b,e)||(a,c,e)|}} = \frac{1}{\sqrt{6}}$$

$$W_{CD} = \frac{|(b,e) \bigcap (b,d,e)|}{\sqrt{|(b,e)||(b,d,e)|}} = \frac{2}{\sqrt{6}}$$

从计算结果来看，D 用户与 C 用户相似度最大。

从表 5-5 中也可以直接看出，用户 D 和 C 都在 b 和 e 物品上进行了评分，用户 A 和用户 C

都在 b 物品进行了评分，用户 B 和用户 C 都在 e 物品进行了评分。

3. 计算推荐结果

用户 C 进行评分的物品是 b 和 e，接下来计算用户 C 对物品 a、c、d 的偏好程度，见下面三公式：

$$P(C,a)=w_{CA} \times 3.0 + w_{CB} \times 4.0 + w_{CD} \times 0 = 2.858$$
$$P(C,c)=w_{CA} \times 0 + w_{CB} \times 4.5 + w_{CD} \times 0 = 1.837$$
$$P(C,d)=w_{CA} \times 3.5 + w_{CB} \times 0 + w_{CD} \times 3.5 = 4.287$$

从上面的计算可以得到，在用户 C 没有进行评分的物品中倒序排列为 d->a->c。这样就可以根据需要取前 K 个物品推荐给 C 用户。该部分计算相似度和用户对未知物品的可能评分对应的代码实现如下：

代码 5-4　User-Based 算法原理——计算用户相似度和用户对未知物品的可能评分

```python
import math

class UserCF:
    def __init__(self):
        self.user_score_dict = self.initUserScore()
        self.users_sim = self.userSimilarity()

    # 初始化用户评分数据
    def initUserScore(self):
        user_score_dict = {"A": {"a": 3.0, "b": 4.0, "c": 0.0, "d": 3.5, "e": 0.0},
                           "B": {"a": 4.0, "b": 0.0, "c": 4.5, "d": 0.0, "e": 3.5},
                           "C": {"a": 0.0, "b": 3.5, "c": 0.0, "d": 0., "e": 3.0},
                           "D": {"a": 0.0, "b": 4.0, "c": 0.0, "d": 3.50, "e": 3.0}}
        return user_score_dict

    # 计算用户之间的相似度,采用的是遍历每一个用户进行计算
    def userSimilarity(self):
        W = dict()
        for u in self.user_score_dict.keys():
            W.setdefault(u,{})
            for v in self.user_score_dict.keys():
                if u == v:
                    continue
                u_set = set( [key for key in self.user_score_dict[u].keys() if
self.user_score_dict[u][key] > 0])
                v_set = set( [key for key in self.user_score_dict[v].keys() if
self.user_score_dict[v][key] > 0])
                W[u][v] = float(len(u_set & v_set)) / math.sqrt(len(u_set) *
len(v_set))
        return W

# 预测用户对 item 的评分
```

```
def preUserItemScore(self, userA, item):
    score = 0.0
    for user in self.users_sim[userA].keys():
        if user != userA:
            score += self.users_sim[userA][user] *
self.user_score_dict[user][item]
    return score

# 为用户推荐物品
def recommend(self, userA):
    # 计算 userA 未评分 item 的可能评分
    user_item_score_dict = dict()
    for item in self.user_score_dict[userA].keys():
        if self.user_score_dict[userA][item] <= 0:
            user_item_score_dict[item] = self.preUserItemScore(userA, item)
    return user_item_score_dict

if __name__ == "__main__":
    ub = UserCF()
    print(ub.recommend("C"))
```

因为传进去的参数是用户 C，也就是为 C 进行推荐，运行结果如下（与前面的计算结果一致）：

```
{'a': 2.8577380332470415, 'c': 1.8371173070873839, 'd': 4.286607049870562}
```

4. 算法复杂度优化

但是上面的计算存在一个问题——需要计算每一对用户的相似度。代码实现对应的时间复杂度为 $O(|U|*|U|)$，U 为用户个数。

在实际生产环境中，很多用户之间并没有交集，也就是并没有对同一样物品产生过行为，所以很多情况下分子为 0，这样的稀疏数据就没有计算的必要。

上面的代码实现将时间浪费在计算这种用户之间的相似度上，所以这里可以进行优化：

（1）计算出 $N(u)\bigcap N(v) \neq 0$ 的用户对（u，v）；

（2）对其除以分母得到 u 和 v 的相似度。

针对以上优化思路，需要两步：

（1）建立物品到用户的倒排表 T，表示该物品被哪些用户产生过行为；

（2）根据倒查表 T，建立用户相似度矩阵 W：

* 在 T 中，对于每个物品 i，设其对应的用户为 j、k，
* 在 W 中，更新对应位置的元素值，$W[j][k]=W[j][k]+1$，$W[k][j]=W[k][j]+1$。

以此类推，这样在扫描完倒查表 T 之后，就能得到一个完整的用户相似度矩阵 W 了。

这里的 W 对应的是前面介绍的余弦相似度中的分子部分，然后用 W 除以分母，便能最终得到两个用户的兴趣相似度。

以表 5.5 为例，总共有 4 个用户，那么要建一个 4 行 4 列的倒排表，具体建立过程如下：

（1）由用户的评分数据得到每个物品被哪些用户评价过，如图 5-6 所示。

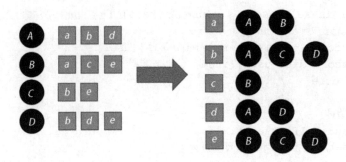

图 5-6　由用户评分数据得到物品被哪些用户评价过

（2）建立用户相似度矩阵 W，如图 5-7 所示。

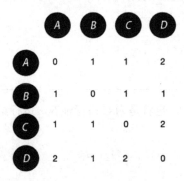

图 5-7　用户相似度矩阵

得到的相似度矩阵 W 对应的是计算两两用户相似度的分子部分，然后除以分母得到的便是两两用户的相似度。

还是以 C 用户为例。从图 5-7 可知，A、B 用户与 C 用户相似度计算的分子都为 1，D 用户与 C 用户相似度计算的分子部分为 2。其他用户与 C 用户的相似度计算如下：

$$W_{CA} = \frac{1}{\sqrt{6}}; W_{CB} = \frac{1}{\sqrt{6}}; W_{CD} = \frac{2}{\sqrt{6}}$$

得到用户的相似度之后，就可以计算用户对未评分物品的可能评分了。采用的计算方式依旧是：

$$P(u,i) = \sum_{v \in S(u,K) \cap N(i)} w_{uv} r_{vi} \tag{5.3}$$

其中各参数说明如下。

- $P(u,i)$：用户 u 对物品 i 的感兴趣程度；
- $S(u,K)$：和用户 u 兴趣最接近的 K 个用户；
- $N(i)$：对物品 i 有过行为的用户集合；
- W_{uv}：用户 u 和用户 v 的兴趣相似度；
- r_{vi}：用户 v 对物品 i 的兴趣，即用户对物品的评分。

依据式（5.3），分别计算用户 C 对物品 a、c、d 的可能评分：

$$P(C,a) = W_{CA} \times 3.0 + W_{CB} \times 4.0 + W_{CD} \times 0 = 2.858$$

$$P(C,c) = W_{CA} \times 0 + W_{CB} \times 4.5 + W_{CD} \times 0.0 = 1.837$$

$$P(C,d) = W_{CA} \times 3.5 + W_{CB} \times 0 + W_{CD} \times 3.5 = 4.287$$

同样，对比优化前后的计算可知，结果是一致的。

优化后的计算用户相似度的代码如下：

代码 5-4 UserCF 算法原理——计算用户相似度优化（1）

```python
# 计算用户之间的相似度，采用优化算法时间复杂度的方法
def userSimilarityBetter(self):
    # 得到每个 item 被哪些 user 评价过
    item_users = dict()
    for u, items in self.user_score_dict.items():
        for i in items.keys():
            item_users.setdefault(i, set())
            if self.user_score_dict[u][i] > 0:
                item_users[i].add(u)
    # 构建倒排表
    C = dict()
    N = dict()
    for i, users in item_users.items():
        for u in users:
            N.setdefault(u, 0)
            N[u] += 1
            C.setdefault(u, {})
            for v in users:
                C[u].setdefault(v, 0)
                if u == v:
                    continue
                C[u][v] += 1
    print(C)
    print(N)
    # 构建相似度矩阵
    W = dict()
    for u, related_users in C.items():
        W.setdefault(u, {})
        for v, cuv in related_users.items():
            if u == v:
                continue
            W[u].setdefault(v, 0.0)
            W[u][v] = cuv / math.sqrt(N[u] * N[v])
    return W
```

将 UserCF 类初始化函数中的 self.userSimilarity()，替换为 self.userSimilarityBetter()，运行代码结果如下：

```
{'a': 2.8577380332470415, 'c': 1.8371173070873839, 'd': 4.286607049870562}
```

5. 惩罚热门物品

如果两个用户都买过《新华字典》，这并不能说明他们兴趣相同，因为绝大多数中国人都买过《新华字典》。

但如果两个用户都买过《机器学习实战》，那可以认为他们的兴趣比较相似，因为只有研究机器学习的人才可能买这本书。

> 📖 提示：
>
> 两个用户对冷门物品采取过同样的行为更能说明他们兴趣的相似度。

因此，John S. Breese 在论文中提出了式（5.4），根据用户行为计算用户的兴趣相似度：

$$w_{uv} = \frac{\sum\limits_{i \in N(u) \bigcap N(v)} \frac{1}{\lg(1+|N(i)|)}}{\sqrt{|N(u)||N(v)|}} \tag{5.4}$$

- 分子中的倒数部分，惩罚了用户 u 和用户 v 共同兴趣列表中热门物品，减小了热门物品对用户相似度的影响。
- $N(i)$是对物品 i 有过行为的用户集合。物品 i 越热门，$N(i)$越大。

对此，修改用户相似度的计算方式，具体的代码实现如函数 userSimilarityBest()所示。

代码 5-4　UserCF 算法原理——计算用户相似度优化（2）

```python
# 计算用户之间的相似度，采用惩罚热门商品和优化算法复杂度的算法
def userSimilarityBest(self):
    # 得到每个item被哪些user评价过
    item_users = dict()
    for u, items in self.user_score_dict.items():
        for i in items.keys():
            item_users.setdefault(i,set())
            if self.user_score_dict[u][i] > 0:
                item_users[i].add(u)
    # 构建倒排表
    C = dict()
    N = dict()
    for i, users in item_users.items():
        for u in users:
            N.setdefault(u,0)
            N[u] += 1
            C.setdefault(u,{})
            for v in users:
                C[u].setdefault(v, 0)
                if u == v:
                    continue
                C[u][v] += 1 / math.log(1+len(users))
    # 构建相似度矩阵
```

```
W = dict()
for u, related_users in C.items():
    W.setdefault(u,{})
    for v, cuv in related_users.items():
        if u==v:
            continue
        W[u].setdefault(v, 0.0)
        W[u][v] = cuv / math.sqrt(N[u] * N[v])
return W
```

将 UserBased 类初始化函数中的 self.userSimilarity()替换为 self.userSimilarityBest()，使用惩罚了热门物品的相似度计算方法来计算用户 C 对未评分物品的可能评分。运行代码结果如下：

```
{'a': 2.0614222443626433, 'c': 1.3252000142331277, 'd': 3.092133366543965}
```

观察不同相似度计算方法下的结果，可以看出：在惩罚了热门商品之后，所计算出用户 C 对未评价的物品偏好分数降低了一些。

以上便是基于用户的协同过滤推荐算法的思想和实现过程。读者可以先跳看 5.5 节，学习基于 UserCF 算法的电影推荐实例。

5.4.2　ItemCF 算法的原理——先"找到用户喜欢的物品"，再"找到喜欢物品的相似物品"

基于物品的协同过滤推荐则通过不同对 item 的评分来评测 item 之间的相似性，从而基于 item 的相似性做推荐。

简单地讲就是，给用户推荐他之前喜欢物品的相似物品。

从原理上理解可以得知：基于 item 的协同过滤推荐和被推荐用户的偏好没有直接关系。例如，用户 A 买了一本书 a，那么会给用户 A 推荐一些和书 a 相似的书。这里要考虑的是如何衡量两本书的相似度。

图 5-8 所示是一个基于物品的协同过滤推荐的例子，用户 C 喜欢电影 A，电影 C 和电影 A 相似，那么便把用户 C 没有表达喜好的电影 C 推荐给用户 C。

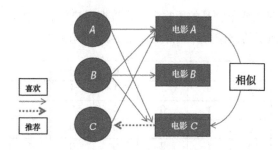

图 5-8　基于物品的协同过滤推荐的例子

同样以 5.3.1 小节中用户对物品评分为例，数据见表 5-6。

表 5-6　用户-物品评分表

用户	物品 a	物品 b	物品 c	物品 d	物品 e
A	3.0	4.0	0.0	3.5	0.0
B	4.0	0.0	4.5	0.0	3.5
C	0.0	3.5	0.0	0.0	3
D	0.0	4	0.0	3.5	3

基于物品的协同过滤算法主要有三步：

（1）计算物品之间的相似度；

（2）计算推荐结果；

（3）惩罚热门物品。

接下来介绍每一步是如何实现的。

1．计算物品之间的相似度

（1）建立用户物品倒排表。

由表 5-6 可以得到如图 5-9 所示的对应关系。

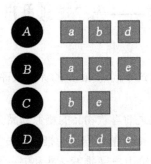

图 5-9　用户物品倒排表

大写字母 A、B、C、D 表示用户，小写字母 a、b、c、d、e 表示物品。

（2）构建同现矩阵。

同现矩阵表示同时喜欢两个物品的用户数，是根据用户物品倒排表计算出来的。

例如，根据图 5-9 所示的倒排表可以得到如图 5-10 所示的同现矩阵。

	a	b	c	d	e
a	0	1	1	1	1
b	1	0	0	2	2
c	1	0	0	0	1
d	1	2	0	0	1
e	1	2	1	1	0

图 5-10　物品同现矩阵

同现矩阵对角线全为 0，且是实对称稀疏矩阵。

> 📋 **提示：**
>
> 实对称矩阵：如果有 n 阶矩阵 A，其矩阵的元素都为实数，且矩阵 A 的转置等于其本身（$a_{ij}=a_{ji}$）（i,j 为元素的脚标），则称 A 为实对称矩阵。

这里采用式（5.5）计算 item 之间的相似度：

$$w_{ij} = \frac{|N(i)\bigcap N(j)|}{|N(i)|} \tag{5.5}$$

- 分母 $|N(i)|$ 是喜欢物品 i 的用户数；
- 分子 $|N(i)\cap N(j)|$，是同时喜欢物品 i 和物品 j 的用户数。

因此，公式（5.5）可以理解为喜欢物品 i 的用户中有多少比例的用户也喜欢物品 j。

统计每个物品有行为的用户数，见表 5-7。

表 5-7　每个物品有行为的用户数

物　　品	有行为用户数
a	2
b	3
c	1
d	2
e	3

通过计算物品之间的相似度，得到物品之间的相似度矩阵，如图 5-11 所示。

	a	b	c	d	e
a	0	0.5	0.5	0.5	0.5
b	0.33	0	0	0.67	0.67
c	1.0	0	0	0	1.0
d	0.5	1.0	0	0	0.5
e	0.33	0.67	0.33	0.33	0

图 5-11　物品相似度矩阵

（3）构建评分矩阵（以用户 C 为例），见表 5-8。

表 5-8　用户 C 的评分矩阵

物　　品	评　　分
a	0
b	3.5
c	0
d	0
e	3

2．计算推荐结果

得到物品的相似度矩阵之后，ItemCF 通过式（5.6）计算用户 u 对物品 i 的兴趣：

$$P_{(u,\,i)} = \sum_{j \in S(i,K) \bigcap N(u)} w_{ij} r_{uj} \tag{5.6}$$

- $N(u)$：用户喜欢的物品的集合。
- $S(i,K)$：和物品 i 最相似的 K 个物品的集合。
- W_{ij}：物品 i 和 j 的相似度。
- r_{uj}：用户 u 对物品 j 的兴趣（对于隐反馈数据集，如果用户 u 对物品 j 有过行为，即可令 $r_{uj}=1$）。

式（5.6）的含义是，和用户历史上感兴趣的物品越相似的物品，越有可能在用户的推荐列表中获得比较高的排名。

推荐结果为相似度矩阵和评分矩阵的乘积，见表 5-9。

表 5-9　计算推荐结果

物　　品	评　　分
a	3.25
b	2.0
c	3.0
d	5.0
e	2.33

从中去掉 C 已经打过分的物品 b 和 e，则可以看出，C 对 d 的喜好程度最高，其次是 a 和 c。与基于用户的协同过滤算法的结果是一致的。该部分对应的实现代码如下：

代码 5-5　ItemCF 算法原理——计算物品相似度和用户对未知物品的可能评分

```python
import math

class ItemCF:
    def __init__(self):
        self.user_score_dict = self.initUserScore()
        self.items_sim = self.ItemSimilarity()

    # 初始化用户评分数据
    def initUserScore(self):
        user_score_dict = {
            "A": {"a": 3.0, "b": 4.0, "c": 0.0, "d": 3.5, "e": 0.0},
            "B": {"a": 4.0, "b": 0.0, "c": 4.5, "d": 0.0, "e": 3.5},
            "C": {"a": 0.0, "b": 3.5, "c": 0.0, "d": 0.0, "e": 3.0},
            "D": {"a": 0.0, "b": 4.0, "c": 0.0, "d": 3.5, "e": 3.0},
        }
        return user_score_dict

    # 计算 item 之间的相似度
```

```python
def ItemSimilarity(self):
    itemSim = dict()
    # 得到每个物品有多少用户产生过行为
    item_user_count = dict()
    # 同现矩阵
    count = dict()
    for user, item in self.user_score_dict.items():
        for i in item.keys():
            item_user_count.setdefault(i, 0)
            if self.user_score_dict[user][i] > 0.0:
                item_user_count[i] += 1
            for j in item.keys():
                count.setdefault(i, {}).setdefault(j, 0)
                if (
                    self.user_score_dict[user][i] > 0.0
                    and self.user_score_dict[user][j] > 0.0
                    and i != j
                ):
                    count[i][j] += 1
    # 同现矩阵 -> 相似度矩阵
    for i, related_items in count.items():
        itemSim.setdefault(i, dict())
        for j, cuv in related_items.items():
            itemSim[i].setdefault(j, 0)
            itemSim[i][j] = cuv / item_user_count[i]
    return itemSim


# 预测用户对 item 的评分
def preUserItemScore(self, userA, item):
    score = 0.0
    for item1 in self.items_sim[item].keys():
        if item1 != item:
            score += (
                self.items_sim[item][item1] *
self.user_score_dict[userA][item1]
            )
    return score


# 为用户推荐物品
def recommend(self, userA):
    # 计算 userA 未评分 item 的可能评分
    user_item_score_dict = dict()
    for item in self.user_score_dict[userA].keys():
        # if self.user_score_dict[userA][item] <= 0:
        user_item_score_dict[item] = self.preUserItemScore(userA, item)
    return user_item_score_dict
```

```
if __name__ == "__main__":
    ib = ItemCF()
    print(ib.recommend("C"))
```

输出的结果为:

```
{'a': 3.25, 'b': 2.0, 'c': 3.0, 'd': 5.0, 'e': 2.333333333333333}
```

3. 惩罚热门物品

在前面介绍的计算物品的相似度矩阵中有一个问题: 如果物品 j 过于热门,有很多用户进行了评分,那么所计算出的 W_{ij} 就会很大。

因此,式 (5.5) 中计算的相似度会造成任何一个物品都和热门商品有很大的相似度,可以使用式 (5.7) 进行相似度计算,可降低热门商品的影响:

$$W_{ij} = \frac{|N(i) \bigcap N(j)|}{\sqrt{|N(i)||N(j)|}} \tag{5.7}$$

式中的分母部分由 $N(i)$ 变成了 $N(i)$ 与 $N(j)$ 乘积的开方。该公式降低了物品 j 的权重,因此减小了任何物品和热门物品都会很相似的可能。

从式 (5.7) 中可以看到,两个物品有相似度是因为它们共同被很多用户喜欢,即每个用户都可以通过他们的历史兴趣列表给物品"贡献"相似度。这里蕴含的假设是: 每个用户的兴趣都局限在某几方面。因此:

- 两个物品属于一个用户的兴趣列表,那么这两个物品可能就属于有限的几个领域。
- 如果两个物品属于很多用户的兴趣列表,那么这两个物品就可能属于同一个领域,因此会有很大的相似度。

利用修改后的公式计算相似度矩阵与评分矩阵的乘积,计算结果见表 5-10。

表 5-10   修正后的推荐结果

物　　品	评　　分
a	2.65
b	2.0
c	1.73
d	4.08
e	2.33

可以看出,与优化之前的结果是一致的。

优化后的计算物品相似度的代码如下:

代码 5-5　ItemCF 算法原理——计算物品相似度优化

```
# 计算 item 之间的相似度优化后
def ItemSimilarityBest(self):
    itemSim = dict()
    # 得到每个物品有多少用户产生过行为
    item_user_count = dict()
```

```
# 同现矩阵
count = dict()
for user, item in self.user_score_dict.items():
    for i in item.keys():
        item_user_count.setdefault(i, 0)
        if self.user_score_dict[user][i] > 0.0:
            item_user_count[i] += 1
        for j in item.keys():
            count.setdefault(i, {}).setdefault(j, 0)
            if (
                self.user_score_dict[user][i] > 0.0
                and self.user_score_dict[user][j] > 0.0
                and i != j
            ):
                count[i][j] += 1
# 同现矩阵 -> 相似度矩阵
for i, related_items in count.items():
    itemSim.setdefault(i, dict())
    for j, cuv in related_items.items():
        itemSim[i].setdefault(j, 0)
        itemSim[i][j]=cuv/math.sqrt(item_user_count[i] *
item_user_count[j])
    return itemSim
```

将初始化函数中的 self.items_sim = self.ItemSimilarity() 替换成 self.items_sim = self.ItemSimilarityBest()，使用式（5.7）的计算方法，减小热门商品的影响，最终运行结果如下：

```
{'a': 2.653361388801511, 'b': 2.0, 'c': 1.7320508075688776, 'd': 4.08248290463863,
'e': 2.333333333333333}
```

以上便是基于物品的协同过滤算法的思路和实现，在 5.6 节中将会编写一个基于 ItemCF 算法的电影推荐系统，加深理解。

5.5　实例 15：编写一个基于 UserCF 算法的电影推荐系统

通过对算法原理和物品特征建模的学习，对基于用户的协同过滤推荐算法有了一定的了解，本节实现一个小的实例。

案例描述

利用 UserCF 编写一个电影推荐系统，根据被推荐用户的相似用户的喜好，为被推荐用户推荐电影。

5.5.1 了 解 实 现 思 路

首先使用训练数据得到用户的偏好信息矩阵和物品的特征信息矩阵，然后计算用户对未进行评分电影的偏好分，选取前 *K* 个推荐给用户。

一个基于用户的电影推荐系统实现过程如下：

（1）基于 5.3.2 小节中介绍的数据集准备数据；

（2）使用基于用户的协同过滤算法构建模型；

（3）模型训练；

（4）效果评估。

5.5.2 准 备 数 据

使用 5.3.2 小节介绍的 MovieLens 数据集。

5.5.3 选 择 算 法

算法使用的是基于用户的协同过滤算法，相似度计算选择的是"优化后的余弦相似度"。

5.5.4 模 型 训 练

创建 UserCFRec 类，添加如下内容：

代码 5-6　编写一个基于 UserCF 算法的电影推荐系统——实现对用户的电影推荐

```python
# -*- coding: utf-8 -*-

import random
import math
import json
import os

class UserCFRec:
    def __init__(self,datafile):
        self.datafile = datafile
        self.data = self.loadData()

        self.trainData,self.testData = self.splitData(3,47)  # 训练集与数据集
        self.users_sim = self.UserSimilarityBest()

    # 加载评分数据到 data
    def loadData(self):
        print("加载数据...")
        data=[]
        for line in open(self.datafile):
            userid,itemid,record,_ = line.split("::")
```

```
            data.append((userid,itemid,int(record)))
        return data

    """
    拆分数据集为训练集和测试集
        k: 参数
        seed: 生成随机数的种子
        M: 随机数上限
    """
    def splitData(self,k,seed,M=8):
        print("训练集与测试集切分...")
        train,test = {},{}
        random.seed(seed)
        for user,item,record in self.data:
            if random.randint(0,M) == k:
                test.setdefault(user,{})
                test[user][item] = record
            else:
                train.setdefault(user,{})
                train[user][item] = record
        return train,test

    # 计算用户之间的相似度，采用惩罚热门商品和优化算法复杂度的算法
    def UserSimilarityBest(self):
        print("开始计算用户之间的相似度 ...")
        if os.path.exists("data/user_sim.json"):
            print("用户相似度从文件加载 ...")
            userSim = json.load(open("data/user_sim.json","r"))
        else:
            # 得到每个 item 被哪些 user 评价过
            item_users = dict()
            for u, items in self.trainData.items():
                for i in items.keys():
                    item_users.setdefault(i,set())
                    if self.trainData[u][i] > 0:
                        item_users[i].add(u)
            # 构建倒排表
            count = dict()
            user_item_count = dict()
            for i, users in item_users.items():
                for u in users:
                    user_item_count.setdefault(u,0)
                    user_item_count[u] += 1
                    count.setdefault(u,{})
                    for v in users:
                        count[u].setdefault(v, 0)
                        if u == v:
```

```
                        continue
                    count[u][v] += 1 / math.log(1+len(users))
            # 构建相似度矩阵
            userSim = dict()
            for u, related_users in count.items():
                userSim.setdefault(u,{})
                for v, cuv in related_users.items():
                    if u==v:
                        continue
                    userSim[u].setdefault(v, 0.0)
                    userSim[u][v] = cuv / math.sqrt(user_item_count[u] *
    user_item_count[v])
            json.dump(userSim, open('data/user_sim.json', 'w'))
        return userSim


    """
        为用户 user 进行物品推荐
            user: 为用户 user 进行推荐
            k: 选取 k 个近邻用户
            nitems: 取 nitems 个物品
    """
    def recommend(self, user, k=8, nitems=40):
        result = dict()
        have_score_items = self.trainData.get(user, {})
        for v, wuv in sorted(self.users_sim[user].items(), key=lambda x: x[1],
    reverse=True)[0:k]:
            for i, rvi in self.trainData[v].items():
                if i in have_score_items:
                    continue
                result.setdefault(i, 0)
                result[i] += wuv * rvi
        return dict(sorted(result.items(), key=lambda x: x[1],
    reverse=True)[0:nitems])


if __name__=='__main__':
    cf = UserCFRec("../data/ml-1m/ratings.dat")
    result = cf.recommend("1")
    print("user '1' recommend result is {} ".format(result))
```

假设现在要为 id 为 1 的用户进行电影推荐，则在 main 函数中将 user 作为参数传进去，得到如下结果：

```
    user '1' recommend result is {'1907': 1.1719770420320046, '2078': 1.0771247187392352,
'2081': 1.0758836648976486, '1029': 1.0711008152996346, '2096': 1.0625630426343857,
'596': 1.0451797898417066, '2085': 0.9577988630036637, '2080': 0.9410112225805409,
'364': 0.9193391674871346......}
```

5.5.5　效 果 评 估

在 UserCFRec 类中添加 precision 函数，对应的代码如下：

代码 5-6　编写一个基于 UserCF 算法的电影推荐系统——推荐系统效果评估

```
"""
    计算准确率
        k: 近邻用户数
        nitems: 推荐的 item 个数
"""
def precision(self, k=8, nitems=10):
    print("开始计算准确率 ...")
    hit = 0
    precision = 0
    for user in self.trainData.keys():
        tu = self.testData.get(user, {})
        rank = self.recommend(user, k=k, nitems=nitems)
        for item, rate in rank.items():
            if item in tu:
                hit += 1
        precision += nitems
    return hit / (precision * 1.0)
```

在 main 函数中进行调用，调用形式如下：

```
precision = cf.precision()
print("precision is {}".format(precision))
```

返回结果如下：

```
precision is 0.1909437086092715
```

可以通过尝试不同的 *K* 值（近邻用户数）来调节推荐算法的准确率。

5.6　实例 16：编写一个基于 ItemCF 算法的电影推荐系统

通过对算法原理和物品特征建模的学习，对基于物品的协同过滤推荐算法有了一定的了解，本节实现一个小的实例。

案例描述

利用 ItemCF 算法编写一个推荐系统，当用户进行电影浏览时，向用户推荐和该部电影相似的电影。

5.6.1　了 解 实 现 思 路

首先使用训练数据得到用户的偏好信息矩阵和物品的特征信息矩阵，然后计算用户对未进行评分电影的偏好分,最后选取前 K 个推荐给用户。

一个基于物品的电影推荐系统实现过程如下:

(1)基于 5.3.2 小节中介绍的数据集准备数据;

(2)使用基于物品的协同过滤算法构建模型;

(3)模型训练;

(4)效果评估。

5.6.2　准 备 数 据

使用 5.3.2 小节介绍的 MovieLens 数据集。

5.6.3　选 择 算 法

算法使用的是基于物品的协同过滤算法,电影之间的相似度计算使用的是"优化后的余弦相似度"。

5.6.4　模 型 训 练

创建 ItemCFRec 类,添加如下内容:

代码 5-7　编写一个基于 ItemCF 算法的电影推荐系统——实现对用户的电影推荐

```python
# -*- coding: utf-8 -*-

import random
import math
import os
import json

class ItemCFRec:
    def __init__(self,datafile,ratio):
        # 原始数据路径文件
        self.datafile = datafile
        # 测试集与训练集的比例
        self.ratio = ratio

        self.data = self.loadData()
        self.trainData,self.testData = self.splitData(3,47)
        self.items_sim = self.ItemSimilarityBest()

    # 加载评分数据到data
    def loadData(self):
        print("加载数据...")
        data=[]
        for line in open(self.datafile):
```

```
            userid,itemid,record,_ = line.split("::")
            data.append((userid,itemid,int(record)))
        return data

    """
    拆分数据集为训练集和测试集
        k: 参数
        seed: 生成随机数的种子
        M: 随机数上限
    """
    def splitData(self,k,seed,M=9):
        print("训练集与测试集切分...")
        train,test = {},{}
        random.seed(seed)
        for user,item,record in self.data:
            if random.randint(0,M) == k:
                test.setdefault(user,{})
                test[user][item] = record
            else:
                train.setdefault(user,{})
                train[user][item] = record
        return train,test


# 计算物品之间的相似度
    def ItemSimilarityBest(self):
        print("开始计算物品之间的相似度")
        if os.path.exists("data/item_sim.json"):
            print("物品相似度从文件加载 ...")
            itemSim = json.load(open("data/item_sim.json", "r"))
        else:
            itemSim = dict()
            item_user_count = dict()   # 得到每个物品有多少用户产生过行为
            count = dict()   # 同现矩阵
            for user, item in self.trainData.items():
                print("user is {}".format(user))
                for i in item.keys():
                    item_user_count.setdefault(i, 0)
                    if self.trainData[str(user)][i] > 0.0:
                        item_user_count[i] += 1
                    for j in item.keys():
                        count.setdefault(i, {}).setdefault(j, 0)
                        if self.trainData[str(user)][i] > 0.0 and
self.trainData[str(user)][j] > 0.0 and i != j:
                            count[i][j] += 1
            # 同现矩阵 -> 相似度矩阵
            for i, related_items in count.items():
                itemSim.setdefault(i, dict())
```

```
                for j, cuv in related_items.items():
                    itemSim[i].setdefault(j, 0)
                    itemSim[i][j] = cuv / math.sqrt(item_user_count[i] *
    item_user_count[j])
        json.dump(itemSim, open('data/item_sim.json', 'w'))
        return itemSim

    """
    为用户进行推荐
        user: 用户
        k: k 个临近物品
        nitem: 总共返回 n 个物品
    """
    def recommend(self, user, k=8, nitems=40):
        result = dict()
        u_items = self.trainData.get(user, {})
        for i, pi in u_items.items():
            for j, wj in sorted(self.items_sim[i].items(), key=lambda x: x[1],
    reverse=True)[0:k]:
                if j in u_items:
                    continue
                result.setdefault(j, 0)
                result[j] += pi * wj

        return dict(sorted(result.items(), key=lambda x: x[1],
    reverse=True)[0:nitems])

if __name__ == "__main__":
    ib = ItemBasedCF("data/ratings.dat",[1,9])
    print("用户 1 进行推荐的结果如下：{}".format(ib.recommend("1")))
```

运行代码，结果如下：

用户 1 进行推荐的结果如下：{'1196': 16.64892523868962, '318': 16.400109322313167, '364': 16.05329993768224, '2716': 15.207316358485624, '2858': 14.803008620953086, '2087': 13.853274020274455......}

5.6.5 效果评估

在 ItemCFRec 类中添加 precision 函数，对应的代码如下：

代码 5-7　编写一个基于 ItemCF 算法的电影推荐系统——推荐系统效果评估

```
# 计算准确率
def precision(self, k=8,nitems=10):
    print("开始计算准确率 ...")
    hit = 0
    precision = 0
    for user in self.testData.keys():
```

```
        u_items = self.testData.get(user, {})
        result = self.recommend(user, k=k, nitems=nitems)
        for item, rate in result.items():
            if item in u_items:
                hit += 1
            precision += nitems
    return hit / (precision * 1.0)
```

在 main 函数中进行调用，调用形式如下：

```
print("准确率为: {}".format(ib.precision()))
```

返回结果如下：

准确率为: 0.19353000335232987

可以通过尝试使用不同的 *K* 值（近邻用户数）来调节推荐算法的准确率。

5.7　对比分析：UserCF 算法和 ItemCF 算法

首先回顾一下 UserCF 算法和 ItemCF 算法的推荐实现思路。

UserCF 算法主要分为以下两步：

（1）找到与目标用户（*A*）兴趣相似的用户；

（2）得到用户（*A*）相似用户评分物品中用户（*A*）没有进行过评分的 Item，并推荐给用户（*A*）。

ItemCF 算法主要分为以下两步：

（1）计算物品之间的相似度；

（2）根据用户的历史行为和物品的相似度，为用户生成推荐列表。

由此可以看出：

- UserCF 算法注重的是用户所在的兴趣小组，给用户推荐的是所在小组中的热门商品，更注重社会化；
- ItemCF 算法注重的是用户有过行为的历史物品，用户本身的兴趣变化和继承对用户影响更大，因此更加注重个性化。

下面从用适用场景、推荐系统多样性、用户特点对推荐的影响三方面来分析下两者的对比。

1. 在适用场景上的比较

ItemCF 算法利用物品间的相似性来推荐，所以当用户数量远远超过物品数量时，可以考虑使用 ItemCF 算法。例如，购物网站和技术博客网站的商品或文章数据相对稳定，因此计算物品相似度时不但计算量小，而且不必频繁进行更新。

UserCF 算法利用用户间的相似性来推荐，所以当物品数量远远超过用户数量时，可以考虑 UserCF 算法。UserCF 算法更适合新闻类和短视频类等快消素材网站。例如，在社交网站中，UserCF 是一个不错的选择，而且可解释性也更强。因为这类网站的内容更新比较频繁，且用户更加注重社会化热点。

举例：

在一个非社交网站上，要给用户推荐一本书，有两种情况。

- 如果利用 UserCF 算法，系统给出的解释是"和你有相似兴趣的某某也看了该书"，这很难让用户信服。因为，被推荐者可能根本不认识这里的"某某"。

- 如果利用 ItemCF 算法，系统给出的解释是"这本书和你之前看的某本书相似"，显然更加合理，用户可能就会接受系统的推荐。

2．在推荐系统多样性上的比较

- 单用户的多样性方面：ItemCF 算法不如 UserCF 算法多样性丰富。因为，ItemCF 算法推荐的是和之前有行为物品的相似物品，物品覆盖面比较小，丰富度低。

- 系统的多样性方面：ItemCF 算法的多样性要远远好于 UserCF 算法。因为，UserCF 算法更加注重推荐热门物品。

> **提示：**
> 系统多样性也称为覆盖率，指一个推荐系统能否给用户提供更多的选择。

ItemCF 算法的推荐有很好的新颖性，容易发现并推荐长尾里的物品。所以大多数情况下，ItemCF 算法的精度稍微小于 UserCF 算法。如果考虑多样性，ItemCF 算法比 UserCF 算法好很多。而 ItemCF 算法只推荐 A 领域给用户，这样有限的推荐列表中就可能包含了一定数量的不热门的长尾物品。

由于 UserCF 算法经常推荐热门的物品，所以它在推荐长尾里的物品方面能力不足。

3．在用户特点上的比较

（1）UserCF 算法推荐的原则是"假设用户喜欢那些和他有相同喜好的用户喜欢的东西"。但是，如果用户暂时找不到兴趣相同的邻居，那么基于用户的推荐效果就打了大打折扣了。

因此，用户是否适应 UserCF，与"他有多少邻居"是成正比的。

（2）基于物品的协同过滤算法的前提是"用户喜欢和他以前购买过的物品类型相同的物品"，可以计算一个用户喜欢的物品的自相似度。

- 一个用户喜欢物品的自相似度大，即用户喜欢的物品的相关度大，则说明他喜欢的东西是比较相似的。即，这个用户比较符合 ItemCF 算法的基本假设，他对 ItemCF 算法的适应度比较好。

- 反之，如果自相似度小，即用户喜欢物品的相关度小，就说明这个用户的喜好习惯并不满足 ItemCF 算法的基本假设，那么用 ItemCF 算法所做出的推荐对于这种用户来说效果可能不是很好。

5.8　对比分析：基于内容和基于近邻

基于内容（Content-Based，CB）的推荐算法和基于物品（Item-Based，IB）的协同过滤算法十分相似，因为两种算法都在 Item 的基础上进行相似度计算。

但是两者基于的 Item 特征是不一样的：

- 基于内容的推荐算法中，计算用户相似度用的是 Item 本身的特征。
- 基于物品的协同过滤算法中，则用"用户对 Item 的行为"来构造 Item 的特征。

举例：

在用户对电影的评分信息中：

- Content-Based 算法基于电影本身的特征（如上映时间、导演、主演、类型等）来进行电影之间相似度的计算。
- Item-Based 算法基于用户对电影的评分来构建物品同现矩阵，以此来计算电影之间的相似度。

基于内容（Content）的推荐算法和基于用户（User）的协同过滤算法两者的立足点也是不一样的：

- Content-Based 算法基于 Item 进行推荐。
- User-Based 算法基于 User 进行推荐。

同样，ItemCF 和 UserCF 之间的不同对 UserCF-Based 和 Content-Based 也同样适用。

5.9　基于隐语义模型的推荐算法

在 5.2 节和 5.4 节介绍了基于内容的推荐算法和基于近邻的推荐算法，两者都属于基于统计学的推荐算法，这种模型可以很轻易地被解释。

隐语义模型（Latent Factor Model，LFM）属于机器学习算法，其中包含了隐含因子，类似于神经网络中的隐藏层，所以很难解释隐含因子与最终结果有什么直观的联系。但这并不妨碍训练模型，只需要根据现有的数据训练出合适的隐含因子，使得目标函数最优化，那么模型就是可用的。

5.9.1　LFM 概述

隐语义模型常被用在推荐系统和文本分类中，最初来源于 IR 领域的 LSA（Latent Semantic Analysis）。

LSA 是 1988 年 S. T. Dumains 等提出的一种新的信息检索模型，它使用统计计算的方法对大量文本集进行分析，提取出词与词之间潜在的语义结构，并用这种潜在的语义结构表示词和文本，达到消除词之间的相关性和简化文本向量以实现降维的目的。

下面举例说明隐语义模型（LFM）的原理。

假设现在有 A、B 两个用户，A 用户喜欢读《三国演义》，B 用户喜欢读《从你的全世界路过》，现在对 A、B 两个用户进行书籍推荐：

- User-Based 的思想是，找到与他们相似的用户，将相似用户喜欢的书籍推荐给他们。
- Item-Based 的思想是，找到他们当前喜欢的书籍，将相似的书籍推荐给他们。
- 隐语义模型的思想是，找到用户的偏好特征，将该类偏好特征对应的书籍推荐给两位用户。

《三国演义》属于历史书，那么可以把历史书相关书籍推荐给 A 用户。而《从你的全世界路过》属于青春文学书籍，那么可以把该类别下的数据推荐给 B 用户。这就是隐语义模型的原理——依据"兴趣"这一隐含特征将用户与物品进行连接。需要说明的是，此处的"兴趣"其实是对物品类型的一个分类而已。

5.9.2 LFM 算法理解

1. LFM 原理分析

从矩阵的角度来理解，LFM 原理矩阵表示图如图 5-12 所示。

	Item1	Item2	Item3	Item4
User1	R_{11}	R_{12}	R_{13}	R_{14}
User2	R_{21}	R_{22}	R_{23}	R_{24}
User3	R_{31}	R_{32}	R_{33}	R_{34}

	Class1	Class2	Class3
User1	P_{11}	P_{12}	P_{13}
User2	P_{21}	P_{22}	P_{23}
User3	P_{31}	P_{32}	P_{33}

	Item1	Item2	Item3	Item4
Class1	Q_{11}	Q_{12}	Q_{13}	Q_{14}
Class2	Q_{21}	Q_{22}	Q_{23}	Q_{24}
Class3	Q_{31}	Q_{32}	Q_{33}	Q_{34}

$$R \quad = \quad P \quad * \quad Q$$

图 5-12　LFM 原理矩阵表示图

- R 矩阵表示用户对物品的偏好信息。其中，R_{ij} 代表 User i 对 Item j 的兴趣度。
- P 矩阵表示用户对各物品类别的一个偏好信息。其中，P_{ij} 代表 User i 对 Class j 的兴趣度。
- Q 矩阵表示各个物品归属到各个类别的信息。其中，Q_{ij} 代表 Item j 在 Class i 中的权重或概率。

隐语义模型就是要将矩阵 R 分解为 P 和 Q 的乘积，即通过矩阵中的物品类别（Class）将用户 User 和物品 Item 联系起来。实际上需要根据用户当前的物品偏好信息 R 进行计算，从而得到对应的矩阵 P 和矩阵 Q。

从上述矩阵转换关系中可以得到隐语义模型计算用户对物品兴趣度的公式：

$$R(u,i) = \sum_{k=1}^{K} P_{u,k} Q_{i,k} \tag{5.8}$$

其中参数说明如下。

- $P_{u,k}$：用户 u 兴趣和第 k 个隐类的关系。
- $Q_{i,k}$：第 k 个隐类和物品 i 的关系。
- K：隐类的数量。
- R：用户对物品的兴趣度。

举例：

LFM 把所有电影分为三类[武打片，动画片，爱情片]，用户 A 非常喜欢武打片，因此用户 A 的 $P(u,k)$ 向量可以表示为[1,0,0]，现在有两部电影：

- 《天龙八部》，其 $Q(i,k)$ 向量分别可以表示为[1,0,0]$^\mathrm{T}$（为列向量）。

- 《天线宝宝》，其 $Q(i,k)$ 向量分别可以表示为 $[0,1,0]^T$（为列向量）。

那么就可以计算用户 A 对这两部电影的兴趣度了：

- $R(A,天龙八部)=P(u,k) \times Q(i,k)=[1,0,0]*[1,0,0]^T=1$
- $R(A,天线宝宝)=P(u,k) \times Q(i,k)=[1,0,0]*[0,1,0]^T=0$

这样就可以判断用户 A 对于电影《天龙八部》的兴趣度要比《天线宝宝》高，较于《天线宝宝》，更应该给 A 推荐《天龙八部》。

2. LFM 所解决的问题

要想实现隐语义模型，需要解决如下几个问题：

（1）如何对物品进行分类，分为几类？

（2）如何确定用户对哪些物品类别有兴趣？兴趣度是多少？

（3）对于一个给定的类别，选择这个类别下的哪些物品进行推荐？如何确定物品在该类别中的权重？

对于问题（1），如果找专家对物品进行分类，将面临以下两个问题。

1）不同的专家对物品的认知不一样，会将同一个物品分为不同的类别。例如，有人认为《天龙八部》讲的是江湖上的恩恩怨怨，属于武打片；也有人认为讲的是儿女情长，属于爱情片。

2）很难把控类别的粒度。《天龙八部》这部电影不仅可以定义为爱情片、武打片，还可以定义为武打片中的古装片，在分类时很难将一个物品归类于多个类别。

对于问题（2），可以人为标注短期内的用户兴趣类别，但是随着时间的推移，用户的兴趣是会发生变化的，很难稳定且明确地知道用户的兴趣类别。

对于问题（3），一个物品可能属于多个类别，但是同一个物品在不同的类别下权重是不一样的，很难确定一个物品在某一分类中的权重。

基于以上局限性，显然不能靠由个人的主观想法建立起来的分类标准对整个平台用户的兴趣进行标准化。隐语义模型是从用户的偏好数据出发进行个性推荐的，即基于用户的行为统计进行自动聚类，所以能解决以上提到的几个问题。

（1）隐语义模型是基于用户的行为数据进行自动聚类的，能反映用户对物品的分类意见，可以指定将物品聚类的类别数 K，K 越大，则粒度越细；

（2）隐语义模型能够动态获取用户的兴趣类别和程度，因为它是基于用户的行为数据进行的统计分析。

（3）隐语义模型能计算出物品在各个类别中的权重，这是根据用户的行为数据统计的，不会只将其归到一类中。隐语义模型得到的物品类别不是基于同一个维度的，它的维度是由用户的共同兴趣决定的。

3. LFM 的样本问题

（1）显性反馈数据集。

用户在电商平台上对商品进行的"收藏""点赞"或"分享"等行为，就是显性反馈数据的来源。隐语义模型在显性反馈数据上能解决评分预测问题并达到了很好的精度。

（2）隐性反馈数据集。

相对于显性反馈数据，隐性反馈数据比较难以获取。

如果把用户经常浏览的商品作为对某个隐分类的正反馈数据，现在的困难就在于如何获得用户的负反馈数据，因为不可能把用户没有浏览过的商品当成用户不喜欢的商品。应该在热门推荐系统的基础上，选取一些热门的但是用户没有浏览过或表达过偏好的商品，当作用户不喜欢的商品。因为热门的商品应该是经常能够被用户看到的，在这个前提下用户却没有看到这些商品，发生这种小概率事件，就可以断定用户不喜欢这一类型的商品。

对于显性反馈数据和隐性反馈数据，都应该取适当的负反馈数据，正反馈样本数和负反馈样本数的比例 ratio 需要在不断试验中得到最合适的值。

4. LFM 推导

通过式（5.8）可知，LFM 最终求的是 P（用户对某个类别的兴趣度）和 Q（物品属于某个分类的权重）。一般采用最优化损失函数来求解 P 和 Q。

损失函数如式（5.9）所示。

$$c = \sum_{(u,i) \in S} (R_{ui} - \hat{R}_{ui})^2 = \sum_{(u,i) \in S} \left(R_{ui} - \sum_{k=1}^{K} P_{uk} Q_{ik}\right)^2 + \lambda \|P_u\|^2 + \lambda \|Q_i\|^2 \tag{5.9}$$

损失函数的意义是，用户 u 对物品 i 的真实兴趣度与推算出来的兴趣度的误差平方和。如果使模型最优，则误差平方和必然应该最小。

式（5.9）中，$\lambda \|P_u\|^2 + \lambda \|Q_i\|^2$ 是用来防止过拟合的正则化项，λ 则需要在实际场景中反复进行实验以得到合适的值。

关于损失函数求最小值，可以使用梯度下降算法，梯度下降算法分为：

- 批量梯度下降算法（Batch Gradient Descent Algorithm，BGD）；
- 随机梯度下降算法（Stochastic Gradient Descent Algorithm，SGD）；
- 小批量梯度下降算法（Mini-batch Gradient Descent Algorithm，MBGD）。

其中使用最多、最广的便是 SGD。

使用随机梯度下降算法对损失函数进行优化步骤如下。

对两组未知参数求偏导，如式（5.10）和式（5.11）所示。

$$\frac{\partial c}{\partial P_{uk}} = -2 \sum_{(u,i) \in S} \left(R_{ui} - \sum_{i=1}^{K} P_{uk} Q_{ki}\right) Q_{ki} + 2\lambda P_{uk} \tag{5.10}$$

$$\frac{\partial c}{\partial Q_{ki}} = -2 \sum_{(u,i) \in S} \left(R_{ui} - \sum_{i=1}^{K} P_{uk} Q_{ki}\right) P_{uk} + 2\lambda Q_{ki} \tag{5.11}$$

迭代计算，不断优化参数（迭代的次数事先人为设定），直到参数收敛，迭代形式如式（5.12）和式（5.13）所示。

$$P_{uk} = P_{uk} + \alpha \left(\sum_{(u,i) \in S} \left(R_{ui} - \sum_{k=1}^{K} P_{uk} Q_{ki}\right) Q_{ki} - \lambda P_{uk}\right) \tag{5.12}$$

$$P_{ki} = Q_{ki} + \alpha \left(\sum_{(u,i) \in S} \left(R_{ui} - \sum_{k=1}^{K} P_{uk} Q_{ki}\right) P_{uk} - \lambda Q_{ki}\right) \tag{5.13}$$

式中，α 是学习速率。α 越大，则迭代下降得越快。

提示：

α 和 λ 一样，值不宜过大，也不宜过小。过大则会产生振荡而导致很难求得最小值；过小则会造成计算速度下降。应根据实际应用场景反复实验确定。

在隐语义模型中，重要的参数如下。

- K：隐分类的个数；
- α：梯度下降过程中的步长（学习速率）；
- λ：损失惩罚函数中的惩罚因子；
- ratio：正反馈样本数和负反馈样本数的比例。

这四个参数需要在试验过程中不断调整以获得最合适的值。其中，K、λ、ratio 需要以推荐系统的准确率、召回率、覆盖率及流行度为参考，而 α 要参考模型的训练效率。

5. LFM 优缺点分析

隐语义模型在实际使用中有一个问题——很难实现实时推荐。

- 经典的隐语义模型每次训练时都需要扫描所有的用户行为记录，这样才能计算出用户对每个隐分类的兴趣度矩阵 P，以及每个物品与每个隐分类的匹配度矩阵 Q。
- 隐语义模型的训练需要在用户行为记录上反复迭代，这样才能获得比较好的性能。

LFM 的每次训练都很耗时，一般在实际应用中只能每天训练一次，并且计算出所有用户的推荐结果。

因此，隐语义模型不能因为用户行为的变化而实时地调整推荐结果来满足用户最近的行为。

6. LFM 伪代码

基于对 LFM 原理的介绍和分析，可以得到 LFM 的伪代码如下：

```
def LFM(userItems, K, N, alpha, lambda):
    #初始化 P,Q 矩阵
    [P, Q] = InitModel(user_items, K)
    #开始迭代
    For step in range(0, N):
        #从数据集中依次取出 user 以及该 user 喜欢的 item 集合
        for user, items in user_item.iterms():
            #随机抽样，为 user 抽取与 items 数量相当的负样本，并将正负样本合并，用于优化计算
            samples = RandomSelectNegativeSamples(items)
            #依次获取 item 和 user 对该 item 的兴趣度
            for item, rui in samples.items():
                #根据当前参数计算误差
                eui = eui - Predict(user, item)
                #优化参数
                for k in range(0, K):
                    P[user][k] += alpha * (eui * Q[f][item] - lambda * P[user][k])
                    Q[k][item] += alpha * (eui * P[user][k] - lambda * Q[k][item])
```

```
#每次迭代完后，都要降低学习速率。开始时由于离最优值相差甚远，因此快速下降
#当优化到一定程度后，就需要放慢学习速率，慢慢地接近最优值
alpha *= 0.9
```

程序中的参数说明如下。

- userItems：用户数据集。
- K：隐分类的个数。
- N：迭代次数。
- alpha：下降步长；
- lambda：惩罚因子。

计算出 P 和 U 后，就可以使用式（5.8）计算用户对各个物品的兴趣度，并将兴趣度最高的 N 个物品返回推荐给用户。

5.10　实例 17：编写一个基于 LFM 的电影推荐系统

通过对 LFM 算法原理的学习，对基于隐语义模型（LFM）的推荐算法有了一定的了解，本节实现一个基于 LFM 的电影推荐案例，所使用的数据集为 MovieLens。

案例描述

编写一个基于隐语义模型的电影推荐系统。当用户在浏览电影并表达自己的兴趣后，系统向用户推荐用户可能喜欢的电影。

5.10.1　了解实现思路

这个推荐系统的实现思路如下：

（1）初始化用户对每个隐分类的兴趣度矩阵 P，以及每个物品与每个隐分类的匹配程度矩阵 Q；

（2）根据训练数据集指定损失函数，迭代更新矩阵 P 和 Q；

（3）使用测试机对模型结果进行测试。

5.10.2　准备数据

数据下载地址：https://grouplens.org/datasets/movielens/1m/，将数据解压至 data/目录内。

1．数据说明

MovieLens 数据集在第 3 章中有详细介绍。

2．数据格式转换

为了方便后续数据的处理和使用，这里将数据格式转换为 csv 文件。

（1）新建 DataProcessing 类，代码如下：

代码 5-8　数据格式转换——新建 DataProcessing 类，进行数据格式转换

```python
import pandas as pd
import pickle
import os

class DataProcessing:
    def __init__(self):
        pass

    def process(self):
        print('开始转换用户数据（users.dat）...')
        self.process_user_data()
        print('开始转换电影数据（movies.dat）...')
        self.process_movies_date()
        print('开始转换用户对电影评分数据（ratings.dat）...')
        self.process_rating_data()
        print('Over!')

    def process_user_data(self, file='../data/ml-1m/users.dat'):
        if not os.path.exists("data/users.csv"):
            fp = pd.read_table(file, sep='::', engine='python',names=['userID',
'Gender', 'Age', 'Occupation', 'Zip-code'])
            fp.to_csv('data/users.csv', index=False)

    def process_rating_data(self, file='../data/ml-1m/ratings.dat'):
        if not os.path.exists("data/ratings.csv"):
            fp = pd.read_table(file, sep='::', engine='python',names=['UserID',
'MovieID', 'Rating', 'Timestamp'])
            fp.to_csv('data/ratings.csv', index=False)

    def process_movies_date(self, file='../data/ml-1m/movies.dat'):
        if not os.path.exists("data/movies.csv"):
            fp = pd.read_table(file, sep='::', engine='python',names=['MovieID',
'Title', 'Genres'])
            fp.to_csv('data/movies.csv', index=False)

if __name__ == '__main__':
    dp=DataP()
    dp.process()
```

（2）执行程序，生成数据文件，代码如下。

```
开始转换用户数据（users.dat）...
开始转换电影数据（movies.dat）...
开始转换用户对电影评分数据（ratings.dat）...
Over!
```

LFM 模型其实是为了找寻合适的 P 和 Q，从而预测用户对未评分电影的评分，所以这里要准备一份训练数据，该数据表示的是每个用户是否有过行为，有行为则标记为 1，没有行为则标记为 0，在 DataProcessing 类中增加相应的处理函数 get_pos_neg_item()，代码如下。

代码 5-8　数据格式转换——为用户行为打标

```
# 对用户进行有行为电影和无行为电影数据标记
def get_pos_neg_item(self,file_path="data/ratings.csv"):
    if not os.path.exists("data/lfm_items.dict"):
        self.items_dict_path="data/lfm_items.dict"

        self.uiscores=pd.read_csv(file_path)
        self.user_ids=set(self.uiscores["UserID"].values)
        self.item_ids=set(self.uiscores["MovieID"].values)
        self.items_dict = {user_id: self.get_one(user_id) for user_id in
list(self.user_ids)}

        fw = open(self.items_dict_path, 'wb')
        pickle.dump(self.items_dict, fw)
        fw.close()

# 定义单个用户的正向和负向数据
# 正向：用户有过评分的电影；负向：用户无评分的电影
def get_one(self, user_id):
    print('为用户%s准备正向和负向数据...' % user_id)
    pos_item_ids = set(self.uiscores[self.uiscores['UserID'] ==
user_id]['MovieID'])
    # 对称差：x和y的并集减去交集
    neg_item_ids = self.item_ids ^ pos_item_ids
    neg_item_ids = list(neg_item_ids)[:len(pos_item_ids)]
    item_dict = {}
    for item in pos_item_ids: item_dict[item] = 1
    for item in neg_item_ids: item_dict[item] = 0
    return item_dict
```

程序入口函数修改如下：

```
if __name__ == '__main__':
  dp=DataP()
  dp.process()
  dp.get_pos_neg_item()
```

5.10.3　选择算法

这里选择的是隐语义模型（LFM）。其中，梯度下降求解算法使用的是随机梯度下降算法（SGD）。

5.10.4　模型训练

5.10.2 节中已经将 ratings.dat 文件转化为 csv 文件，下面将使用 ratings.dat 文件进行模型训练和测试。

1. 加载数据

新建 LFM 类，加载 5.10.2 节中准备好的数据，代码如下：

代码 5-9　基于 LFM 算法创建电影推荐系统——加载数据

```python
import random
import pickle
import pandas as pd
import numpy as np
from math import exp
import time


class LFM:
    def __init__(self):
        self.class_count = 5
        self.iter_count = 5
        self.lr = 0.02
        self.lam = 0.01
        self._init_model()

    """
        初始化参数
            randn: 从标准正态分布中返回 n 个值
            pd.DataFrame: columns 指定列顺序, index 指定索引
    """
    def _init_model(self):
        file_path = 'data/ratings.csv'
        pos_neg_path = 'data/lfm_items.dict'

        self.uiscores = pd.read_csv(file_path)
        self.user_ids = set(self.uiscores['UserID'].values)  # 6040
        self.item_ids = set(self.uiscores['MovieID'].values) # 3706
        self.items_dict = pickle.load(open(pos_neg_path,'rb'))

        array_p = np.random.randn(len(self.user_ids), self.class_count)
        array_q = np.random.randn(len(self.item_ids), self.class_count)
        self.p = pd.DataFrame(array_p, columns=range(0, self.class_count),
    index=list(self.user_ids))
        self.q = pd.DataFrame(array_q, columns=range(0, self.class_count),
    index=list(self.item_ids))
```

2. 准备模型

在类 LFM 中新增 train()函数，对应的代码如下：

代码 5-9　基于 LFM 算法创建电影推荐系统——准备模型

```
"""
    计算用户 user_id 对 item_id 的兴趣度
        p：用户对每个类别的兴趣度
        q：物品属于每个类别的概率
"""
def _predict(self, user_id, item_id):
    p = np.mat(self.p.ix[user_id].values)
    q = np.mat(self.q.ix[item_id].values).T
    r = (p * q).sum()
    # 借助 sigmoid 函数，转化为是否感兴趣
    logit = 1.0 / (1 + exp(-r))
    return logit

# 使用误差平方和（SSE）作为损失函数
def _loss(self, user_id, item_id, y, step):
    e = y - self._predict(user_id, item_id)
    # print('Step: {}, user_id: {}, item_id: {}, y: {}, loss: {}'.format(step,
user_id, item_id, y, e))
    return e

"""
    使用随机梯度下降算法求解参数，同时使用 L2 正则化防止过拟合
    eg:
        E = 1/2 * (y - predict)^2, predict = matrix_p * matrix_q
        derivation(E, p) = -matrix_q*(y - predict), derivation(E, q) =
-matrix_p*(y - predict),
        derivation (l2_square, p) = lam * p, derivation (l2_square, q) = lam
* q
        delta_p = lr * (derivation(E, p) + derivation (l2_square, p))
        delta_q = lr * (derivation(E, q) + derivation (l2_square, q))
"""
def _optimize(self, user_id, item_id, e):
    gradient_p = -e * self.q.ix[item_id].values
    l2_p = self.lam * self.p.ix[user_id].values
    delta_p = self.lr * (gradient_p + l2_p)

    gradient_q = -e * self.p.ix[user_id].values
    l2_q = self.lam * self.q.ix[item_id].values
    delta_q = self.lr * (gradient_q + l2_q)

    self.p.loc[user_id] -= delta_p
    self.q.loc[item_id] -= delta_q
```

```
# 训练模型，每次迭代都要降低学习率，刚开始由于离最优值较远，因此下降较快，当到达一定程度
后，就要减小学习率
def train(self):
    for step in range(0, self.iter_count):
        time.sleep(30)
        for user_id, item_dict in self.items_dict.items():
            print('Step: {}, user_id: {}'.format(step, user_id))
            item_ids = list(item_dict.keys())
            random.shuffle(item_ids)
            for item_id in item_ids:
                e = self._loss(user_id, item_id, item_dict[item_id], step)
                self._optimize(user_id, item_id, e)
        self.lr *= 0.9
    self.save()
```

3. 保存加载模型

这里使用 pickle 包进行模型的保存和加载，其实现代码如下：

代码 5-10　基于 LFM 算法创建电影推荐系统——保存加载模型

```
# 保存模型
def save(self):
    f = open('data/lfm.model', 'wb')
    pickle.dump((self.p, self.q), f)
    f.close()


# 加载模型
def load(self):
    f = open('data/lfm.model', 'rb')
    self.p, self.q = pickle.load(f)
    f.close()
```

在 main 函数中增加引用，如下：

代码 5-9　基于 LFM 算法创建电影推荐系统——main 函数引用

```
if __name__=="__main__":
    lfm=LFM()
    lfm.train()
```

运行代码，显示信息如下：

```
Step: 0, user_id: 1
Step: 0, user_id: 2
... ...
Step: 4, user_id: 6038
Step: 4, user_id: 6039
Step: 4, user_id: 6040
```

该步骤需要消耗较长时间。当程序运行完成后，在../data/ml-1m/use/目录下会保存一个

lfm.model 文件，这便是训练好的 LFM 模型了。

4．实现推荐

在 LFM 类中新建 predict() 函数，实现代码如下：

代码 5-9　基于 LFM 算法创建电影推荐系统——实现推荐

```python
# 计算用户未评分过的电影，并取 top N 返回给用户
def predict(self, user_id, top_n=10):
    self.load()
    user_item_ids = set(self.uiscores[self.uiscores['UserID'] ==
user_id]['MovieID'])
    other_item_ids = self.item_ids ^ user_item_ids # 交集与并集的差集
    interest_list = [self._predict(user_id, item_id) for item_id in
other_item_ids]
    candidates = sorted(zip(list(other_item_ids), interest_list),
key=lambda x: x[1], reverse=True)
    return candidates[:top_n]
```

主函数增加对 predict() 函数的引用，实现对用户的电影推荐。

代码 5-9　基于 LFM 算法创建电影推荐系统——用户推荐函数调用

```python
print(lfm.predict(6027,10))
```

运行函数，输出内容如下。其中，list 中的每个元素（tuple）为一个推荐项。每个推荐项的第一部分为电影 ID，第二部分为推荐分。

```
[(3497, 0.9999093980501077), (2929, 0.9998058021662316), (2900, 0.999792407749963),
(2557, 0.9997533112151676), (2566, 0.9997397047298232), (2926, 0.999218310635755),
(2876, 0.9991831351869321), (2475, 0.9991698080340659), (3500, 0.9991564834040815),
(3496, 0.9990938906250864)]
```

5.10.5　效果评估

推荐系统的评估方法有多种，主要有线上评估方法和线下评估方法两种，这里采用线下评估方法中的 AE。

在 LFM 类中添加 evaluate() 方法，实现推荐系统的评估，对应的代码如下：

代码 5-9　基于 LFM 算法创建电影推荐系统——推荐系统效果评估

```python
# 模型效果评估，从所有 user 中随机选取 10 个用户进行评估，评估方法为：绝对误差（AE）
def evaluate(self):
    self.load()
    users=random.sample(self.user_ids,10)
    user_dict={}
    for user in users:
        user_item_ids = set(self.uiscores[self.uiscores['UserID'] ==
user]['MovieID'])
        _sum=0.0
```

```
for item_id in user_item_ids:
    p = np.mat(self.p.ix[user].values)
    q = np.mat(self.q.ix[item_id].values).T
    _r = (p * q).sum()
    r=self.uiscores[(self.uiscores['UserID'] == user)
                    &
(self.uiscores['MovieID']==item_id)]["Rating"].values[0]
    _sum+=abs(r-_r)
user_dict[user]=_sum/len(user_item_ids)
print("userID: {},AE: {}".format(user,user_dict[user]))

return sum(user_dict.values())/len(user_dict.keys())
```

调用上述效果评估代码：**print(lfm.evaluate())**，打印结果如下：

```
userID: 1457, AE: 1.4208454380133022
userID: 2039,MSE: 1.2971756130269136
userID: 5490,MSE: 1.5228789767253854
userID: 371,MSE: 1.7531187178356549
userID: 5380,MSE: 1.5953183010038194
userID: 1412,MSE: 1.348428098609724
userID: 2597,MSE: 1.493405841892251
userID: 350,MSE: 1.2582813572188356
userID: 365,MSE: 1.7026314736018358
userID: 4711,MSE: 1.5656832664502434
1.4957767084377964
```

AE 越小越好，这里的平均 AE 为 1.50，可见预测结果与实际评分相差不大。

5.11　知 识 导 图

本章主要介绍基于用户行为特征进行推荐，包括以下三大部分：基于内容的推荐、基于近邻的推荐和基于隐语义的推荐。在业界，这三种类型的推荐算法虽然不能为用户构建实时推荐系统，但在用户画像方面应用还是较多的。在理解本章节内容的基础上，手动实现相关实例，加强对基于用户行为特征的推荐算法的认知。

本章内容知识导图如图 5-13 所示。

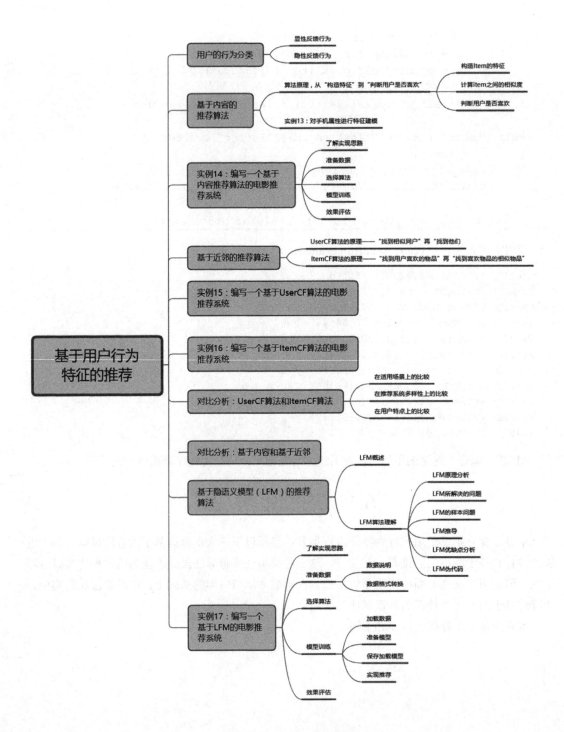

图 5-13　本章内容知识导图

第 **6** 章

基于标签的推荐

标签系统的传统用法是，在一些网站中，用户会为自己感兴趣的对象打上一些标签，如豆瓣、网易云音乐、Last.fm 等。这些社会化标签即资源的分类工具，也是用户个人偏好的反映，因此社会化标签为推荐系统获得用户偏好提供了一个新的数据来源。

之所以说"传统"，是因为这些标签是用户主观意愿的表达，是主动行为。

但是，有些电商网站也会对用户或商品进行一些客观的打标，如对一个经常网购数码产品的用户打上一个"数码达人"的标签，以便后继给该用户推荐数码类商品。

6.1　基于标签系统的应用

推荐系统的目的是联系用户和物品，这种联系需要不同的"媒介"。例如第 5 章介绍的几种：

- 相似用户（给用户推荐相似用户喜欢的物品），媒介是用户。
- 相似物品（给用户推荐他喜欢物品的相似物品），媒介是物品。
- 隐含的特征（根据用户的历史行为构造特征，进而预测对新物品的偏好程度），媒介是行为特征。

本章将介绍一种新的联系媒介——标签。下面将对工业界中的主流标签系统进行介绍。

6.1.1　Last.fm

Last.fm 是国外一家著名的音乐网站，通过分析用户的听歌行为为用户推荐个性化的音乐。音乐属于流媒体，不像文本那样可以轻松地分析其内容，因此 Last.fm 很早就引入了标签系统，用户在听音乐时可以对音乐或歌手打标签。

图 6-1 展示的就是当用户在浏览 *L love it*（*&Lil Pump*）这首音乐时展示的相关标签，用户还可以对该部作品进行打标。

另外，在用户首页也可以看到该用户所打过的标签集合，如图 6-2 所示（这里只展示了用户 Hororo 所打的部分标签）。

图 6-1　音乐《L love it（&Lil Pump）》的标签展示

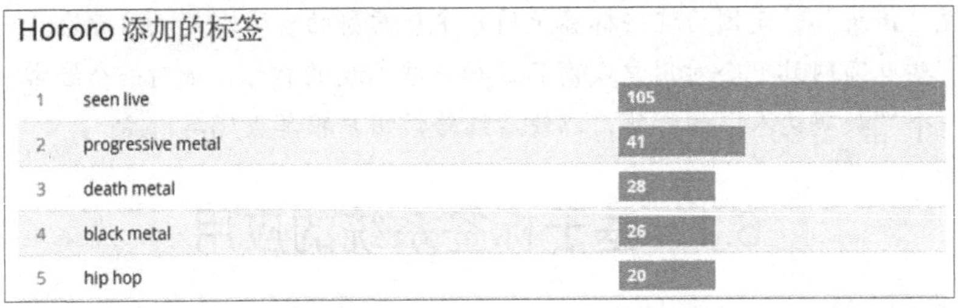

	Hororo 添加的标签	
1	seen live	105
2	progressive metal	41
3	death metal	28
4	black metal	26
5	hip hop	20

图 6-2　用户 Hororo 所打的标签集合

6.1.2　Delicious

Delicious 可能是最早使用标签系统的网站了，它允许用户给互联网上的每个网页打标签，用于和别人分享和交流书签，当然使用者也可以存储或管理自己的书签。Delicious 的发展过程是极其波折的，目前已经被关闭，但其所开源的标签数据集仍为推荐系统的研究做出了巨大的贡献。

图 6-3 所示为百度百科中的 Delicious 首页图，图中左侧 TRENDING TAGS 展示了最近热门的标签，右侧展示了一些网页和对应的标签。

图 6-3　百度百科中的 Delicious 首页图

提示：
Delicious 数据集可以在本书附送的资料包中获得。

6.1.3　豆瓣

　　豆瓣是国内比较著名的主题社交网站，包含的主题涵盖了电影、读书、音乐、FM 等。在这些海量的信息中，就如何给用户展现个性化的内容，豆瓣进行了广泛的尝试。其中，标签系统占据了很大的分量，它出现在了豆瓣网站中的各个位置。

　　例如，当用户浏览《战狼 2》这部电影时，在右侧会显示豆瓣成员给这部电影的一些常用标签，如动作、热血、军事、战争、爱国等，如图 6-4 所示。

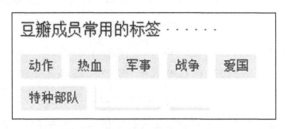

图 6-4　豆瓣用户给《战狼 2》的常用标签

　　这些标签准确地表达了该部电影所传达的信息。而当用户要对《战狼 2》这部电影发表影评时，会让用户为电影打上一些标签，同时也会显示这部电影的常用标签，如图 6-5 所示。

图 6-5　用户发表影评时为电影打标签

6.1.4　网易云音乐

　　有人说"网易云音乐连接了全世界那些感同身受的人"。那连接用户的是什么？是音乐，是个性化推荐的音乐和用户。

　　标签是网易云音乐产品中连接用户和音乐的主要纽带，每首音乐都有属于自己的标签。当用户点击听了某些音乐之后，系统便会给用户推荐听过的音乐的相似音乐。这里考核音乐的相似度时主要使用的就是这些标签。

　　打开网易云音乐 APP 中的歌单，可以看到所有的标签，包含语种、风格、场景、情感、主题五大类，每类下边又包含若干小类，如图 6-6 所示。

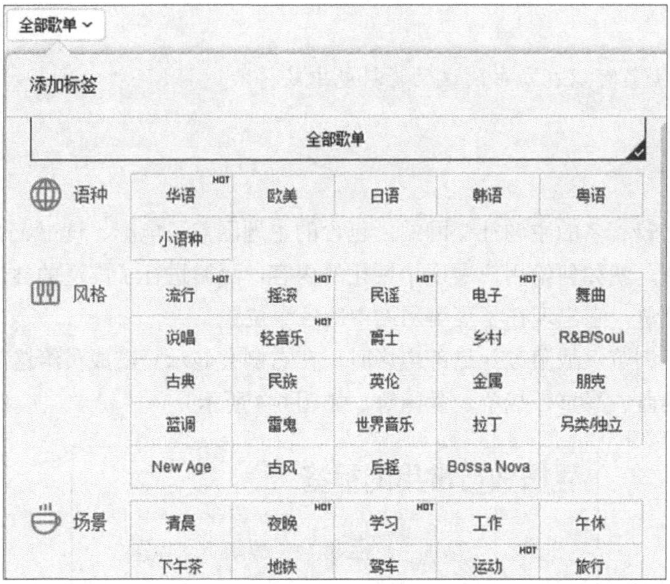

图 6-6　网易云音乐歌单对应的标签

歌曲标签的来源一般有两个：①专业音乐人打的标签；②音乐所属歌单的标签。

当用户创建一个歌单时，会为歌单打标签（如图 6-7 所示），这些标签所表达的正是歌单下歌曲的类别信息。歌单是用户主观创造的，在一定程度上表达了用户的偏好信息。这些标签便是连接用户和歌曲的重要因素。

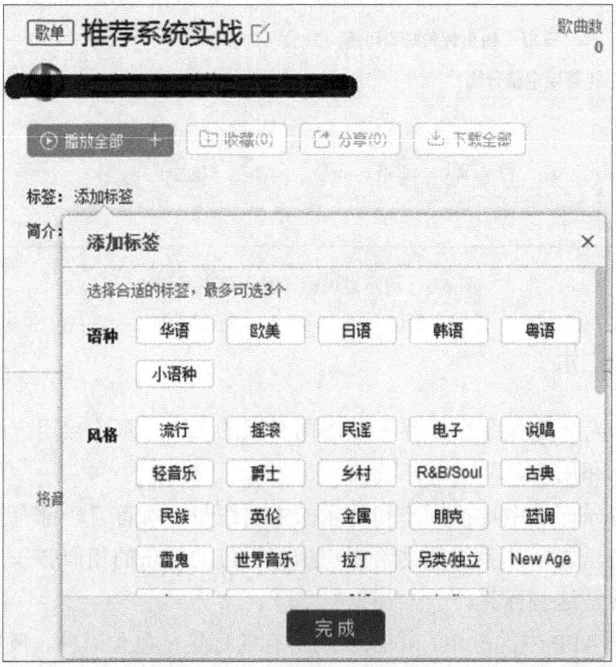

图 6-7　用户创建歌单时为歌单打标签

6.2　数据标注与关键词提取

6.1 节介绍的均为基于用户主观意愿的打标签。随着互联网技术的发展，这显然是不够的。所以衍生出许多对用户或物品的客观标签，例如：

- 对于手机、显示器、相机等，在电商网站中会给它们打上 "数码" 的标签。
- 对于经常网购洗头膏、洗面奶、纸巾等商品的用户，在电商网站中会给他们打上 "常购生活用品的客户" 的标签。

这其实也是用户或物品的画像内容。

目前，生成用户或物品的标签内容主要涉及数据标注和关键词提取两项技术。下面一一介绍。

6.2.1　推荐系统中的数据标注

1. 数据标注介绍

数据标注即利用人工或 AI（人工智能）技术对数据（文本、图像、用户或物品）进行标注。标注有许多类型，如：

- 分类标注：即打标签，常用在图像、文本中。一般是指，从既定的标签中选择数据对应的标签，得到的结果是一个封闭的集合。
- 框框标注：常用在图像识别中，如有一张环路上的行车照片，从中框出所有的车辆。
- 区域标注：常见于自动驾驶中。例如从一张图片中标出公路对应的区域。
- 其他标注：除了上述常见的标注类型外，还有许多个性化需求。例如，自动摘要、用户或商品的标签（因为其中总有一些未知标签，当然也可以看成是多分类）。

数据标注的一般步骤为：

（1）确定标注标准：设置标注样例和模板（如标注颜色时对应的比色卡等）。对于模棱两可的数据，制定统一的处理方式。

（2）确定标注形式：标注形式一般由算法人员确定。例如，在垃圾问题识别中，垃圾问题标注为 1，正常问题标注为 0。

（3）确定标注方法：可以使用人工标注，也可以针对不同的标注类型采用相应的工具进行标注。

2. 数据标注与标签的对应关系

标签用来描述物品或用户等事物的属性，是一类事物的抽象集合，可以是颜色、大小、高低、美观程度、价格等。

数据标注则是一个动作，是为了得到一些标签或图像上的特定区域。

> **提示：**
> 本书主要内容为推荐系统，因此接下来所涉及的数据标注都是和推荐系统相关的，而非和 NLP、AI 等相关。

在新闻类网站中，标签用于对新闻进行分类管理的，如军事、娱乐、科技等。这里的分类其实就是简单文本标注。当新获取一篇文章时，门户网站的编辑或文章的作者会为文章确定类别归属。只有正确归属，才能保证文章出现在合适的类别下，文章的曝光度和点击次数才有保证。假设现有一篇娱乐类文章出现在了军事这个类别下，那么这篇娱乐文章被点击的概率就很小了。

又如，对于音乐类网站中的音乐标注，为了在不进行复杂音频分析的情况下获得音乐的内容信息，可以由专业音乐人对音乐进行标注，而标注结果就可以作为音乐的标签。

如果将筷子兄弟的歌曲——《父亲》打标为"情感"，则对《父亲》这首歌曲进行打标的过程称为数据标注，而打标的结果"情感"称为标签。

3. 数据标注在推荐系统中的应用

数据标注在推荐系统中的应用是很多的，包括数据前期的过滤和使用过程中的特征表示等。

推荐用户的主体是用户和事物。在一些电商网站中，常常会有一些刷单用户、恶意评价用户等，这些用户常被称为"垃圾"用户。那么在采集训练模型所用数据时，应过滤掉该部分数据集。过滤掉"垃圾"用户的有效办法就是进行用户身份标注，具体做法如下：

（1）从海量用户中过滤得到可疑用户，即去除掉那些明显无可疑行为的用户，如从浏览商品、购买商品、APP内活跃度等方面进行考虑；

（2）准备判别是否是"垃圾"用户的特征因素，如注册时间、活跃天数、下单次数、浏览次数、评论次数等；

（3）进行人工判断，并标注为是否是"垃圾"用户；

（4）积累数据，生成训练数据，使用算法对用户身份进行标注（可选）。

> 📋 **提示：**
> 是否是"垃圾"用户的标注属于分类标注，如果前期积累了足够多的数据，已经形成了数据对应的标签，则可以采用模型进行身份判断。当然，也可以一直采用人工标注方法。

在推荐的场景中，往往要结合用户画像进行相关的物品召回。而这里的画像不仅包含用户的各种偏好，还包含各种标签。例如，针对电商网站中的用户进行分群，进而推荐相应标签下的商品，如图6-8所示。

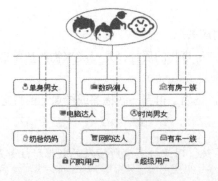

图6-8　电商网站中的用户分群

同样，针对电商网站中的一些商品，也可以人工标注或使用标注工具进行标注，以体现商品本身的一些属性，进而作为召回类别或特征供推荐系统使用。电商网站中的商品图片标注如图 6-9 所示。

图 6-9　电商网站中的商品图片标注

数据标注不仅在电商网站中应用，在音乐、新闻等类网站中应用也很广泛，其最终目的都是得到事物所对应的标签，以供不同业务场景中使用。

6.2.2　推荐系统中的关键词提取

1．什么是关键词

关键词是指能够反映文本语料主题的词语或短语。在不同的业务场景中，词语和短语具有不同的意义。例如：

- 从电商网站商品标题中提取标签时，词语所传达的意义就比较突出。
- 从新闻类网站中生成新闻摘要时，短语所传达的意义就比较突出。

2．什么是关键词提取

这里所介绍的关键提取和数据标注同样都是一个动作，都是为了得到一些标签或属性特征。关键词提取从最终的结果反馈上来看可以分为两类：

- 关键词分配：给定一个指定的词库，选取和文本关联度最大的几个词作为该文本的关键词。
- 关键词提取：没有指定的词库，从文本中抽取代表性词作为该文本的关键词。

不管通过哪种方式生成，关键词都是对短文本所传达含义的抽取概述，都直接反映了短文本的所传达的属性或特征。

3．关键词提取在推荐系统中的应用

关键词提取在推荐系统中的应用也十分广泛，主要用于用户物品召回（根据用户对关键词的行为偏好，召回相应关键词下的物品）和特征属性构造（对物品的属性进行补充）。

如图 6-10 所示为京东商城中的一款手机和其对应的标题，通过对其进行关键词提取可以得到标签：一加、手机、亮瓷黑、全面屏、双摄、游戏、全网通、4G、双卡双待。

图 6-10　京东商城某手机首页图

在得到具体的关键词之后，就可以根据用户偏好的具体关键词进行相关商品的召回，进而提高推荐系统的丰富度。

同样，关键词提取也可以应用到新闻类系统的推荐中。图 6-11 所示为一则新闻短标题，从中可以提取出关键词：互联网、翻译、AI，那么就可以根据浏览新闻的用户偏好进行推荐。

图 6-11　新闻短标题展示图

当然，也可以根据提取的关键词构造相应的特征。假设现在有一组标签集合：（互联网，AI，科技，军事，娱乐，……），长度为 m，对于每则新闻，构造一个长度为 m 的特征，将新闻标题对应的关键词出现在标签集合中的位置设置为 1，其余位置为 0。例如，图 6-11 中新闻的标题对应的特征为[1,1,0,0,0,…]。

6.2.3　标签的分类

在推荐系统中，不管是数据标注还是关键词提取，其目的都是得到用户或物品的标签。但是在不同场景下，标签的具体内容是不定的。例如，同样是分类标注，新闻的类别里可以有军事、科技等，但音乐的类别里就很少会涉及军事或科技了。

对于社会化标签在标识项目方面的功能，Golder 和 Huberman 将其归纳为以下 7 种：

- 标识对象的内容。此类标签一般为名词，如"IBM""音乐""房产销售"等。
- 标识对象的类别。例如标识对象为"文章""日志""书籍"等。
- 标识对象的创建者或所有者。例如博客文章的作者署名、论文的作者署名等。
- 标识对象的品质和特征。例如"有趣""幽默"等。

- 用户参考用到的标签。例如"myPhoto""myFavorite"等。
- 分类提炼用的标签。用数字化标签对现有分类进一步细化，如一个人收藏的技术博客，按照难度等级分为"1""2""3""4"等。
- 用于任务组织的标签。例如"to read""IT blog"等。

当然以上 7 种类别标签是一个通用框架，在每一个具体的场景下会有不同的划分。例如，6.1.2 小节中提到的网易云音乐分为语种、风格、场景、情感、主题五大类，每个大类下又有多个小类，这是根据标识对象的品质和特征进行划分的；又如豆瓣"选影视"的分类，如图 6-12 所示。

图 6-12　豆瓣"选影视"分类列表

根据形式、类型、地区、年代、特色将影视作品分为多个类别。

6.3　实例 18：基于 TF-IDF 算法提取商品标题的关键词

6.2 节介绍了数据标注和关键词提取，本节实现基于 TF-IDF 算法的关键词提取，进而生成相应的标签。

6.3.1　了解 TF-IDF 算法

TF-IDF（Term Frequency–Inverse Document Frequency）是一种用于资讯检索与文本挖掘的常用加权技术。TF-IDF 算法的主要思想是：如果某个词或短语在一篇文章中出现的频率 TF 高，并且在其他文章中很少出现，则认为此词或短语具有很好的类别区分能力，适合用来分类。

TF-IDF 实际是 TF*IDF。

1. TF 的计算公式

TF（Term Frequency）表示词条 t 在文档 D_i 中的出现的频率。TF 的计算公式见式（6.1）。

$$\mathrm{TF}_{t,D_i} = \frac{\mathrm{count}(t)}{|D_i|} \tag{6.1}$$

式中，count(t)表示词条 t 出现的次数，$|D_i|$表示文档 D_i 中所有词条的个数。

2．IDF 的计算公式

IDF（Inverse Document Frequency）表示词条 t 在整个语料库中的区分能力。IDF 的计算公式见式（6.2）。

$$IDF_t = \lg \frac{N}{\sum_{i=1}^{N} I(t, D_i)} \tag{6.2}$$

式中，N 为所有的文档总数，$I(t,Di)$ 表示文档 D_i 是否包含词条 t，若包含则为 1，不包含则为 0。

但此处存在一个问题：如果词条 t 在所有文档中都没有出现，则式（6.2）的分母为 0，此时就需要对 IDF 做平滑处理。改善后的 IDF 计算公式见式（6.3）。

$$IDF_t = \lg \frac{N}{1 + \sum_{i=1}^{N} I(t, D_i)} \tag{6.3}$$

3．TF*IDF

最终词条 t 在文档 D_i 中的 TF-IDF 值为：

$$TF\text{-}IDF_{t,Di} = TF_{t,Di} \times IDF_t$$

从 TF-IDF 值的计算过程中看出：一个词条在文档中出现的频率越高，且新鲜度越低（即普遍度低），则其对应的 TF-IDF 值越高。

4．举例

比如，现在有一个资料库，包含了 100 篇（N）论文，其中涉及包含推荐系统（t）这个词条的有 20 篇，在第一篇论文（D_1）中总共有 200 个技术词汇，其中推荐系统出现了 15 次。则，词条推荐系统在第一篇论文（D_1）中的 TF-IDF 值为：

$$TF\text{-}IDF_{推荐系统} = \frac{15}{200} \times \lg \frac{100}{20+1} = 0.051$$

6.3.2 认识商品标题描述

在电商网站中，每个商品都有一个标题。如图 6-10 所示，商品标题描述为"一加手机 6 8GB+128GB 亮瓷黑 全面屏双摄游戏手机 全网通 4G 双卡双待"。

在商品的短标题中包含了大量的信息。

在生成商品对应的标签时，可以利用短标题来提取关键词，进而转化为标签。

6.3.3 提取关键词

1．准备数据

这里使用商品和对应的短标题数据作为数据集（这里使用的是手机类目下的 80 条数据，可以在本书的资料包中获取），如下：

5594 → 小米 红米 6Pro 异形全面屏，后置 1200 万双摄，4000mAh 超大电池其中包含两列，第一列为商品编号，第二列为商品的标题描述，中间使用 Tab 分开（所以有一个"→"）。

2. 对标题分词并去除停用词

这里使用 Python 的 jieba 包作为中文分词工具，并在对标题分词之后做去除停用词处理。其中的停用词也可以在本书的资料包中下载。

（1）新建 TF_IDF 类，并引入相应 package，代码如下：

代码 6-1　基于 TF-IDF 算法实现商品标题的关键词提取——新建 TF_IDF 类并对标题分词

```python
import jieba
import math
import jieba.analyse

class TF_IDF:
    def __init__(self, file, stop_file):
        self.file = file
        self.stop_file = stop_file
        self.stop_words = self.getStopWords()

    # 获取停用词列表
    def getStopWords(self):
        swlist = list()
        for line in open(self.stop_file, "r", encoding="utf-8").readlines():
            swlist.append(line.strip())
        print("加载停用词完成...")
        return swlist

    # 加载商品和其对应的短标题，使用 jieba 进行分词并去除停用词
    def loadData(self):
        dMap = dict()
        for line in open(self.file, "r", encoding="utf-8").readlines():
            id, title = line.strip().split("\t")
            dMap.setdefault(id, [])
            for word in list(jieba.cut(str(title).replace(" ", ""),
cut_all=False)):  # （1）
                if word not in self.stop_words:
                    dMap[id].append(word)
        print("加载商品和对应的短标题，并使用 jieba 分词和去除停用词完成...")
        return dMap
```

这里返回的 dMap 是字典类型，形式如下。其中，key 为商品编号，value 为对应标题去除停用词后的单词列表。

```
{'5594': ['小米', ' ', '红米', '6Pro', ' ', '异形', '屏', ' ', '后置', '1200', '万双
', '摄', ' ', '4000mAh', '超大', '电池'], '5363': […],…}
```

从结果可以看出，"5594"这个商品对应的分词后的单词列表中包含了空格，但空格其实

是无效的，这就需要对原始数据进行预处理。

（2）修改代码，以去除其中包含的空格。将代码 6-1 中的（1）部分用接下来这一行进行替换：

```
for word in list(jieba.cut(str(title).replace(" ",""), cut_all=False)):
```

将其中的空格替换掉后，重新生成的 fMap 为：

```
{'5594': ['小米', '红米', '6Pro', '异形', '屏', '后置', '1200', '万双', '摄', '4000mAh', '超大', '电池'], '5363': [...],...}
```

3．计算 TF-IDF 值

在获取每个商品和对应的分词列表之后，需要计算每个商品标题中的单词对应的 TF-IDF 值，其中 TF 和 IDF 值的计算遵从式（6.1）和式（6.3）。该部分对应的代码如下：

代码 6-1　基于 TF-IDF 算法实现商品标题的关键词提取——计算 TF-IDF 值

```
# 获取一个短标题中的词频
def getFreqWord(self, words):
    freqWord = dict()
    for word in words:
        freqWord.setdefault(word, 0)
        freqWord[word] += 1
    return freqWord


# 统计单词在所有短标题中出现的次数
def getCountWordInFile(self, word, dMap):
    count = 0
    for key in dMap.keys():
        if word in dMap[key]:
            count += 1
    return count


# 计算 TFIDF 值
def getTFIDF(self, words, dMap):
    # 记录单词关键词和对应的 tfidf 值
    outDic = dict()
    freqWord = self.getFreqWord(words)
    for word in words:
        # 计算 TF 值，即单个 word 在整句中出现的次数
        tf = freqWord[word] * 1.0 / len(words)
        # 计算 IDF 值，即 log(所有的标题数/(包含单个 word 的标题数+1))
        idf = math.log(len(dMap) / (self.getCountWordInFile(word, dMap) + 1))
        tfidf = tf * idf
        outDic[word] = tfidf
    # 给字典排序
    orderDic = sorted(outDic.items(), key=lambda x: x[1], reverse=True)
    return orderDic
```

在主函数中调用的方式如下：

代码 6-1　基于 TF-IDF 算法实现商品标题的关键词提取——主函数调用

```
if __name__ == "__main__":
    # 数据集
    file = "../data/phone-title/id_title.txt"
    # 停用词文件
    stop_file = "../data/phone-title/stop_words.txt"
    tfidf = TF_IDF(file, stop_file)
    # dMap 中 key 为商品 id，value 为去除停用词后的词
    dMap = tfidf.loadData()
    for id in dMap.keys():
        tfIdfDic = tfidf.getTFIDF(dMap[id],dMap)
        print(id,tfIdfDic)
```

运行代码，结果如下：

```
5594 [('6Pro', 0.30740662117616135), ('异形', 0.30740662117616135), ('1200',
    0.30740662117616135), ('万双', 0.30740662117616135), ('摄',
    0.30740662117616135), ('4000mAh', 0.30740662117616135), ('后置',
    0.2736178621671477), ('电池', 0.2736178621671477), ('超大',
    0.24964435612949923), ('红米', 0.15809333207382342), ('小米',
    0.10758201510963047), ('屏', 0.10758201510963047)]
... ...
```

其中，('6Pro', 0.30740662117616135)表示的是关键词 6Pro 的 TF-IDF 值约为 0.3074。

4．生成关键词

虽然计算了短标题中所有词对应的 TF-IDF 值，但具体分词后的关键词并不能直接作为标签使用。因为其中某些词并不能很好地代表该商品，如"5594"这个商品中的"屏""万双""异形"等。

这时，可以通过卡阈值、人工审核、专业品类词库过滤等方法得到真正能代表该商品的标签。

5．jieba 分词中的关键词提取

其实在 jieba 分词中也实现了基于 TF-IDF 算法的关键词提取。为了有一个感性的认识，这里手动进行实现。

在 jieba 分词中，调用 TF-IDF 算法进行关键词提取的代码如下：

```
import jieba.analyse
words="小米 红米 6Pro 异形全面屏，后置1200 万双摄，4000mAh 超大电池"
# withWeight 用来设置是否打印权重
print(jieba.analyse.extract_tags(words, topK=20, withWeight=True))
```

运行代码，结果如下：

```
[('万双', 1.1173854308636364), ('红米', 1.0867970457181817), ('6Pro',
    1.0867970457181817), ('1200', 1.0867970457181817), ('4000mAh',
    1.0867970457181817), ('后置', 0.8977569055672727), ('异形',
    0.8930127461881819), ('超大', 0.8556401165672728), ('小米',
    0.8311344730527271), ('电池', 0.68353287587), ('全面', 0.5112753205954546)]
```

从结果可以看出，关键词排序和手动实现的关键词提取大体上是一致的。

> **提示：**
>
> jieba 分词中还封装了基于 textrank 算法的关键词提取，其使用方法为：jieba.analyse.textrank()，参数和 TD-IDF 一致。
>
> textrank 算法与 pagerank 算法原理基本一致，感兴趣的可以自行学习。

6.4　基于标签的推荐系统

标签是用户描述、整理、分享网络内容的一种新的形式，同时也反映出用户自身的兴趣和态度。标签为创建用户兴趣模型提供了一种全新的途径。

本节将展开介绍基于标签的用户如何进行兴趣建模。

6.4.1　标签评分算法

用户对标签的认同度可以使用二元关系表示，如"喜欢"或"不喜欢"；也可以使用"连续数值"表示喜好程度。

二元表示方法简单明了，但精确度不够，在对标签喜好程度进行排序时，也无法进行区分。所以，这里选用"连续数值"来表达用户对标签的喜好程度。

为了计算用户对标签的喜好程度，需要将用户对物品的评分传递给这个物品所拥有的标签，传递的分值为物品与标签的相关度。

1．用户对标签的喜好程度

如图 6-13 所示，用户 u 对艺术家 A 的评分为 5 星，对艺术家 B 的评分为 3 星，对艺术家 C 的评分为 4 星。

艺术家 A 与标签 1、2、3 的相关度分别为：0.6，0.8，0.4；

艺术家 B 与标签 1、2、3 的相关度分别为：0.3，0.6，0.9；

艺术家 C 与标签 1、2、3 的相关度分别为：0.5，0.7，0.6。

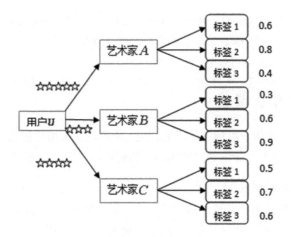

图 6-13　用户 u 对艺术家的评分和艺术家与标签的相关度

对应的用户（u）对标签（t）的喜好程度计算公式为：

$$\text{rate}(u,t) = \frac{\sum_{i \in I_u} \text{rate}(u,i) \times \text{rel}(i,t)}{\sum_{i \in I_u} \text{rel}(i,t)} \qquad (6.4)$$

式中：

- $\text{rate}(u,t)$ 表示用户 u 对标签 t 的喜好程度。
- $\text{rate}(u,i)$ 表示用户 u 对艺术家 i 的评分。
- $\text{rel}(i,t)$ 表示艺术家 i 与标签 t 的相关度。

根据式（6.4）计算出用户 u 对标签 1 的喜好程度为：

$$(5 \times 0.6 + 3 \times 0.3 + 4 \times 0.5) / (0.6 + 0.3 + 0.5) = 4.21$$

同理可以计算出用户 u 对标签 2 的喜好程度为 4.10，对标签 3 的喜好程度为 3.74。

2. 优化用户对标签的喜好程度

如果一个用户的评分行为较少，就会导致预测结果存在误差。例如：

- 若用户 u 只对艺术家 A 有行为，那么用户 u 对标签 1、2、3 的喜好程度分别为：5、5、5。
- 若用户 u 只对艺术家 B 有行为，则用户 u 对标签 1、2、3 的喜好程度分别为：3、3、3。

对比观察可以看出误差还是比较大的。

所以，为减小评分行为较少时引起的预测误差，这里引入了平滑因子，对应的计算公式为：

$$\text{rate}(u,t) = \frac{\sum_{i \in I_u} \text{rate}(u,i) \times \text{rel}(i,t) + \overline{r_u} \times k}{\sum_{i \in I_u} \text{rel}(i,t) + k} \qquad (6.5)$$

式中，k 为平滑因子，$\overline{r_u}$ 为用户 u 的所有评分的平均值。

根据式（6.5）计算出用户 u 对标签 1 的喜好程度为：

$$(5×0.6+3×0.3+4×0.5+4×1) / (0.6+0.3+0.5+1)=4.125$$

同理，可以计算用户 u 对标签 2 和 3 的喜好程度为 4.06 和 3.83。

对比式（6.4）的计算结果可以看出：在保证整体排序一致的情况下，加入了 k 平滑。

6.4.2　标签评分算法改进

在 6.4.1 节中分析的是用户对标签的喜好程度，所传达的是用户主观意见，即从用户角度进行分析。但是一个标签被用户标记的次数越多，则说明用户对该标签的依赖程度越大。

1. 用户对标签的依赖程度

这里使用 TF-IDF 算法来计算每个标签的权重，用该权重来表达用户对标签的依赖程度。

TF-IDF 算法在 6.3.1 节中进行了介绍，这里不再赘述。每个用户标记的标签对应的 TF 值的计算公式为：

$$\text{TF}(u,t) = \frac{n(u,t)}{\sum_{t_i \in T} n(u,t_i)} \tag{6.6}$$

式中：

- $n(u,t_i)$表示用户 u 使用标签 t_i 标记的次数。
- 分母部分表示用户 u 使用所有标签标记的次数和。
- $\text{TF}(u,t)$表示用户 u 使用标签 t 标记的频率，即用户 u 对标签 t 的依赖程度。

2. 优化用户对标签的依赖程度

在社会化标签的使用网站中存在"马太效应"，即热门标签由于被展示的次数较多而变得越来越热门，而冷门标签也会越来越冷门。大多数用户标注的标签都集中在一个很小的集合内，而大量长尾标签则较少有用户使用。

事实上，较冷门的标签才能更好地体现用户的个性和特点。为了抑制这种现象，更好地体现用户的个性化，这里使用逆向文件频率（IDF）来对那些热门标签进行数值惩罚。

> 🏷 **提示：**
> 马太效应：社会生活十大著名法则之一，表示两极分化现象，指强者愈强、弱者愈弱。

每个用户标记的标签对应的 IDF 值的计算公式为：

$$\text{IDF}(u,t) = \lg \frac{\sum_{u_i \in U} \sum_{t_j \in T} n(u_i,t_j)}{\sum_{u_i \in U} n(u_i,t)+1} \tag{6.7}$$

式中：

- 分子表示所有用户对所有标签的标记计数和。
- 分母表示所有用户对标签 t 的标记计数和。
- $\text{IDF}(u,t)$表示 t 的热门程度，即一个标签被不同用户使用的概率。

对于一个标签而言，如果使用过它的用户数量很少，但某一个用户经常使用它，说明这个用户与这个标签的关系很紧密。

3. 用户对标签的兴趣度

综合式（6.6）和式（6.7），用户对标签的依赖度为：

$$\text{TF-IDF}(u,t) = \text{TF}(u,t) \times \text{IDF}(u,t)$$

在 6.4.1 节中分析了用户对标签的主观喜好程度，本节分析了用户对标签的依赖程度，综合可以得到用户 u 对标签的兴趣度为：

$$\text{Pre}(u,t) = \text{rate}(u,t) \times \text{TF-IDF}(u,t) \tag{6.8}$$

6.4.3 标签基因

标签基因是 GroupLens 研究组的一个项目。

在社会化标签系统中，每个物品都可以被看作与其相关的标签的集合，$\text{rel}(i,t)$ 以从 0（完全不相关）到 1（完全正相关）的连续值衡量一个标签与一个物品的符合程度。

例如图 6-13 中：

- rel(艺术家 A，标签 1)=0.6；
- rel(艺术家 A，标签 2)=0.8；
- rel(艺术家 A，标签 3)=0.4。

采用标签基因可以为每个艺术家 i 计算出一个标签向量 $\text{rel}(i)$，其元素是 i 与 T 中所有标签的相关度。这里，$\text{rel}(i)$ 相当于以标签为基因描绘出了不同物品的基因图谱。形式化的表达如下：

$$\text{rel}(i) = [\text{rel}(i,t_1), \text{rel}(i,t_2), \cdots, \text{rel}(i,t_p)], \forall t_k \in T \tag{6.9}$$

例如，图 6-13 中，艺术家 A 的标签基因为：rel(艺术家 A)=[0.6,0.8,0.4]。

选用标签基因来表示标签与物品的关系有以下三个原因：

（1）它提供了从 0 到 1 的连续数值；

（2）关系矩阵是稠密的，它定义了每个标签 $t \in T$ 与每个物品 $i \in I$ 的相关度；

（3）它是基于真实数据构建的。

6.4.4 用户兴趣建模

根据训练数据，可以构建所有商品的标签基因矩阵 $\boldsymbol{T}_i$ 和用户最终对标签的兴趣度 T_u，则用户对商品的可能喜好程度为：

$$\boldsymbol{T}(u,i) = \boldsymbol{T}_u \times \boldsymbol{T}_i^{\text{T}} \tag{6.10}$$

式中：

- $\boldsymbol{T}_u$：用户 u 对所有标签的兴趣度矩阵（1 行 m 列，m 为标签个数）。
- $\boldsymbol{T}_i^{\text{T}}$：所有商品的标签基因矩阵 $\boldsymbol{T}_i$ 的转置矩阵（m 行 n 列，m 为标签个数，n 为商品个数）。
- $\boldsymbol{T}(u,i)$：用户 u 对所有商品的喜好程度矩阵（1 行 n 列，n 为商品个数）。

最终从计算结果中选取前 K 个推荐给用户。

6.5　实例 19：利用标签推荐算法实现艺术家的推荐

在 6.4 节中介绍了如何对用户进行标签兴趣建模，进而为用户进行推荐。本节实现一个基于标签推荐算法的推荐系统。

案例描述

利用标签推荐算法实现一个艺术家推荐系统，即，根据用户已经标记过的标签进行标签兴趣建模，进而为用户推荐喜好标签下最相关的艺术家。

6.5.1　了解实现思路

这里使用 Last.fm 数据集中的数据作为基础数据，该数据集在 3.3 节有相关的介绍。该实例的具体实现思路如下：

（1）加载并准备数据；

（2）计算每个用户对应的标签基因；

（3）计算用户最终对每个标签的兴趣度；

（4）进行艺术家推荐和效果评估。

6.5.2　准备数据

在本实例中，所有的数据都使用 Python 中的数据结构——"字典"进行保存。这样做的好处是：在使用数据集时加载速度快，避免了数据遍历带来的时间延迟。

代码 6-2　利用标签推荐算法实现艺术家的推荐——获取用户对艺术家的评分

```
# 获取用户对艺术家的评分信息
def getUserRate(self):
    userRateDict = dict()
    fr = open(self.user_rate_file, "r", encoding="utf-8")
    for line in fr.readlines():
        if not line.startswith("userID"):
            userID, artistID, weight = line.split("\t")
            userRateDict.setdefault(int(userID), {})
            # 对听歌次数进行适当比例的缩放，避免计算结果过大
            userRateDict[int(userID)][int(artistID)] = float(weight) / 10000
    return userRateDict
```

代码 6-2　利用标签推荐算法实现艺术家的推荐——获取每个用户打标的标签和每个标签被所有用户打标的次数

```
# 获取每个用户打标的标签和每个标签被所有用户打标的次数
def getUserTagNum(self):
    userTagDict = dict()
    tagUserDict = dict()
    for line in open(self.user_tag_file, "r", encoding="utf-8"):
```

```
        if not line.startswith("userID"):
            userID, artistID, tagID = line.strip().split("\t")[:3]
            # 统计每个标签被打标的次数
            if int(tagID) in tagUserDict.keys():
                tagUserDict[int(tagID)] += 1
            else:
                tagUserDict[int(tagID)] = 1
            # 统计每个用户对每个标签的打标次数
            userTagDict.setdefault(int(userID), {})
            if int(tagID) in userTagDict[int(userID)].keys():
                userTagDict[int(userID)][int(tagID)] += 1
            else:
                userTagDict[int(userID)][int(tagID)] = 1
    return userTagDict, tagUserDict
```

6.5.3　选择算法

这里使用标签推荐算法实现对用户的艺术家推荐。具体的算法描述在 6.4 节中有详细的讲解。

6.5.4　模型训练

首先计算出用户对标签的最终兴趣度和每个艺术家对应的标签基因，然后对用户进行艺术家推荐。

代码 6-2　利用标签推荐算法实现艺术家的推荐——获取艺术家对应的标签基因

```
# 获取艺术家对应的标签基因，这里的相关度全部为 1
# 由于艺术家和 tag 过多，存储到一个矩阵中维度太大，这里优化存储结构
# 如果艺术家有对应的标签则记录，相关度为 1，否则不为 1
def getArtistsTags(self):
    artistsTagsDict = dict()
    for line in open(self.user_tag_file, "r", encoding="utf-8"):
        if not line.startswith("userID"):
            artistID, tagID = line.split("\t")[1:3]
            artistsTagsDict.setdefault(int(artistID), {})
            artistsTagsDict[int(artistID)][int(tagID)] = 1
    return artistsTagsDict
```

代码 6-2　利用标签推荐算法实现艺术家的推荐——获取用户对标签的最终兴趣度

```
# 获取用户对标签的最终兴趣度
def getUserTagPre(self):
    userTagPre = dict()
    userTagCount = dict()
    # Num 为用户打标总条数
    Num = len(open(self.user_tag_file, "r", encoding="utf-8").readlines())
    for line in open(self.user_tag_file, "r", encoding="utf-8").readlines():
```

```
            if not line.startswith("userID"):
                userID, artistID, tagID = line.split("\t")[:3]
                userTagPre.setdefault(int(userID), {})
                userTagCount.setdefault(int(userID), {})
                rate_ui = (
                    self.userRateDict[int(userID)][int(artistID)]
                    if int(artistID) in self.userRateDict[int(userID)].keys()
                    else 0
                )
                if int(tagID) not in userTagPre[int(userID)].keys():
                    userTagPre[int(userID)][int(tagID)] = (
                        rate_ui * self.artistsTagsDict[int(artistID)][int(tagID)]
                    )
                    userTagCount[int(userID)][int(tagID)] = 1
                else:
                    userTagPre[int(userID)][int(tagID)] += (
                        rate_ui * self.artistsTagsDict[int(artistID)][int(tagID)]
                    )
                    userTagCount[int(userID)][int(tagID)] += 1

    for userID in userTagPre.keys():
        for tagID in userTagPre[userID].keys():
            tf_ut = self.userTagDict[int(userID)][int(tagID)]/sum(
                self.userTagDict[int(userID)].values()
            )
            idf_ut = math.log(Num * 1.0/(self.tagUserDict[int(tagID)] + 1))
            userTagPre[userID][tagID] = (
                userTagPre[userID][tagID]/userTagCount[userID][tagID] *
tf_ut * idf_ut
            )
    return userTagPre
```

代码 6-2 利用标签推荐算法实现艺术家的推荐——对用户进行艺术家推荐

```
# 对用户进行艺术家推荐
def recommendForUser(self, user, K, flag=True):
    userArtistPreDict = dict()
    # 得到用户没有打标过的艺术家
    for artist in self.artistsAll:
        if int(artist) in self.artistsTagsDict.keys():
            # 计算用户对艺术家的喜好程度
            for tag in self.userTagPre[int(user)].keys():
                rate_ut = self.userTagPre[int(user)][int(tag)]
                rel_it = (
                    0
                    if tag not in self.artistsTagsDict[int(artist)].keys()
                    else self.artistsTagsDict[int(artist)][tag]
                )
```

```
                if artist in userArtistPreDict.keys():
                    userArtistPreDict[int(artist)] += rate_ut * rel_it
                else:
                    userArtistPreDict[int(artist)] = rate_ut * rel_it
        newUserArtistPreDict = dict()
        if flag:
            # 对推荐结果进行过滤，过滤掉用户已经听过的
            for artist in userArtistPreDict.keys():
                if artist not in self.userRateDict[int(user)].keys():
                    newUserArtistPreDict[artist] =
    userArtistPreDict[int(artist)]
            return sorted(
                newUserArtistPreDict.items(), key=lambda k: k[1], reverse=True
            )[:K]
        else:
            # 表示用来进行效果评估
            return sorted(
                userArtistPreDict.items(), key=lambda k: k[1], reverse=True
            )[:K]
```

代码 6-2　利用标签推荐算法实现艺术家的推荐——新建 RecBasedTag 类并初始化数据

```
import pandas as pd
import math


class RecBasedTag:
    # 由于从文件读取的为字符串，统一格式为整数，方便后续计算
    def __init__(self):
        # 用户听过艺术家次数文件
        self.user_rate_file = "../data/lastfm-2k/user_artists.dat"
        # 用户打标信息
        self.user_tag_file = "../data/lastfm-2k/user_taggedartists.dat"

        # 获取所有的艺术家 ID
        self.artistsAll = list(
            pd.read_table("../data/lastfm-2k/artists.dat",
    delimiter="\t")["id"].values
        )
        # 用户对艺术家的评分
        self.userRateDict = self.getUserRate()
        # 艺术家与标签的相关度
        self.artistsTagsDict = self.getArtistsTags()
        # 用户对每个标签打标的次数统计和每个标签被所有用户打标的次数统计
        self.userTagDict, self.tagUserDict = self.getUserTagNum()
        # 用户最终对每个标签的喜好程度
        self.userTagPre = self.getUserTagPre()
```

代码 6-2　利用标签推荐算法实现艺术家的推荐——主函数调用

```
if __name__ == "__main__":
    rbt = RecBasedTag()
    print(rbt.recommendForUser("2",K=20))
```

运行代码，为 ID 为 2 的用户进行艺术家推荐的结果为：

```
[(5803,      0.9397784544070824),      (6582,      0.9397784544070824),      (18229,
0.9280932264044133), (18232, 0.9280932264044133), (1965, 0.9269016485847453), (15675,
0.9269016485847453), (1801, 0.9004958140614302), (1835, 0.9004958140614302), (2605,
0.9004958140614302), (2668, 0.9004958140614302), (4852, 0.9004958140614302), (4863,
0.9004958140614302), (3992, 0.8579588652986282), (8068, 0.8565790775053892), (748,
0.8460267445255922), (2673, 0.8460267445255922), (4316, 0.8460267445255922), (10522,
0.8460267445255922), (175, 0.8433451847266689), (10519, 0.8425740993544554)]
```

6.5.5　效果评估

这里利用重合度进行推荐效果的评估，即最终为用户推荐的 K 个艺术家中与用户本身听过的艺术家交叉人数所占的比例。其实现代码如下：

代码 6-2　利用标签推荐算法实现艺术家的推荐——效果评估

```
# 效果评估 重合度
def evaluate(self, user):
    K = len(self.userRateDict[int(user)])
    recResult = self.recommendForUser(user, K=K, flag=False)
    count = 0
    for (artist, pre) in recResult:
        if artist in self.userRateDict[int(user)]:
            count += 1
    return count * 1.0 / K
```

在主函数中增加 print(rbt.evaluate("2"))，运行代码返回的计算结果为 0.22。

6.6　知 识 导 图

本章主要介绍了基于标签的推荐算法，其中也涉及了 NLP（自然语言处理）中的数据标注和关键词提取的基本知识及其在推荐系统中的应用，然后结合实例进行了算法的原理说明。在阅读本章时，希望读者能够自己实现这些算法和实例，从而加深理解。

本章内容知识导图如图 6-14 所示。

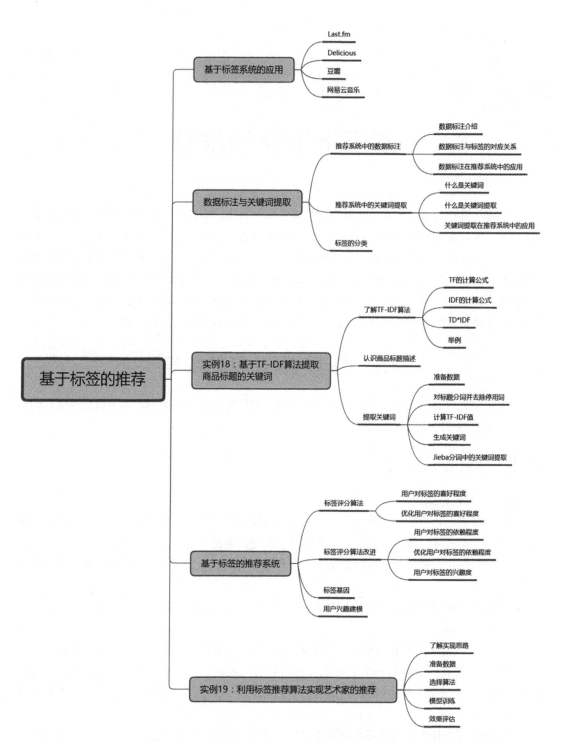

图 6-14　本章内容知识导图

第 **7** 章

基于上下文的推荐

在本章之前介绍的推荐算法主要是为了联系用户的偏好和物品，将符合用户偏好的物品推荐给用户。例如第 6 章中介绍的偏好是"用户的主观意见表达"，物品本身所传达的含义和用户所处的客观环境对推荐系统而言也是极其重要的，如冬天推荐短袖、中秋节推荐粽子等都是不合理的，不能说用户在冬天搜索了短袖或在中秋节搜索了粽子就给用户推荐不合时节的物品。

因此，准确地了解用户的上下文信息（包括用户访问推荐系统的时间、地点、访问时的心情等），并将这些信息应用到推荐系统中，是实现一个好的推荐系统的关键。

7.1　基于时间特征的推荐

上下文信息中最重要的是时间特征，它对用户的兴趣有很大的影响。本节将会围绕时间效应和推荐系统的实时性展开介绍。

7.1.1　时间效应介绍

1. 什么是时间效应

时间效应在日常生活中随处可见。例如，随着年龄的增长，人们的穿衣风格会改变，钟爱的课外读物也会改变；季节不同，人们的穿着会改变，果蔬供给也会改变等。

在推荐系统中，时间效应可以定义为：用户的偏好兴趣、物品的生命周期等随着时间的变化而发生变化。

时间效应对推荐系统的效果有着直接的影响，其对用户兴趣的影响主要表现在以下几方面。

（1）偏好迁移。

偏好迁移：由于用户自身原因，随着时间的变化其偏好、兴趣发生了改变。例如，人们在不同年龄所热爱的事物不一样，用户 A 小时候喜欢吃糖果，长大了却不再吃糖果了；用户 B 在上高中时喜欢读一些小说之类的读物，可在念了大学之后，便开始阅读一些和专业课相关的读物。

用户的偏好直接影响着推荐的结果集，所以，推荐系统需要实时关注用户的实时兴趣变化。例如，用户在某个时刻点击或关注了某个商品，那么在下一刻，用户已经点击或者关注的相关商品就应该出现在推荐结果集中。但是，推荐系统还要注意挖掘用户的短期偏好和长期偏好（即挖掘用户兴趣中的长尾商品），这时就需要根据用户过去一段时间内的行为习惯进行兴趣建模。

（2）生命周期。

生命周期即事物合理存在的时间周期。

例如某个热门新闻，在新闻刚发布时，受关注的程度很高，各大媒体网站都会进行报道，但随着时间的推移，该新闻的热度在逐渐减小，最后慢慢被人遗忘，这就是该热门新闻的生命周期。

又如，快餐店新推出某种早餐套餐，在刚推出时很受欢迎，销量很好，其摆放的位置也是特别显眼的地方，但随着时间的推移，该套餐的热度慢慢消减，其摆放位置也会慢慢变化，最后慢慢下架，然后推出新的套餐。

推荐系统在进行事物推荐时，要注意该事物的有效性。一个合理的推荐系统不会在 2018 年推荐 2004 年雅典奥运会刘翔打破奥运纪录的新闻，也不会推荐某种过时的食物。不同场景下的推荐系统中，推荐事物的生命周期长度也不尽相同。新闻的生命周期较短，一般在几天之内就会褪去热度，而食物的生命周期就较长。

（3）季节效应。

季节效应：事物的流行度与季节是强相关的，反映的是时间本身对用户偏好兴趣的影响。例如，人们在夏天穿短袖，在冬天穿羽绒服，在夏天喝啤酒，在冬天吃火锅等。

在不同季节，人们的衣食住行选择都会发生变化。在推荐系统中要实时捕捉到季节的变化，进而给用户推荐符合时节的物品。图 7-1 所示为京东首页大屏推荐的早秋新品（时间为 10 月初，此时已经初秋）。

图 7-1　京东首页大屏推荐的早秋新品

（4）节日选择。

节日选择：不同的节日对用户的选择会产生影响，也是时间效应中的一种。例如，端午节人们会选购一些粽子送给亲朋好友，而在中秋节则会选购一些月饼、螃蟹。又如，美国的感恩节，人们会购买火鸡作为餐桌上的主菜。

在不同的节日适当地给用户推送一些节日主打物品，不仅可以提高用户点击率，而且可以在一定程度上发掘用户的隐含兴趣。

2．时间效应举例

前面分析了时间对用户兴趣的影响，下面通过实例来体会一下时间对用户兴趣的影响。

（1）iPhone 手机的例子。

在百度指数平台上，查看 2017-10-14 至 2018-10-13 之间，iPhone X、iPhone Xs、iPhone Xs Max 三款机型的搜索指数趋势，如图 7-2 所示。其中，iPhone X 在 2017 年 9 月 13 日发布，在该日期对应的周平均搜索指数也是最高的，之后，随着时间的变化，搜索趋势在下降。iPhone Xs 和 iPhone Xs Max 在 2018 年 9 月 13 日发布，在该日期对应的周平均指数最高，但同天发布的 iPhone Xs Max 不如 iPhone Xs 搜索指数高。

> 🈶 提示：
>
> iPhone Xs Max 搜索指数不如 iPhone Xs，笔者猜测是因为两者属于相同版本的 iPhone 手机，只不过 iPhone Xs Max 比 iPhone Xs 配置高一点，这样用户在搜索 iPhone Xs 时，另一款机型也会被搜索到，同时由于价格原因，用户更愿意去搜索低价的 iPhone Xs 手机。

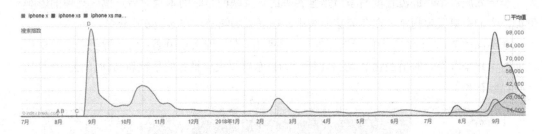

图 7-2　百度指数平台上 iPhone 三款机型搜索指数趋势

从图 7-2 中也可以看出，iPhone X 在 2017 年发布后有两个小波峰，分别对应着双十一前后和春节前后，这是一种典型的节日效应。在 2018 年 9 月 iPhone Xs 和 iPhone Xs Max 发布前后，iPhone X 也出现了波峰，这是由于新 iPhone 机型的发布对同级别机型的热度带动作用。

（2）羽绒服的例子。

图 7-3 是羽绒服在百度指数平台上 2011～2018 年的搜索趋势图，从图中可以明显地看出，每年冬天的搜索指数最高。因为冬天天气冷，羽绒服御寒，所以其在冬天的搜索指数最高，这是典型的季节效应。

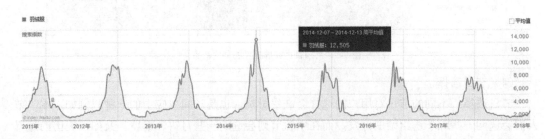

图 7-3　百度指数平台上羽绒服搜索趋势图

（3）京东 APP 的例子。

图 7-4 是用户在京东 APP 上搜索并浏览了一些显示器之后，首页最下边为其推荐的部分内容。从图中可以看出，该部分实时捕获到了用户的兴趣，并在商品推荐结果中进行了展示。这是典型的用户偏好迁移效应。

图 7-4　京东 APP "为你推荐" 部分商品展示图

7.1.2　时间效应分析

推荐系统中引入时间信息后，就从一个静态的推荐系统变成了一个动态的推荐系统。时间信息对推荐系统的影响主要表现在以下三方面：

- 个人兴趣度会随时间发生变化；
- 物品流行度会随时间发生变化；
- 社会群体兴趣度会随时间发生变化。

本节将结合 Netflix 数据集来对上述三方面进行分析。

1. 个人兴趣度随时间变化趋势

一个人随着年龄的增长，其兴趣也会发生变化。例如，小时候喜欢看动画片，长大了喜欢看剧情片。受教育程度及个人的经历不同也会影响一个人的兴趣。这时，为了提高推荐质量，就要在推荐系统架构中或算法模型中引入时间因素，以便给用户推荐符合当时兴趣的物品。

用户最近的行为最能反映用户现在的兴趣，但最近发生的行为不能预测用户突发的兴趣变化。对于这种突发的兴趣变化，可以通过改变网站设计来应对。例如，可以通过与用户进行交互，让用户间接性地反馈个人心情，进而可以推荐符合用户当时心情的物品。最简单的是通过标签体系来进行交互：不同的标签代表不同的心情，用户一旦选择了某个标签，就给用户推荐符合该标签的物品。

这里从 Netflix 数据集中选择 uid=1086360 的用户，该用户在 2002 年 9 月到 2005 年 12 月之间对应的电影平均评分变化趋势图如图 7-5 所示。

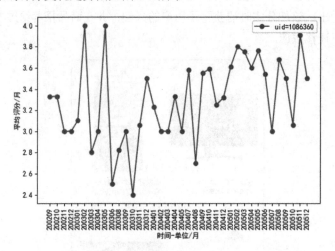

图 7-5　uid=1086360 的用户每月平均评分变化趋势图

由图 7-5 可以看出，用户的评分变化趋势在每个时间点是不一样的。所以，在计算用户对物品的可能评分时，就要引入相应的时间函数来模拟用户兴趣的变化情况。

图 7-5 对应的代码实现如下：

代码 7-1　时间效应分析——个人兴趣度随时间变化趋势

```python
import os,json
import matplotlib.pyplot as plt
import numpy as np


class Demo:
    def __init__(self,filePath):
        self.dataPath = filePath
        self.users = ["1086360"]
        self.items = ["80"]

    # 查看 self.user 中用户个人兴趣度变化趋势
    def showPersonal(self):
        userItemRate = dict()
        # 首次计算会将计算结果保存在 userItemRate.json 文件中，减少下次计算时的时间消耗
        if os.path.exists("data/userItemRate.json"):
            userItemRate = json.load(open("data/userItemRate.json","r"))
            print("userItemRate Load OK !")
        else:
            # 遍历文件夹下的每一个文件
            for file in os.listdir(self.dataPath):
                onePath = "{}/{}".format(self.dataPath,file)
                print(onePath)
```

```
                for line in open(onePath,"r").readlines():
                    if not line.endswith(":") and line.strip().split(",")[0] in
self.users :
                        userID,rate,date = line.strip().split(",")
                        userItemRate.setdefault(userID,{})
                        newDate = "".join(date.split("-")[:2])

userItemRate[userID].setdefault(newDate,[]).append(int(rate))
            # 计算每个月份对应的平均分
            for uid in userItemRate.keys():
                for date in userItemRate[uid].keys():
                    userItemRate[uid][date] = round( sum(userItemRate[uid][date])
/ len(userItemRate[uid][date]) ,2 )
            json.dump(userItemRate,open("data/userItemRate.json","w"))
            print("userItemRate Message Saved Ok !")
        return userItemRate


    # 作图展示
    def showPicture(self,_dict,label):
        plt.rcParams['font.sans-serif'] = ['SimHei']  # 用来正常显示中文标签
        plt.rcParams['axes.unicode_minus'] = False  # 用来正常显示负号
        new_dict=sorted(_dict.items(), key=lambda x: x[0], reverse=False)
    # false升序
        x = [one[0] for one in new_dict]
        y = [one[1] for one in new_dict]
        plt.plot(x,y,marker="o",label=label)
        plt.xticks(np.arange(len(x),step=2),rotation=90)
        plt.xlabel(u"时间-单位/月")
        plt.ylabel(u"平均打分/月")
        plt.title(u"平均评分随时间的变化")
        plt.legend()
        plt.show()


if __name__ == "__main__":
    filePath = "../data/netflix/training_set"
    demo = Demo(filePath)

    userItemRate = demo.showPersonal()
    print(userItemRate)
    demo.showPicture(userItemRate[demo.users[0]],"uid=1086360")
```

2．物品流行度随时间变化趋势

物品本身的流行度也会随时间变化而变化，如一部电影在刚上映时比较热门，经过一段时间以后，电影会渐渐被人们遗忘，毕竟经久不衰的电影较少。但是有时可能由于一个事件的影响，以前的电影又重新回到了公众的视野。比如 2015 年 4 月上映的电影《战狼》，随着 2017 年 7 月《战狼 2》的上映，《战狼》再一次被更多人搜索，搜索趋势图如图 7-6 所示。

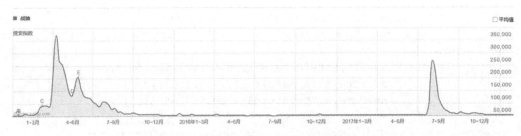

图 7-6 百度指数平台电影《战狼》搜索趋势图

从 Netflix 数据集中选择 id=80 的电影，作出其评分均值随时间变化的曲线图。横轴为时间轴（以月为单位），纵轴为相应月份该电影的平均评分，如图 7-7 所示。

从图 7-7 中可以看出，电影的流行度趋势在每个时间点是不一样的，所以在计算用户对物品的可能评分时就要引入相应的时间函数来模拟物品流行度的变化情况。

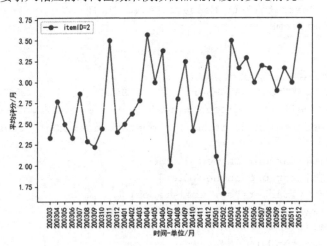

图 7-7 电影每月的评分均值变化趋势图

图 7-7 对应的代码实现如下：

代码 7-1 时间效应分析——物品流行度随时间变化趋势

```
import os,json
import matplotlib.pyplot as plt
import numpy as np


class Demo:
    def __init__(self,filePath):
        self.dataPath = filePath
        self.users = ["1086360"]
        self.items = ["80"]

    # 查看 self.items 中物品流行度趋势
    def showItem(self):
        itemUserRate = dict()
```

```python
# 首次计算会将计算结果保存在 userItemRate.json 文件中，减少下次计算时的时间消耗
if os.path.exists("data/itemUserRate.json"):
    itemUserRate = json.load(open("data/itemUserRate.json", "r"))
    print("itemUserRate Load OK !")
else:
    # 遍历文件夹下的每一个文件
    for file in os.listdir(self.dataPath):
        onePath = "{}/{}".format(self.dataPath, file)
        print(onePath)
        flag = False
        for line in open(onePath,"r").readlines():
            if line.strip().endswith(":") and line.strip().split(":")[0]
in self.items:
                itemID = line.split(":")[0]
                flag = True
                continue
            elif line.strip().endswith(":"):
                flag = False
                continue
            if flag:
                _, rate, date = line.strip().split(",")
                itemUserRate.setdefault(itemID, {})
                newDate = "".join(date.split("-")[:2])
                itemUserRate[itemID].setdefault(newDate,
[]).append(int(rate))
    # 计算每个月份对应的平均分
    for itemId in itemUserRate.keys():
        for data in itemUserRate[itemId].keys():
            itemUserRate[itemId][data] =
round( sum(itemUserRate[itemId][data]) / len(itemUserRate[itemId][data]),
2)
    json.dump(itemUserRate, open("data/itemUserRate.json", "w"))
    print("itemUserRate Message Saved Ok !")
return itemUserRate

# 作图展示
def showPicture(self,_dict,label):
    plt.rcParams['font.sans-serif'] = ['SimHei']  # 用来正常显示中文标签
    plt.rcParams['axes.unicode_minus'] = False  # 用来正常显示负号
    new_dict=sorted(_dict.items(), key=lambda x: x[0], reverse=False)
# false 升序
    x = [one[0] for one in new_dict]
    y = [one[1] for one in new_dict]
    plt.plot(x,y,marker="o",label=label)
    plt.xticks(np.arange(len(x),step=2),rotation=90)
    plt.xlabel(u"时间-单位/月")
    plt.ylabel(u"平均打分/月")
```

```
        plt.title(u"平均评分随时间的变化")
        plt.legend()
        plt.show()

if __name__ == "__main__":
    filePath = "../data/netflix/training_set"
    demo = Demo(filePath)

    itemUserRate = demo.showItem()
    print(itemUserRate)
    demo.showPicture(itemUserRate[demo.items[0]],"itemID=2")
```

3. 社会群体兴趣度随时间变化趋势

社会群体的兴趣度也会随着时间的变化而变化。下面使用 Netflix 数据集的评分数据来模拟社会群体兴趣度随时间的变化。

图 7-8 显示了 Netflix 的电影平均分从 1999 年 11 月到 2005 年 12 月的变化趋势，横轴为时间，纵轴为 Netflix 所有电影在该时间点的平均评分。

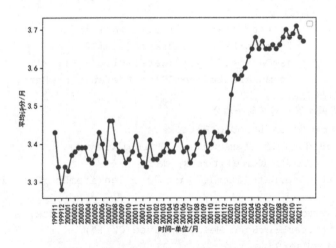

图 7-8　所有电影每月的平均评分变化趋势图

从图 7-8 中可以看出，电影均分从 1999 年到 2005 年总体是一个上升趋势。造成这种现象的原因有两方面：一方面可能是电影本身艺术质量的提升；另一方面可能是随着网络搜索、推荐技术的发展，人们越来越容易找到自己喜欢的电影。

图 7-8 对应的代码实现如下：

代码 7-1　时间效应分析——社会群体兴趣度随时间变化趋势

```
import os,json
import matplotlib.pyplot as plt
import numpy as np


class Demo:
```

```python
    def __init__(self,filePath):
        self.dataPath = filePath
        self.users = ["1086360"]
        self.items = ["80"]

# 查看社会群体兴趣度变化趋势
    def showGroup(self):
        groupRate = dict()
        if os.path.exists("data/groupRate.json"):
            groupRate = json.load(open("data/groupRate.json", "r"))
            print("groupRate Load OK !")
        else:
            # 遍历文件夹下的每一个文件
            for file in os.listdir(self.dataPath):
                onePath = "{}/{}".format(self.dataPath, file)
                print(onePath)
                for line in open(onePath, "r").readlines():
                    if not line.strip().endswith(":"):
                        _, rate, date = line.strip().split(",")
                        newDate = "".join(date.split("-")[:2])
                        groupRate.setdefault(newDate, []).append(int(rate))
            # 计算每个月份对应的平均分
            for date in groupRate.keys():
                groupRate[date] = round(sum(groupRate[date]) /
len(groupRate[date]), 2)
            json.dump(groupRate, open("data/groupRate.json", "w"))
            print("groupRate Message Saved Ok !")
        return groupRate

# 作图展示
    def showPicture(self,_dict,label):
        plt.rcParams['font.sans-serif'] = ['SimHei']  # 用来正常显示中文标签
        plt.rcParams['axes.unicode_minus'] = False  # 用来正常显示负号
        new_dict=sorted(_dict.items(), key=lambda x: x[0], reverse=False)
# false 升序
        x = [one[0] for one in new_dict]
        y = [one[1] for one in new_dict]
        plt.plot(x,y,marker="o",label=label)
        plt.xticks(np.arange(len(x),step=2),rotation=90)
        plt.xlabel(u"时间-单位/月")
        plt.ylabel(u"平均打分/月")
        plt.title(u"平均评分随时间的变化")
        plt.legend()
        plt.show()

if __name__ == "__main__":
    filePath = "../data/netflix/training_set"
```

```
demo = Demo(filePath)

groupRate = demo.showGroup()
print(groupRate)
demo.showPicture(groupRate,None)
```

 提示：
图 7-6、图 7-7、图 7-8 对应的代码 7-1，可在本书附赠的资料中获得。

7.1.3 推荐系统的实时性

用户的兴趣是不断发生变化的，其变化体现在用户不断增加的行为中。例如电商网站中的点击、加购、分享、收藏等，或者新闻网站中的点击、评论、停留时长等。

一个实时的推荐系统应实时响应用户的新行为，让推荐结果不断发生变化，从而满足用户实时兴趣需求。

现在几乎所有的电商网站中都引入了实时推荐，而且响应时间在"秒"之内。图 7-9 所示为当当网"猜你喜欢"频道在某一时刻为某用户推荐的图书，图 7-10 所示为该用户在搜索并点击了"机器学习"相关书籍后"猜你喜欢"频道展示的图书。

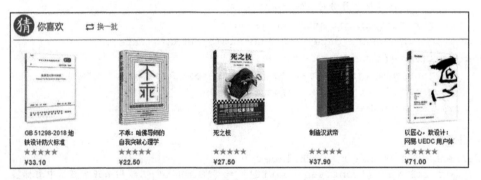

图 7-9 当当网"猜你喜欢"频道搜索"机器学习"前展示图书

图 7-10 当当网"猜你喜欢"频道搜索"机器学习"后展示图书

对比图 7-9 和图 7-10 会发现，"猜你喜欢"频道可以实时捕获用户的兴趣偏好（因为用户搜索了与机器学习相关的书籍），并为用户推荐相关的图书。但当用户仅搜索了"春秋战国史"

之后再返回"猜你喜欢"频道，与历史（搜索"春秋战国史"）相关的数据并没有出现在结果集中；而当用户点击"换一批"链接之后，则显示与历史（搜索"春秋战国史"）相关的数据，如图 7-11 所示。

分析用户的两次行为：第一次搜索并点击了"机器学习"相关的书籍，第二次仅搜索了"春秋战国史"，用户的两次搜索行为都属于显性行为，但第一次比第二次多了"点击"这个动作，这就导致了"春秋战国史"相关的书籍在推荐系统对书籍进行排序时，排在靠后的位置（即当用户在点击"换一批"链接后才出现）。

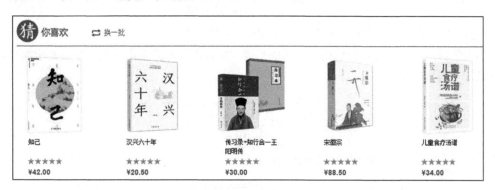

图 7-11　当当网"猜你喜欢"频道搜索"春秋战国史"并点击"换一批"后展示图书

观察图 7-10 和图 7-11 可以看出到，推荐结果中不仅包含了用户实时偏好的书籍，还包含了其他类型的书籍。这是为了提高推荐结果的丰富度，提高用户的视觉效应。

结合第 8 章中的推荐架构图可以看出，推荐系统在形成商品召回池时，不仅会召回用户实时偏好的物品，也会召回用户长期偏好的物品，并且最终排序算法在对召回池物品进行排序时，会平衡考虑用户的近期行为和长期行为。即，推荐的结果不仅要反映出用户的近期偏好（或者实时兴趣偏好），还要体现出用户的长期偏好。

7.1.4　协同过滤中的时间因子

在第 5 章中介绍了基于用户和基于物品的协同过滤算法，在本节之前也阐述了时间特征在推荐系统中的影响，那么本节阐述一下如何将时间特征应用到推荐算法中。

1. UserCF 中的时间特征

UserCF（基于用户的协同过滤算法）的主要思想是：给用户推荐和他兴趣相似的其他用户喜欢的物品。

使用 UserCF 为用户推荐物品时，先找到与目标用户兴趣相近的用户集合，然后根据这些用户的购买行为为用户进行物品推荐，故该算法的关键是"找到相似用户集合"（即计算用户之间的相似度）。两个用户产生过行为的物品集合交集越大，则两个用户越相似。用户相似度计算公式如下：

$$w_{uv} = \frac{|N(u) \bigcap N(v)|}{|N(u) \bigcup N(v)|} \tag{7.1}$$

式中，$N(x)$表示用户 x 产生过行为的物品集合，分子表示的是用户 u 和用户 v 有交集的物品的个数，分母表示的是用户 u 和用户 v 产生行为的并集物品的个数。

但是由于热门物品被很多用户有过行为，但相对于热门共有物品而言，冷门物品更能说明两个用户之间的相似性，所以在计算两个用户之间的相似度时，对热门物品加一个惩罚项，所以这里的用户相似度计算式可以修改为：

$$w_{uv} = \frac{\sum\limits_{i \in N(u) \bigcap N(v)} \frac{1}{\lg(1+N(i))}}{|N(u)\bigcup N(v)|} \tag{7.2}$$

式（7.2）中，$N(i)$表示对物品 i 产生过行为的所有用户的个数。

但由于最近的行为最能表达用户当前的兴趣，所以在计算两个用户相似度时要增加时间衰减函数，可得到以下公式：

$$w_{uv} = \frac{\sum\limits_{i \in N(u) \bigcap N(v)} \frac{1}{\lg(1+N(i))} f(|t_{ui} - t_{vi}|)}{|N(u)\bigcup N(v)|}$$

式中，$f(|t_{ui}-t_{vi}|)$为时间衰减函数，其形式为：

$$f(|t_{ui} - t_{vi}|) = \frac{1}{1+\alpha |t_{ui} - t_{vi}|}$$

式中，α 为时间衰减因子，t_{ui}表示用户 u 对物品 i 产生行为的时间，t_{vi}表示用户 v 对物品 i 产生行为的时间。

用户当前的评分受相似用户集合最近评分的影响比较大，所以在计算用户对物品的评分时还要加上时间衰减函数 $f(|t_0-t_{vi}|)$，所以最终得到的用户 u 对物品 i 的偏好程度为：

$$r_{ui} = \frac{\sum\limits_{i \in N(u) \bigcap N(v)} \frac{1}{\lg(1+N(i))} f(|t_{ui} - t_{vi}|)}{|N(u)\bigcup N(v)|} \times r_{vi} \times f(|t_0 - t_{vi}|)$$

其中 $f(|t_0-t_{vi}|)$的表达式如下：

$$f(|t_0 - t_{vi}|) = \frac{1}{1+\beta |t_0 - t_{vi}|}$$

式中，t_0 表示当前时间，t_{vi}表示用户 v 对物品 i 产生行为的时间。

2. ItemCF 中的时间特征

ItemCF 的主要思想是：给用户推荐之前喜欢物品的相似物品。物品相似度的计算公式如下：

$$w_{ij} = \frac{|N(i)\bigcap N(j)|}{\sqrt{|N(i)||N(j)|}} \tag{7.3}$$

式（7.3）中，分子部分表示的是对物品 i 和物品 j 共同产生过行为的用户个数，分母表示的是对物品 i 和物品 j 产生过行为的并集个数的开方。该公式中已经将 $N(i)$改为了 $\sqrt{|N(i)||N(j)|}$，即增加了对热门物品的惩罚。

因为不活跃用户对物品相似度的贡献应该大于活跃用户对物品相似度的贡献，所以应该降低活跃用户对相似度计算的权重，改进为：

$$w_{ij} = \frac{\sum_{u \in N(i) \bigcap N(j)} \frac{1}{\lg(1 + N(u))}}{\sqrt{|N(i)||N(j)|}} \tag{7.4}$$

式中，$N(u)$ 表示用户 u 的评分物品集合。

考虑到用户离当前时间越近的行为越能体现用户此时的兴趣，所以时间相隔近的行为相对于时间相隔远的行为更能反映物品之间的相似度，所以在式（7.4）的基础上增减时间衰减因子函数，改进后如下：

$$w_{ij} = \frac{\sum_{u \in N(i) \bigcap N(j)} \frac{1}{\lg(1 + N(u))} f(|t_{ui} - t_{uj}|)}{\sqrt{|N(i)||N(j)|}}$$

式中 $f(|t_{ui} - t_{uj}|)$ 为时间衰减函数，其形式如下：

$$f(|t_{ui} - t_{uj}|) = \frac{1}{1 + \alpha |t_{ui} - t_{uj}|}$$

式中，t_{ui} 和 t_{uj} 分别表示用户 u 对物品 i 和物品 j 产生行为的时间。

用户当前的行为应该和用户最近的行为关系最大，所以在计算用户对物品的评分时还要加上时间衰减函数 $f(|t_0 - t_{ui}|)$，所以最终得到的用户 u 对物品 j 的偏好程度为：

$$r_{uj} = \frac{\sum_{u \in N(i) \bigcap N(j)} \frac{1}{\lg(1 + N(u))} f(|t_{ui} - t_{uj}|)}{|N(u) \bigcup N(v)|} \times r_{ui} \times f(|t_0 - t_{ui}|)$$

式中，$f(|t_0 - t_{ui}|)$ 的表达式如下：

$$f(|t_0 - t_{ui}|) = \frac{1}{1 + \beta |t_0 - t_{ui}|}$$

式中，t_0 表示当前时间。

> **提示：**
> 时间衰减函数有多种形式，这里只介绍了一种，感兴趣的读者可以自行搜索进行学习。

7.2　实例 20：实现一个"增加时间衰减函数的协同过滤算法"

在第 5 章中介绍了基于用户和基于物品的协同过滤算法，其中 5.5 节和 5.6 节分别实现了基于用户和基于物品的协同过滤推荐实例。本节中的实例则结合 7.1.4 小节中的时间衰减函数来实现电影推荐。

7.2.1　在 UserCF 算法中增加时间衰减函数

基于 5.5 节中的代码进行改动，主要增加了两处时间衰减函数。

（1）在计算用户相似度时，修改 UserSimilarityBest 函数，修改后的代码如下：

代码 7-2   UserCF 算法增加时间衰减函数实现——UserSimilarityBest 函数

```python
# 计算用户之间的相似度，采用惩罚热门商品和优化算法复杂度的算法
def UserSimilarityBest(self):
    print("Start calculation user's similarity...")
    if os.path.exists("data/user_sim.json"):
        print("从文件加载 ...")
        userSim = json.load(open("data/user_sim.json", "r"))
    else:
        # 得到每个 item 被哪些 user 评价过
        item_eval_by_users = dict()
        for u, items in self.train.items():
            for i in items.keys():
                item_eval_by_users.setdefault(i, set())
                if self.train[u][i]['rate'] > 0:
                    item_eval_by_users[i].add(u)
        # 构建倒排表
        count = dict()
        # 用户评价过多少个 sku
        user_eval_item_count = dict()
        for i, users in item_eval_by_users.items():
            for u in users:
                user_eval_item_count.setdefault(u, 0)
                user_eval_item_count[u] += 1
                count.setdefault(u, {})
                for v in users:
                    count[u].setdefault(v, 0)
                    if u == v:
                        continue
                    count[u][v] += 1 / ( 1+ self.alpha *
abs(self.train[u][i]["time"]-self.train[v][i]["time"]) / (24*60*60) ) \
                                        * 1 / math.log(1 + len(users))
        # 构建相似度矩阵
        userSim = dict()
        for u, related_users in count.items():
            userSim.setdefault(u, {})
            for v, cuv in related_users.items():
                if u == v:
                    continue
                userSim[u].setdefault(v, 0.0)
                userSim[u][v] = cuv / math.sqrt(user_eval_item_count[u] *
user_eval_item_count[v])
        json.dump(userSim, open('data/user_sim.json', 'w'))
    return userSim
```

（2）在计算用户推荐列表时，修改 recommend 函数，修改后的代码如下：

代码 7-2   UserCF 算法增加时间衰减函数实现——recommend 函数

```
    """
    为用户 user 进行物品推荐
```

```
        user: 为用户 user 进行推荐
        k: 选取 k 个近邻用户
        nitem: 取 nitem 个物品
"""
def recommend(self, user, k=8, nitems=40):
    rank = dict()
    interacted_items = self.train.get(user, {})
    for v, wuv in sorted(self.users_sim[user].items(), key=lambda x: x[1],
reverse=True)[0:k]:
        for i, rv in self.train[v].items():
            if i in interacted_items:
                continue
            rank.setdefault(i, 0)
            # rank[i] += wuv * rv["rate"]
            rank[i] += wuv * rv["rate"] * 1/(1+ self.beta * ( self.max_data
- abs(rv["time"]) ) )
        return dict(sorted(rank.items(), key=lambda x: x[1],
reverse=True)[0:nitems])
```

7.2.2　在 ItemCF 算法中增加时间衰减函数

基于 5.6 节中的代码进行改动，主要增加了两处时间衰减函数。

（1）在计算用户相似度时，修改 ItemSimilarityBest 函数，修改后的代码如下：

代码 7-2　ItemCF 算法增加时间衰减函数实现——ItemSimilarityBest 函数

```
# 计算物品之间的相似度
def ItemSimilarityBest(self):
    print("开始计算物品之间的相似度")
    if os.path.exists("data/item_sim.json"):
        print("从文件加载 ...")
        itemSim = json.load(open("data/item_sim.json", "r"))
    else:
        itemSim = dict()
        item_eval_by_user_count = dict()  # 得到每个物品有多少用户产生过行为
        count = dict()  # 同现矩阵
        for user, items in self.train.items():
            # print("user is {}".format(user))
            for i in items.keys():
                item_eval_by_user_count.setdefault(i, 0)
                if self.train[str(user)][i]["rate"] > 0.0:
                    item_eval_by_user_count[i] += 1
                for j in items.keys():
                    count.setdefault(i, {}).setdefault(j, 0)
                    if self.train[str(user)][i]["rate"] > 0.0 and
self.train[str(user)][j]["rate"] > 0.0 and i != j:
```

```
                        count[i][j] += 1 * 1 / ( 1+ self.alpha *
abs(self.train[user][i]["time"]-self.train[user][i]["time"]) /
(24*60*60) )
          # 同现矩阵 -> 相似度矩阵
        for i, related_items in count.items():
            itemSim.setdefault(i, {})
            for j, num in related_items.items():
                itemSim[i].setdefault(j, 0)
                itemSim[i][j] = num / math.sqrt(item_eval_by_user_count[i] *
item_eval_by_user_count[j])
    json.dump(itemSim, open('data/item_sim.json', 'w'))
    return itemSim
```

（2）在计算用户推荐列表时，修改 recommend 函数，修改后的代码如下：

代码 7-3　ItemCF 算法增加时间衰减函数实现——recommend 函数

```
"""
    为用户进行推荐
        user: 用户
        k: k 个临近物品
        nitems: 总共返回 n 个物品
"""
def recommend(self, user, k=8, nitems=40):
    result = dict()
    u_items = self.train.get(user, {})
    for i, rate_time in u_items.items():
        for j, wj in sorted(self.items_sim[i].items(), key=lambda x: x[1],
reverse=True)[0:k]:
            if j in u_items:
                continue
            result.setdefault(j, 0)
            # result[j] += rate_time["rate"] * wj
            result[j] += rate_time["rate"] * wj * 1/(1+ self.beta *
( self.max_data - abs(rate_time["time"]) ) )

    return dict(sorted(result.items(), key=lambda x: x[1],
reverse=True)[0:nitems])
```

> 📘 **提示：**
> 代码 7-2 和代码 7-3 的完整代码可以在本书配套的资料包中获得。

7.3　基于地域和热度特征的推荐

除了时间，地域特征在推荐系统中也十分重要，不同地区的用户喜欢的事物不一样，用户到了不同的地方喜欢的事物也会发生变化。例如南方人喜欢吃米，北方人喜欢吃面；又如，一个国内的人去韩国可能是为了购物和旅游等。

而另外一种经常和地域一同出现的是热度特征，最常见的如排行榜，就是基于地域和统计的一种排序。

7.3.1　为什么要将地域和热度特征放在一起

经常会遇到这样的场景：当用户到达一个新的地方后，准备吃饭时，往往会打开某个生活服务 APP，然后找到美食栏目，如系统推荐的商家如图 7-12 所示。

图 7-12　美团美食栏目商家推荐

当用户在寻找美食时，可能会考虑几个因素：距离（位置）、价格、口味和评价。而在这些因素中，相对比较重要的就是距离。用户不可能在 A 处逛街，然后跑到 5 公里之外的 B 处吃饭，所以在类似于图 7-12 中的这种商家推荐，绝大部分系统都会把距离较近的排在前面（当然也不排除会有较远商家出现在前面，还有广告投放这种现象）。这样做的目的是，便于用户更快、更方便地找到附近他们可能感兴趣的商家。

另外一种常见的场景是——外卖。午餐时间到了，用户打开外卖 APP，显示的商家推荐如图 7-13 所示。

图 7-13　外卖场景下的商家推荐

从图 7-13 中可以看出，距离较近的商家排在前面。此时的排序方式是"综合排序"（图 7-12
中的"智能排序"也是如此），是综合了商家的距离、口碑、价格等因素给出的排序。当然，
用户可以选择指定的排序方式，如图 7-14 所示。

图 7-14　外卖场景下的商家排序方式

图 7-14 中的部分选项解释如下：

- "配送最快"指按距离最近进行排序；
- "销量最高"指按销量热度进行排序；
- "好评优先"指按好评热度进行排序；
- "人均从低到高"和"人均从高到低"指按消费水平热度进行排序。

地域和热度特征的并列使用能够让用户自己选择感兴趣的维度对商家或事物进行排序，进
而更加高效地找到满意的结果。

7.3.2　解读 LARS 中的地域特征

明尼苏达大学的研究人员提出过一个称为 LARS（Location Aware Recommender System，位
置感知推荐系统）的推荐系统。该系统首先将物品分为两类：

- 有空间属性（如餐厅、商店、景点等）物品；
- 无空间属性（如图书、电影、音乐）物品。

同时，也将用户分为两类：

- 有空间属性（如用户包含相应的空间属性信息）用户。
- 无空间属性（如用户没有相应的空间属性信息）用户。

1. LARS 使用的数据集

LARS 所使用的数据集有以下三种：

（1）仅包含用户位置的物品评分，数据表现形式为（用户，用户位置，评分，物品）。每
条记录表示具有某个空间属性的用户对物品的评分，所使用的数据集为 MovieLens。在数据集
中给出了用户所在地区的邮编信息，从而可以推断出用户的位置。

（2）仅包含物品位置的用户评分，数据表现形式为（用户，物品，物品位置，评分）。每条记录表示用户对某个空间属性的物品的评分，所使用的数据集为 FourSquare。在数据集中给出了场馆的经纬度，从而可以推断出场馆的位置。

（3）既包含用户位置又包含物品位置的评分，数据表现形式为（用户，用户位置，物品，物品位置，评分）。每条记录表示具有某个空间属性的用户对具有某个空间属性的物品的评分。

> **提示：**
> MovieLens 数据集和 FourSquare 数据集在第 3 章中有详细介绍。

2．LARS 发现的两种和地域相关的现象

LARS 通过对两种数据集的研究，发现了两种和地域相关的现象。

（1）兴趣本地化。

该现象表明，来自于某个空间的用户偏好明显不同于其他空间的用户偏好。如图 7-15 所示，在 MovieLens 数据集中，Florida 用户喜欢的类型"Fantasy""Animation""Musical"并没有出现在 Minnersota 和 Wisconsin 中。这种现象意味着，每个地区的用户偏好是有差异的。关于这一点，纽约时报也曾发表过一篇文章，表达了不同地区使用 Netflix 的差异。

U.S. State	Top Movie Genres	Avg. Rating
Minnesota	Film-Noir	3.8
	War	3.7
	Drama	3.6
	Documentary	3.6
Wisconsin	War	4.0
	Film-Noir	4.0
	Mystery	3.9
	Romance	3.8
Florida	Fantansy	4.3
	Animation	4.1
	War	4.0
	Musical	4.0

图 7-15　LARS 研究中的兴趣本地化差异

（2）活动本地化。

该现象表明，来自于某个空间的用户往往在该空间附近活动。通过对 FourSquare 数据集的研究发现，45%的用户活动半径不超过 10 英里，75%的用户活动半径不超过 50 英里。因此在基于位置的推荐系统中，需要考虑推荐地点和用户当前定位的距离，不能给用户推荐太远的地方。

> **提示：**
> 1 英里 ≈ 1.609344 千米。

第一种："（用户，用户位置，评分，物品）"形式的数据集。

对于"（用户，用户位置，评分，物品）"形式的数据集，LARS 的基本处理思路是：①将数据集根据用户位置进行划分（因为位置是一个树状结构，如图 7-16 所示的中国地域划分，因此数据集也可以划分成一个树状结构）；②对于给定的一个用户位置，可以将其分配到某个叶子节点中，而该节点包含了和它同一个位置的用户的行为数据集；③ LARS 利用这个叶子节点上的用户行为数据，通过 ItemCF 为用户进行推荐。

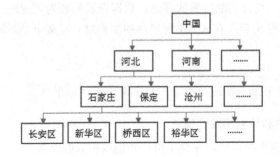

图 7-16　中国地域划分树状图

第二种："（用户，物品，物品位置，评分）"形式的数据集。

对于"（用户，物品，物品位置，评分）"形式的数据集，LARS 的基本处理思路是：先忽略物品位置信息，利用 ItemCF 计算用户 u 对物品 i 的评分 $P(u,i)$，但在最终计算 u 对物品 i 的兴趣程度时，减去物品位置对应的分数衰减 TravelPenalty(u,i)。最终对应的计算公式如下：

$$RecScore(u,i) = P(u,i) - TravelPenalty(u, i) \tag{7.5}$$

式中，$P(u,i)$表示基于 ItemCF 计算的用户对物品 i 的评分。

TravelPenalty(u,i)的基本处理思路是：对于用户 u 之前评分的所有物品的位置，计算距离的平均值或最小值，然后对用户 u 当前位置到物品 i 的距离进行归一化（如归一化到 0～5 之间）。

> 💡 **提示：**
> 关于两点之间距离的度量，最简单的是欧氏距离。当然，欧氏距离有一个明显的缺点——人们不可能沿着地图上的直线从一点走到另一点。所以，LARS 提到了一种比较好的度量方法，即：利用网格数据，将人们实际需要走的最短距离作为距离度量。

为了避免计算用户对所有物品的 TravelPenalty，LARS 在计算用户 u 对物品 i 的兴趣度 RecScore(u,i)时，首先对每一个用户曾经评过分的物品，找到和它距离小于一个阈值 d 的所有其他物品，然后将这些物品的集合作为候选集，再利用式（7.5）计算最终的 RecScore。

第三种："（用户，用户位置，物品，物品位置，评分）"形式的数据集。

对于"（用户，用户位置，物品，物品位置，评分）"形式的数据集，LARS 没有做深入讨论。不过从数据集的定义可以看到，相对于"（用户，物品，物品位置，评分）"形式的数据集增加了用户位置信息。在给定了这一信息后，应该保证推荐的物品距离用户当前位置较近，在此基础上再通过用户的历史行为给用户推荐距离较近且用户会感兴趣的物品。

7.3.3　基于地域和热度的推荐算法

基于地域和热度的推荐算法的基本原理是：按照地域对事物进行划分，然后根据热度对事物进行排序，进而推荐给用户。

下面以新闻为例说明热度算法的基本原理。

在一则新闻录入数据库后，初始化一个热度分（S_0），此时该新闻就进入了新闻推荐的候选池。

（1）随着新闻不断被用户点击（click）、转发（share）、关注（follow）、评论（comment）、点赞（up）等，对应的和用户交互维度的热度（S_1）不断增加。

（2）另外，新闻要求具有时效性，因此在新闻发布后，热度（S_2）会随着时间衰减。

随着时间的后移，新闻的热度不断发生变化，对应的推荐抽选池排序也在不断地发生变化。最终新闻热度对应的计算公式为：

$$S = S_0 + S_1 - S_2 \tag{7.6}$$

> 💡 **提示：**
>
> 实际情况下，需要考虑的因素还有很多，但这里遵循的原则是：正向的因素做加法，负向的因素做减法。

但这里有三个问题：

1．新闻的初始热度应该不一致

在式（7.6）中，为每一条入库的新闻赋予了相同的初始化热度，但这并不符合实际情况，因为：

（1）不同类别的新闻本身的社会传播度不同，如娱乐类的新闻更容易被大众所接受。

（2）不同时期，人们对新闻的需求程度也不同。例如，在新的 iPhone 发布时，和 iPhone 相关的新闻热度就比较大；在奥运会期间，和体育相关的新闻热度就比较大。

因此，在初始化新闻的初始热度时需要考虑以下两点：

（1）不同类别的新闻初始热度权重应该不同。至于每种类别的新闻的权重应该是多少，可以对历史数据进行统计，进而得出相应的比例。最终的结果应该类似于图 7-17 所示的权重分布（图中比例仅做举例使用）。

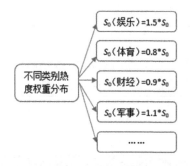

图 7-17　不同类别新闻对应的权重分布

（2）不同时间段的热门新闻应该有不同的初始权重。在新闻进入推荐候选池时，进行人工审核，如果是热点新闻则赋予较大的权重。另外一种做法是——维护一个热点词库：当新发表新闻时，与热点词库进行匹配，匹配度越高则初始化的热度值就越大。

2. 用户的行为规则应该发生变化

用户与新闻的交互是导致新闻热度增加的最主要因素，常见交互行为有点击（click）、转发（share）、关注（follow）、评论（comment）、点赞（up）。这里认为所列出的 5 种行为均对提高新闻的热度值具有正向作用。如果给它们都赋予相同的权重，则 S_2 的表达式为：

$$S_2 = 0.2 \times click + 0.2 \times share + 0.2 \times follow + 0.2 \times comment + 0.2 \times up$$

但在实际情况中，不同行为所表达的用户对新闻的偏好程度并不一致。直观地理解，它们的占比大小是：评论＞转发＞关注＞点赞＞点击。

按照比例给不同的交互行为赋予不同的权重，改进的 S_2 计算公式如下：

$$S_2 = 0.05 \times click + 0.3 \times share + 0.15 \times follow + 0.4 \times comment + 0.1 \times up$$

3. 热度随时间衰减的趋势非线性

新闻具有实效性，已经发布的新闻的热度会随着时间的流逝而衰减，并且趋势是衰减得越来越快，直到热度趋于 0。由此可以想到，如果一条新闻要持续出现在推荐列表靠前的位置，则必须有越来越多的用户进行交互。

结合牛顿冷却定律，新闻热度随时间的衰减是一个类似于指数增长的过程，公式如下：

$$S_3 = e^{k(t_1 - t_0)} \tag{7.7}$$

式中，t_0 为新闻的发布时间，t_1 为当前计算排序时的时间。

考虑到新闻的热度最终是趋于 0 的，所以将式（7.7）改为：

$$S = \frac{S_0 + S_1}{S_2}$$

7.4 实例 21：创建一个基于地域和热度的酒店推荐系统

在 7.3.3 小节中，介绍了针对新闻数据的地域和热度的推荐算法。本节将实现一个简单的基于地域和热度的酒店推荐。

实例描述

在基于地域和热度的酒店推荐中，并不对用户的偏好进行区分，而是根据用户的位置信息，结合不同的排序方式，将用户位置附近的酒店推荐给用户。

7.4.1 了解实现思路

这里选择的是某网站上北京的部分酒店数据，数据获取方式为爬虫爬取。酒店信息包含：酒店名字、所在地区、具体地址、评论数目、评分、电话号码、装修时间、开业时间、最低价格。数据形式如图 7-18 所示。

酒店名字	所在地区	具体地址	评论数目	评分	电话号码	装修时间	开业时间	最低价格
悠悠住轻奢连锁	东城区	东城区安定门内大f	1434	4.4	010-57037	2016	2010	274
同力旅馆	东城区	东城区美术馆后街[	362	4	010-64029	2013	2010	168
如家联盟华驿汩	东城区	东城区西花市大街[	10720	4.2	010-6711:	2015	2009	164
晋阳商务酒店(	西城区	西城区前门大栅栏[	2538	4.3	010-6303(	2015	2015	138

图 7-18　北京部分酒店数据

基于地域和热度的酒店推荐系统实现思路如下：

（1）加载并筛选出用户所在地区的数据；

（2）根据指定的排序规则对数据进行排序；

（3）将结果返回给用户。

本实例实现较为简单，主要是为了说明地域划分和热度效应的应用方式。在该实例的基础上，读者可以发挥更大的想象空间。

7.4.2　准备数据

将初始数据存放在 csv 文件中，使用 Python 的 Pandas 包进行加载并保存成 dataFrame 数据结构，这样做的好处是可以方便、快速地对数据进行批量处理。

 提示：

本书中对数据加载的方式有多种。在不同的场景下，不同的存储方式对数据的加载、索引和遍历有不同的影响。并不能说哪种存储方式最好，只能说更加适合某个实例。

使用 Pandas 加载酒店数据的代码如下：

代码 7-4　基于地域和热度的酒店推荐——加载数据

```
# 使用 Pandas 加载数据
def load_mess(self):
    data =pd.read_csv(self.path,header=0,sep=",",encoding='GBK')
    return data[data["addr"]==self.addr]
```

7.4.3　选择算法

本实例主要演示的是地域划分和热度特征在推荐系统中的应用，故采用的是基于地域和热度的推荐算法，具体的算法原理在 7.3.3 小节有介绍。

7.4.4　模型训练

该步骤主要实现酒店推荐，根据用户所在的地区和所选择的排序方式返回相应的前 k 个酒店数据。

- 数据集都取所在地址是北京的，包含朝阳区、丰台区、东城区、西城区、海淀区、顺义区、石景山区、延庆区、房山区、通州区。
- 支持排序的字段有：评论数目、装修时间、开业时间、评分、最低价格，以及综合排序。

- 程序中通过 type 字段进行赋值。
- 排序方式分为升序和降序。

1. "综合排序"的实现思路

"综合排序"是对其余排序字段的线性整合。这里简单地定义了各个排序字段的权重，通过线性相加的方式计算出最后的总得分，然后根据这个得分对酒店进行排序。

（1）对"装修时间"和"开业时间"做了差值处理。这里认为装修时间越久，对最终的排序越起到负向作用，所以，使用装修时间减去 2018 得到一个负值。同理，认为开业时间越久对最终的排序越起到正向作用，所以使用 2018 减去开业时间得到一个正值。

（2）对参与计算的各个字段做归一化处理，采用的是 min-max 归一化。

（3）得到最终的"综合排序"的计算公式为：

$$Score = 1 \times 评分 + 2 \times 评论数目 + 0.5 \times 装修时间 + 0.5 \times 开业时间 + 1.5 \times 最低价格$$

> **提示：**
>
> （1）更多的归一化介绍参考第 4 章。
>
> （2）这里的权重是由作者主观评判得到的。在真实环境中可以调节相应因素的权重值，来对结果进行调整。

2. 计算推荐结果的代码实现

（1）该部分对应的代码为：

代码 7-4　基于地域和热度的酒店推荐——为用户推荐酒店

```
def reccomend(self):
    if self.type in
["score","comment_num","lowest_price","decoration_time","open_time"]:
        data = self.data.sort_values(by=[self.type, "lowest_price"],
ascending=self.sort)[:self.k]
        return dict(data.filter(items=["name",self.type]).values)
    elif self.type == "combine":       # 综合排序，综合以上五种因素
        # 过滤得到使用的信息
        data =
self.data.filter(items=["name","score","comment_num","decoration_time","
open_time","lowest_price"])
        # 对装修时间做处理
        data["decoration_time"] = data["decoration_time"].apply(lambda x:
int(x) - 2018)
        data["open_time"] = data["open_time"].apply(lambda x: 2018 - int(x))
        # 数据归一化
        for col in data.keys():
            if col !="name":
                data[col] = ( data[col] - data[col].min() ) / (data[col].max()
- data[col].min() )
```

```
        # 这里认为 评分的权重为 1，评论数目权重为 2，装修时间和开业时间权重为 0.5，最低
价权重为 1.5
        data[self.type]=1 * data["score"] + 2 * data["comment_num"] + \
                    0.5 * data["decoration_time"] + 0.5 * data["open_time"]
+ 1.5 * data["lowest_price"]
        data = data.sort_values(by=self.type, ascending=self.sort)[:self.k]
        return dict(data.filter(items=["name", self.type]).values)
```

（2）创建 RecBasedAH 类，初始上述函数中的相关参数，代码如下：

代码 7-4　基于地域和热度的酒店推荐——创建 RecBasedAH 类

```
class RecBasedAH:
    def __init__(self,path=None,addr="朝阳区",type="score",k=10, sort=False):
        self.path = path
        self.addr = addr
        self.type = type
        self.k = k
        self.sort = sort
        self.data = self.load_mess()
```

（3）增加 RecBasedAH 类在主函数中的引用，实现代码如下：

代码 7-4　基于地域和热度的酒店推荐——增加主函数，添加 RecBasedAH 类的引用

```
if __name__ == "__main__":
    path = "..data/hotel-mess/hotel-mess.csv"
    """
    参数说明
    addr: 酒店所在地区，有朝阳区，丰台区，东城区，西城区，海淀区，顺义区，石景山区，延庆区，
    房山区，通州区
    type: 排序字段，默认为 评分：score
          支持 评论数目：comment_num，装修时间：decoration_time，开业时间：open_time，
    最低价格：lowest_price，综合排序：combine
    k: 返回结果的数目
    sort: 按照指定字段的排序方式，默认为降序， True 为升序  False 为降序
    """

    hotel_rec = RecBasedAH(path,addr="丰台区",type="combine",k=10,sort=False)
    results = hotel_rec.reccomend()
    print(results)
```

（4）运行代码，返回结果如下：

```
{'布丁酒店(北京西站店)': 3.1730295833128648, '7 天连锁酒店(北京西客站丽泽桥店)':
3.153837789005253, 'IU 酒店(北京西客站六里桥东地铁站店)': 3.1180746269016018, '万方苑国际酒
店': 3.0238301076818614, '如家酒店(北京西客站六里桥店)': 2.5901208236378706, '卡普连锁酒店(北
京南站店)': 2.5080940886288587, '如家酒店(北京万丰路店)': 2.4305453620980266, '7 天连锁酒店
(北京宋家庄地铁站店)': 2.3899440335914166, '如家酒店(北京丰台体育中心岳各庄桥店)':
2.2717954693098688, '锦江之星(北京马家堡店)': 2.171781608364371}
```

返回的结果为一个字典结构的数据，字典的 key 为酒店名字，value 为对应的排序字段值。

7.4.5 效果评估

该实例的效果可以采用推荐系统所产生的结果集中每个用户的平均曝光点击率来评估。曝光点击率即在给用户推荐的结果集中，"点击酒店的数目"在"曝光酒店数目"中所占的比例。因为这些数据属于系统日志，一般无法拿到，建议有条件的读者在真实环境中进行效果评估测试。

> 🔖 提示：
> 曝光点击率在大部分网站的推荐系统中被广泛应用，曝光点击率越高，即用户点击次数越多，就说明推荐系统推荐的结果越符合用户的兴趣偏好。

7.5 其他上下文信息

在 7.1 和 7.3 节中，介绍了时间、地域和热度信息在推荐系统中的应用。但在实际的应用环境中，上下文信息更加丰富（如用户使用的客户端、用户的性别、天气、用户调用接口的次数、推荐商品的位置等），这些信息在很大程度上影响用户浏览物品时的心情和兴趣。

在实际的建模应用过程中，如果能够正确地使用这些信息，可提高推荐系统的效率。

7.6 知识导图

本章系统地介绍了基于上下文的推荐算法，包括基于时间特征、基于地域和热度特征、一些其他的上下文信息，这些基于上下文特征的推荐算法不能单独作为推荐系统来使用，但却推荐系统中到处可见，包括作为召回源、排序特征等，是极其重要的一部分。

本章内容知识导图如图 7-19 所示。

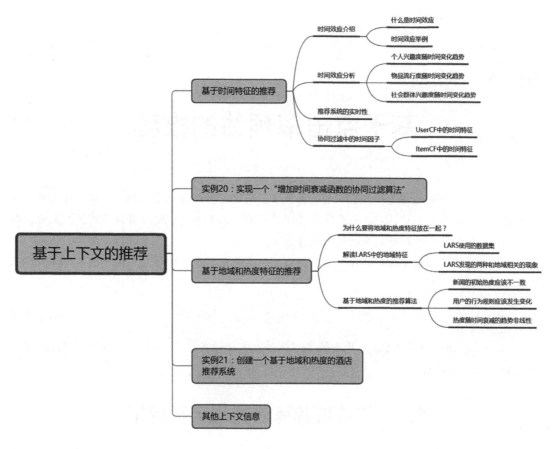

图 7-19　本章内容知识导图

第 **8** 章

基于点击率预估的推荐

在本章之前介绍的都是一些基本的推荐算法，将这些算法真正应用到工业界（即应用推荐系统的地方，如电商网站、广告推广等）其实是很难的。并不是说这些算法没有用武之地，而是要根据具体的场景来判断是否能使用推荐系统。

本章先对传统的推荐算法进行总结和说明，然后对目前业界用得最广的 GBDT 算法和 LR 算法进行介绍。

> 提示：
> 本章主要介绍的是 GBDT 算法和 LR 算法，但会涉及一些其他知识，以便更好地理解 GBDT 算法和 LR 算法。

8.1 传统推荐算法的局限和应用

传统的推荐算法包括但不局限于关联规则、基于内容的推荐算法、协同过滤推荐算法（及各种协同过滤的优化）、基于标签的推荐算法。

> 提示：
> 这里将这些算法称为"传统"的推荐算法，并不是说这些算法无用，而是说这些算法不能真正应用到生产系统中。
> 生产系统，即真正应用到线上的推荐系统。

8.1.1 传统推荐算法的局限

这里不讨论每种算法本身的缺陷，而是讨论它们在工业界中的应用问题。

1. 海量数据

例如，协同过滤算法能够容易地为"千万"级的用户提供推荐，但是对于电子商务网站（其用户数和物品数往往以"亿"来计量），协同过滤算法就很难提供服务了。

在协同过滤算法中，能利用最新的信息及时为用户产生相对准确的用户兴趣度预测，或者进行推荐。但是面对日益增多的用户，数据量急剧增加，算法的扩展性问题（即适应系统规模不断扩大的问题）成为制约推荐系统实施的重要因素。

与基于模型的算法相比，全局数值算法虽然节约了为建立模型而花费的训练时间，但是其用于识别"最近邻居"算法的计算量会随着用户和物品的增加而急剧增大。

对于以"亿"来计量的用户和物品，通常的算法会遇到严重的扩展性瓶颈问题。对于采用了协同过滤技术的推荐系统，该问题解决不好，直接会影响其实时性。推荐系统的实时性越好、精确度越高，该系统才越会被用户所接受。

2．稀疏性

伴随着海量数据的一个问题便是数据的稀疏性。

在电子商务网站中，活跃用户所占的比例很小，大部分用户都是非活跃用户，非活跃用户购买或点击的商品数目也很少。因此，在使用协同过滤算法构建矩阵时，矩阵会非常稀疏；使用基于内容的推荐算法为用户构建的偏好矩阵也是非常稀疏的。这样，一方面难以找到最近邻的用户集，或者难以准确地得到用户行为偏好；另一方面，在计算的过程中会消耗大量的资源。

3．实时性

实时性是评判一个推荐系统能否及时捕捉用户兴趣变化的重要指标。推荐系统的实时性主要包括两方面：

- 推荐系统能实时地更新推荐列表来满足用户新的行为变化；
- 推荐系统能把新加入系统的物品推荐给用户。

而传统的协同过滤算法每次都需要计算所有用户和物品的数据，难以在"秒"级内捕捉到用户的实时兴趣变化。

8.1.2　传统推荐算法的应用

如果用户对系统的实时性要求不高，那么像协同过滤这样传统的推荐算法是可以满足需求的，毕竟开发和搭建系统的成本都要低很多，这时就没有必要构建一套非常复杂的推荐系统。

像京东或淘宝这样的电商系统中，用户和物品的数据量都是数以"亿"来计量的，传统的推荐算法难以满足需求，但可以作为一些辅助算法应用到整个推荐系统中。

一个简易推荐系统架构图如图 8-1 所示。

从图 8-1 中可以看出，推荐系统的核心是"数据召回"和"模型排序"。协同过滤则将这两部分合二为一，通过用户或物品进行关联，进而为用户推荐物品。

协同过滤算法虽然无法实现海量数据情况下的物品推荐，但可以作为数据召回部分的基础模型，为推荐系统服务。数据召回部分也是使用各种机器学习算法的地方，例如：

- "相似召回"，可以通过协同过滤算法召回部分商品。
- "标签召回"，可以将标签作为媒介召回商品。
- "关联规则"，可以通过第 4 章介绍的 Apriori 算法挖掘频繁项集。
- "热门数据"，可以通过地域和热度分析召回部分商品。

"数据召回"是"模型排序"的前提，只有在保证准确的数据被召回的前提下，才能保证给用户推荐的商品是真正符合用户兴趣的。

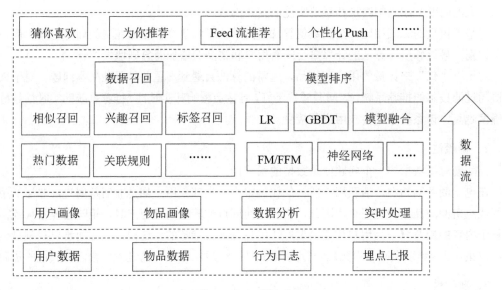

图 8-1　推荐系统架构图

8.2　点击率预估在推荐系统中的应用

点击率预估（CTR）最早应用于搜索广告中。时至今日，点击率预估的应用场景不仅从最开始的搜索广告扩展到展示广告、信息流广告等各种各样的广告，而且在推荐系统的场景中也得到了广泛应用。

从用户的点击行为来分析，"点击率预估"在广告或推荐场景中的应用是一致的。广告的"点击率预估"计算的是用户点击广告的可能性；而在推荐系统中，推荐商品也被预测用户的兴趣，如果用户对一个商品感兴趣便会去点击。这也是近些年 CTR 在推荐系统中被广泛应用的原因。

目前在 CTR 领域应用较多的算法包含 LR、GBDT、XGBoost、FM、FFM、神经网络算法等，这些算法也被应用到推荐系统中。其中，GBDT 是一种非线性算法，基于集成学习中的 Boosting（提升方法）思想，每次迭代都在减少残差的梯度方向新建立一棵决策树，迭代多少次就会生成多少棵决策树。

GBDT 算法的思想使其具有天然优势：可以发现多种有区分性的特征和特征组合；决策树的路径可以直接作为 LR 输入特征使用；省去了人工寻找特征、特征组合的步骤。

因此，这种通过 GBDT 算法生成 LR 特征的方式（即 GBDT+LR）应用非常广泛，且效果不错。在 8.5 和 8.8 节中将会对这两种算法进行介绍。

8.3　集 成 学 习

在介绍 GBDT 算法之前，先了解一下集成学习（Ensemble Learning），这对理解 GBDT 算法的原理有一定的帮助。

8.3.1 集成学习概述

机器学习算法分为有监督学习算法和无监督学习算法。在有监督学习算法中，我们的目标是学习出一个稳定的且在各个方面都表现较好的模型。但实际情况往往不理想，有时只能得到多个在某些方面表现比较好的"弱监督模型"。集成学习就是组合多个"弱监督模型"以得到一个更好、更全面的"强监督模型"。

集成学习本身不是一个单独的机器学习算法，而是通过构建并组合多个弱学习器来完成学习任务，如图 8-2 所示。

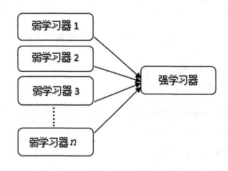

图 8-2 集成学习概念图

集成学习包括 Boosting 算法（提升法）、Bagging 算法（自助法）和 Stacking 算法（融合法）三种算法。

8.3.2 Boosting 算法（提升法）

Boosting 算法（提升法）是一种可以用来减小监督学习中偏差的机器学习算法，主要是学习一系列弱学习器，并将它们组合成一个强学习器。

典型的 Boosting 算法包括 AdaBoost、GBDT、XGBoost。

Boosting 算法的工作原理是：

（1）首先赋予每个训练样本相同的权重，在训练样本中，用初始权重训练出一个"弱学习器 1"，然后根据弱学习的学习误差率表现来更新训练样本的权重，使得 "弱学习器 1"中学习误差率高的训练样本点所占的权重变大，进而这些误差率高的点在后面的"弱学习器 2"中得到更多的重视；

（2）基于调整权重后的训练集来训练"弱学习器 2"。如此重复进行，直到弱学习器数达到事先指定的数目 T；

（3）将这 T 个弱学习器通过集合策略进行整合，得到最终的强学习器。

Boosting 算法原理如图 8-3 所示，通过弱学习器的组合来达到强学习器的效果。

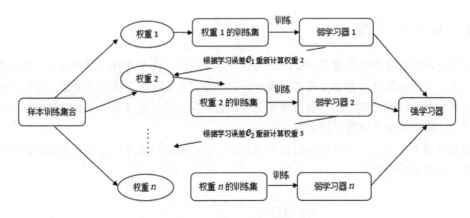

图 8-3　Boosting 算法原理

8.3.3　Bagging 算法（自助法）

Bagging 算法是 Bootstrap Aggregating 算法的简写，也称为自助法，是一种有放回的抽样方法，目的是得到统计量的分布和置信区间。

Bootstrap 抽样方法的工作原理如下：

（1）采用重采样的方法（有放回抽样）从原始样本中抽取一定数量的样本；

（2）根据抽出的样本计算想要的统计量 T；

（3）重复上述步骤 N 次，得到 N 个统计量 T；

（4）根据这 N 个统计量计算出统计量的置信区间。

在 Bagging 算法中，利用 Bootstrap 方法从整体数据中采取有放回抽样得到 N 个数据集，在每个学习集上学习出一个弱算法模型，利用 N 个模型的输出得到最后的预测结果。N 个模型具体组合方式为：

- 分类问题采用 N 个模型预测投票的方式。
- 回归问题采用 N 个模型预测平均的方式。

Bagging 的算法的原理与 Boosting 算法不同，它的若干学习器之间没有依赖关系，可以并行执行，其算法原理如图 8-4 所示，通过弱学习器之间的组合最终达到强学习器的效果。

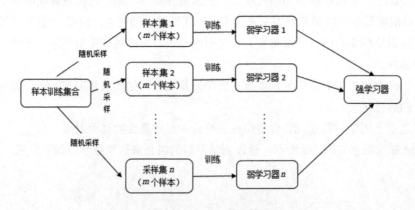

图 8-4　Bagging 算法原理

8.3.4　Stacking 算法（融合法）

　　Stacking 算法是指，训练一个模型用于组合其他各个模型（即通过元分类或元回归聚合多个分类或回归模型）。其中，基础层次模型基于完整训练集进行训练，元模型基于基础层次模型的输出进行训练。

　　基础层次模型通常由不同的学习算法组成，但必须是同一类算法（同是分类算法或同是回归算法）。Stacking 算法的原理如图 8-5 所示。

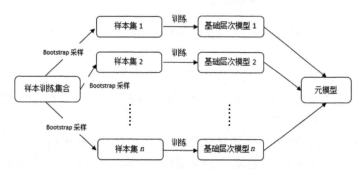

图 8-5　Stacking 算法的原理

8.4　导数、偏导数、方向导数、梯度

　　在介绍 GBDT 算法之前，需要先了解导数、偏导数、方向导数和梯度的概念。

8.4.1　导数

　　导数（Derivative）是微积分学中重要的基础概念。一个函数在某一点的导数描述了这个函数在这一点附近的变化率。导数的本质是：通过极限的概念对函数进行局部的线性逼近。

　　对一元函数的求导过程为：

$$f'(x_0) = \lim_{\Delta x \to 0} \frac{\Delta y}{\Delta x} = \lim_{\Delta x \to 0} \frac{f(x_0 + \Delta x) - f(x_0)}{\Delta x}$$

　　导数的几何意义是切线在该点的斜率，物理意义是函数在这一点的（瞬时）变化率。例如在运动学中，物体的位移对时间的导数就是物体的瞬时速度。

8.4.2　偏导数

　　一个多变量的偏导数是在保持其他变量恒定的情况下，关于其中一个变量的导数。例如针对含有两个变量的函数 $f(x,y)$，其对 x,y 的偏导数计算公式如下：

$$f_x(x_0, y_0) = \lim_{\Delta x \to 0} \frac{f(x_0 + \Delta x, y_0) - f(x_0, y_0)}{\Delta x}$$

$$f_y(x_0, y_0) = \lim_{\Delta y \to 0} \frac{f(x_0, y_0 + \Delta y) - f(x_0, y_0)}{\Delta y}$$

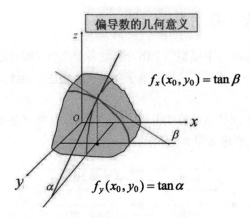

图 8-6 曲面上偏导数的几何意义

偏导数的几何意义也是切线的斜率，不过由于在曲面上，在一个点上与该曲面相切的是一个面，这就意味着切线有无数条。

这里感兴趣的是两条切线：一条是垂直于 y 轴（平行于 xOz 平面）的切线，另外一条是垂直于 x 轴（平行于 yOz 平面）的切线。这两条切线对应的斜率就是对 x 求偏导和对 y 求偏导。例如图 8-6 中 $\tan\beta$ 表示的就是 $f_x(x, y)$ 对 x 求偏导，$\tan\alpha$ 表示的就是 $f_y(x, y)$ 对 y 求偏导。

偏导数的物理意义是：函数沿着坐标轴正方向上的变化率。

8.4.3 方向导数

方向导数是一个数，反映的是 $f(x,y)$ 在点 P_0 沿方向 v 的变化率。

方向导数的定义为：若函数 $u=f(x,y,z)$ 在点 (x_0,y_0,z_0) 处可微，则函数 $f(x)$ 在点 (x_0,y_0,z_0) 处沿任一方向 $l=(\cos\alpha,\cos\beta,\cos\gamma)$ 的方向导数存在，且为：

$$\frac{\partial u}{\partial l} = \frac{\partial u}{\partial x}\cos\alpha + \frac{\partial u}{\partial y}\cos\beta + \frac{\partial u}{\partial z}\cos\gamma$$

式中，各导数均为在点 (x_0,y_0,z_0) 处的值。

例如：设二元函数 $f(x,y)=x^2+y^2$，分别计算此函数在点 $(1,2)$ 沿方向 $w=(3,-4)$ 与方向 $u=(1,0)$ 的方向导数。

由于 w 不是单位向量，因此首先对其进行单位化，$v = w_0 = \dfrac{w}{|w|} = (\dfrac{3}{5}, -\dfrac{4}{5})$。

因为有：

$$f(x_0+tv_1, y_0+tv_2) - f(x_0,y_0)$$
$$= f(1+\frac{3}{5}t, 2-\frac{4}{5}t) - f(1,2)$$
$$= [(1+\frac{3}{5}t)^2 + (2-\frac{4}{5}t)^2] - (1^2+2^2)$$
$$= t^2 - 2t$$

所以有：

$$\frac{\partial f}{\partial w}\Big|_{(1,2)} = \lim_{t \to 0} \frac{t^2 - 2t}{t} = -2$$

$$\frac{\partial f}{\partial u}\Big|_{(1,2)} = \lim_{t \to 0} \frac{f(1+t,2) - f(1,2)}{t} = \lim_{t \to 0} \frac{t^2 + 2t}{t} = 2$$

8.4.4　梯度

梯度（即梯度向量）的定义为：函数在某一点的梯度是这样一个向量，它的方向与取得最大方向导数的方向一致，而它的模为方向导数的最大值。

例如，函数 $f(x,y)$ 的梯度对应的公式为：

$$\text{grad } f(x,y) = \left(\frac{\partial f}{\partial x}, \frac{\partial f}{\partial y}\right)$$

这里需要注意的是：

- 梯度是一个向量，既有方向又有大小。
- 梯度的方向是最大方向导数的方向。
- 梯度的模是最大方向导数的值。

梯度的几何意义是：函数变化率最大的方向。具体来说，对于函数 $f(x,y)$，在点 (x_0,y_0)，沿着梯度向量的方向就是 $(\partial f/\partial x_0, \partial f/\partial y_0)$ 的方向，是 $f(x,y)$ 增加最快的地方。或者说，沿着梯度向量的方向，更加容易找到函数的最大值。

反过来说，沿着梯度向量相反的方向，也就是 $-(\partial f/\partial x_0, \partial f/\partial y_0)$ 的方向，梯度减少最快，也就是更加容易找到函数的最小值。

8.4.5　梯度下降

在机器学习算法中，在计算最小化损失函数时，可以通过梯度下降来一步步地迭代求解，得到最小化的损失函数和模型参数值。反过来，如果需要求解损失函数的最大值，可以用梯度上升法来一步步地迭代求解，得到最大化损失函数和模型参数值。

梯度下降和梯度上升是可以互相转化的。例如需要求解损失函数 $f(\theta)$ 的最小值，则可以用梯度下降算法来迭代求解。但是实际上，可以反过来求解损失函数 $-f(\theta)$ 的最大值，这时就可以使用梯度上升法算法了。

1. 梯度下降算法的直观解释

例如在一座大山上的某处，由于不知道怎么下山，于是决定走一步算一步，即：

（1）每走到一个位置时，求解当前位置的梯度，然后沿着梯度的负方向（也就是当前最陡峭的位置）向下走一步；

（2）继续求解当前位置梯度，然后沿着梯度的负方向（也就是当前最陡峭、最易下山的位置）向下走一步。

（3）这样一步步地走下去，直到走到山脚。

当然这样走下去，也有可能走不到山脚，而是到了某一个局部的山峰低处。

从上面的解释可以看出，梯度下降不一定能找到全局最优解，找到的有可能是一个局部最优解。当然，如果损失函数是凸函数，则梯度下降得到的解就一定是全局最优解。

梯度下降演示图如图 8-7 所示。

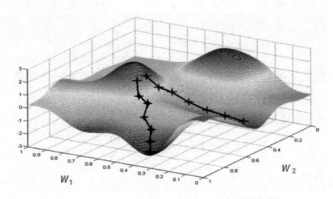

图 8-7　梯度下降演示图

2．梯度下降算法的相关概念

在了解梯度下降算法之前，先看几个概念。

（1）步长（learning rate）：步长决定了在梯度下降的迭代过程中，每一步沿梯度负方向前进的长度。如果步长过大，则容易错过最优解；如果步长过小，则迭代较慢，容易进入局部最优解。

（2）特征（feature）：样本中的输入部分。例如单特征样本(x_0, y_0)，其中 x_0 是样本特征，y_0 是对应的标签或输出值。

（3）假设函数（hypothesis function）：在监督学习中，为了拟合输入样本而使用的假设函数，记为 $h(x)$。例如，对单个特征的样本(x, y)，可以采用的拟合函数如下：

$$h(x) = w_0 + wx$$

（4）损失函数（loss function）：度量模型的拟合程度。损失函数越小，则模型拟合效果越好。当损失函数最小时，对应的模型参数即为最优参数。在线性回归中，损失函数通常为误差的平方和。例如对于 m 个样本，在线性回归中，其损失函数为：

$$h = \sum_{i=1}^{m} \left(h(x_i) - y_i \right)^2$$

式中，x_i 表示第 i 个样本，y_i 表示第 i 个样本的实际对应值。

> **提示：**
> 常用的损失函数有交叉熵损失函数、平方损失函数（即误差平方和损失函数）、指数损失函数、Hinge 损失函数、0-1 损失函数和绝对值损失函数等。

3．梯度下降算法介绍

对于线性回归，假设函数为 $h(x_1, x_2, \cdots, x_n) = w_0 + w_1 x_1 + w_2 x_2 + \cdots + w_n x_n$。

其中，w_i（$i = 0,1,2,\cdots,n$）为模型参数，x_i（$i = 1,2,\cdots,n$）为每个样本的 n 个特征。

则函数 h 也可以简化为：

$$h(x_1, x_2, \cdots, x_n) = \sum_{i=1}^{n} w_i x_i + w_0$$

对于线性回归函数 h，其对应的损失函数为：

$$J(w_0, w_1, \cdots, w_n) = \sum_{j=0}^{m} (h(x_1^j, x_2^j, \cdots, x_n^j) - y_j)^2$$

初始相关参数：

- 模型参数 w_i（$i=0,1,2,\cdots,n$）。
- 算法终止距离 ε。
- 学习率（步长）α。

具体算法过程如下：

（1）确定其当前位置的损失函数的梯度，对于 w_i，其梯度的表达式如下：

$$\frac{\partial}{\partial w_i} J(w_0, w_1, \cdots, w_n)$$

（2）用步长乘以损失函数的梯度，得到当前位置下降的距离。下面的公式对应于登山例子中的某一步：

$$\alpha \frac{\partial}{\partial w_i} J(w_0, w_1, \cdots, w_n)$$

（3）确定是否所有的 w_i 的梯度下降的距离都小于 ε。如果小于 ε，则算法终止，此时对应所有的 w_i（$i=0,1,2,\cdots,n$）即为最终结果；否则进入步骤（4）。

（4）更新所有的 w。对于 w_i，其更新的表达式如下。

$$w_i = w_i - \alpha \frac{\partial}{\partial w_i} J(w_0, w_1, \cdots, w_n)$$

更新完之后继续进入步骤（1）。

4．三种梯度下降算法介绍

梯度下降算法分为以下三种：

（1）批量梯度下降算法（Batch Gradient Descent algorithm, BGD）。

BGD 是最原始的梯度下降算法，其每一次迭代都会使用全部样本，其权重的迭代公式为：

$$\delta(\theta_0, \theta_1, \cdots, \theta_n) = \sum_{i=0}^{m} (h_\theta(x_0, x_1, \cdots, x_n) - y_i)^2 \qquad (8.1)$$

$$\theta_i = \theta_i - \alpha \frac{\partial \delta(\theta_0, \theta_1, \cdots, \theta_n)}{\partial \theta_i}$$

其特点是：

- 能达到全局最优解，易于并行实现；
- 当样本数目很多时，训练过程缓慢。

（2）随机梯度下降算法（Stochastic Gradient Descent algorithm，SGD）。

随机梯度下降算法（SGD）的思想是更新每一个参数时都使用一个样本来进行更新，即式（8.1）中 m 为 1，进行多次更新。这样，在样本量很大的情况下，可能只用到其中的一部分样本就能得到最优解了。

但是，随机梯度下降算法（SGD）伴随的一个问题是噪声比批量梯度下降算法（BGD）要多，使得随机梯度下降算法（SGD）并不是每次迭代都向着整体最优化方向。

其特点是：

- 训练速度快；
- 准确率下降，并不是最优解，不易于并行实现。

（3）小批量梯度下降算法（Mini-batch Gradient Descent algorithm，MBGD）。

小批量梯度下降算法（MBGD）的思想就是在更新每一个参数时都使用一部分样本来进行更新，即式（8.1）中的 m 的值大于 1 且小于所有样本的数量。

相对于随机梯度下降（SGD），小批量梯度下降（MBGD）减小了收敛波动性，即减小了参数更新的方差，使得更新更加稳定。

相对于批量梯度下降（BGD），小批量梯度下降（MBGD）提高了每次学习的速度，并且不用担心内存瓶颈，从而可以利用矩阵运算进行高效计算。一般而言，每次更新时随机选择[50，256]个样本进行学习。但是也要根据具体问题进行选择，实践中可以进行多次试验，选择一个更新速度与更新次数都适合的样本数。

小批量梯度下降算法（MBGD）可以保证收敛性，常用于神经网络中。

（4）补充说明。

如果样本量较小，则可以使用批量梯度下降算法（BGD）。

如样本量较大，则可以使用随机梯度下降算法（SGD）或小批量梯度下降算法（MBGD）。

在机器学习中，无约束优化算法除了梯度下降算法以外，还有前面提到的最小二乘法，此外还有牛顿法和拟牛顿法。

梯度下降算法和最小二乘法相比，具有以下特点：

- 梯度下降算法需要选择步长，而最小二乘法不需要；
- 梯度下降算法是迭代求解的，最小二乘法是计算解析解；
- 如果样本量不算很大，且存在解析解，则最小二乘法比起梯度下降算法有优势，计算速度更快。
- 如果样本量很大，使用最小二乘法时需要求一个超级大的逆矩阵，这时很难或很慢才能求出解析解了。此时使用迭代的梯度下降算法比较有优势。

梯度下降算法和牛顿法/拟牛顿法相比，两者都是迭代求解，不过梯度下降算法是梯度求解，而牛顿法/拟牛顿法是用二阶的海森矩阵的逆矩阵或伪逆矩阵求解。相对而言，使用牛顿法/拟牛顿法收敛更快；但是每次迭代的时间比梯度下降算法长。

8.5 GBDT 算法

GBDT 算法（Gradient Boosting Decision Tree）又叫 MART（Multiple Additive Regression Tree），是一种迭代的决策树算法。

该算法中构建多棵决策树组成，所有决策树的结论累加起来作为最终答案。它在被提出之初就和 SVM 一起被认为是泛化能力较强的算法。

8.5.1 Gradient Boosting 方法

Gradient Boosting 方法属于 Boosting 方法，其主要思想是：每次都在之前建立模型损失函数的梯度下降方向建立模型。损失函数用来评价模型的性能。损失函数越小，则性能越好。如果损失函数能持续下降，则模型的性能就能不断提升。使损失函数持续下降的最好方法就是使损失函数沿着梯度方向下降。

Boost 是提升的意思。Boosting 算法一般都是一个迭代的过程，每一次新的训练都是为了改进上一次训练的效果。

GBDT 的核心就在于：每一棵树学习的都是之前所有树结论和的残差，这个残差就是一个加预测值后能得真实值的累加量。

例如，A 的真实年龄是 18 岁，但第一棵树的预测年龄是 12 岁，差了 6 岁，即残差为 6 岁。那么在第二棵树里把 A 的年龄设为 6 岁去学习。

如果第二棵树真的能把 A 分到 6 岁的叶子节点，那么累加两棵树的结论就是 A 的真实年龄。

如果第二棵树的结论是 5 岁，则 A 仍然存在 1 岁的残差，第三棵树里 A 的年龄就变成 1 岁，继续学习。

8.5.2 决策树

提起决策树（Decision Tree，DT），大多数人想到的是分类决策树（简称分类树），但 GBDT 算法中使用的决策树是回归决策树（简称回归树）。

决策树分为两大类。

- 回归树：用于预测实数值，如年龄、温度等。
- 分类树：用于分类标签值，如男女性别、是否是垃圾邮件等。

1．分类树

以 C4.5 分类树为例，C4.5 分类树在每次分枝时，穷举每一个 feature 的每一个阈值，找到使得按照 feature<=阈值和 feature>阈值分成的两个分枝的熵最大的阈值（熵最大的概念可理解成尽可能每个分枝的男女比例都远离 1：1），按照该标准分枝得到两个新节点，用同样的方法继续分枝，直到所有人都被分入性别唯一的叶子节点，或达到预设的终止条件。若最终叶子节点中的性别不唯一，则将多数人的性别作为该叶子节点的性别。

分类树使用信息增益或增益比率来划分节点；根据每个节点样本的类别情况投票决定测试样本的类别。

2．回归树

回归树总体流程也和分类树类似，区别在于：回归树的每个节点（不一定是叶子节点）都会得到一个预测值。

以年龄为例，该预测值等于属于这个节点的所有人年龄的平均值。在分枝时，穷举每一个 feature 的每个阈值，找最好的分割点，但衡量"最好"的标准不再是最大熵，而是最小化均方差。即：

$$\frac{\sum_{i=1}^{N}(\text{Age}_i - \overline{\text{Age}})^2}{N}$$

式中， N 表示用户人数，Age_i 表示用户 i 的真实年龄，$\overline{\text{Age}}$ 表示年龄平均值。

即如果被预测出错的人数越多、错得越离谱，则均方差就越大。通过最小化均方差能够找到最可靠的分枝依据。

持续对节点进行分枝，直到每个叶子节点上人的年龄都唯一，或者达到预设的终止条件（如叶子个数上限）。若最终叶子节点上人的年龄不唯一，则以"该节点上所有人的平均年龄"作为该叶子节点的预测年龄。

回归树使用最大均方差划分节点；每个节点样本的均值作为测试样本的回归预测值。

8.5.3 GBDT 算法的原理

GBDT 算法可以看成是 T 棵树组成的加法模型，其对应的公式如下：

$$F(x, w) = \sum_{t=0}^{T} \alpha_t h_t(x, w_t) = \sum_{t=0}^{T} f_t(x, w_t)$$

式中：

- x：输入样本；
- w：模型参数；
- h：分类回归树；
- α：每棵树的权重。

GBDT 算法的实现过程如下。

（1）初始化函数 F_0 常量（其中 L 为损失函数）：

$$F_0(x) = \arg\min_{\gamma} \sum_{i=1}^{N} L(y_i, \gamma)$$

（2）循环执行 M 次，建立 M 棵分类回归树。创建第 m（$m=1,2,\cdots,M$）棵树的过程见步骤（3）～步骤（6）。

（3）计算第 m 棵树对应的响应值（伪残差），计算公式如下：

$$r_{m,i} = -\left[\frac{\partial L(y_i, F(x_i))}{\partial F(x)}\right]_{F(x)=F_{m-1}(x)} , \quad i = 1, 2, 3, \cdots, N$$

（4）使用 CART 回归树拟合数据 $\{(x_1, r_{m,1}), (x_2, r_{m,2}), \cdots, (x_N, r_{m,N})\}$ 得到第 m 棵树的叶子节点区域 $R_{j,m}$，其中 $j=1,2,\cdots, J_m$。

（5）对于 $j=1,2, \cdots, J_m$，计算 $\gamma_{j,m}$：

$$\gamma_{j,m} = \arg\min_{\gamma}(\sum_{x \in R_{j,m}} L(y_i, F_{m-1}(x_i) + \gamma))$$

（6）更新 F_m 为：

$$F_m(x) = F_{m-1}(x) + \sum_{j=1}^{J_m} \gamma_{j,m} I(x \in R_{j,m})$$

（7）输出 $F_m(x)$。

下面将结合实例说明 GBDT 算法。

现在有一份数据，见表 8-1。特征是"体重"和"年龄"，身高是对应的标签。共有 5 条数据，前 4 条是训练样本，最后 1 条是预测样本。

表 8-1　GBDT 算法讲解样本数据表

编号	体重（kg）	年龄（岁）	身高（米｜标签值）
1	30	6	1.2
2	40	8	1.3
3	80	22	1.7
4	70	31	1.8
5（预测样本）	55	24	？

（1）初始化学习器（f_0）。

$$f_0(x) = \arg\min_{\gamma} (\sum_{i=1}^{n} L(y_i, \gamma))$$

由于四个样本都在根节点，此时需要找到使得平方损失函数最小的参数 γ，怎么求呢？平方损失函数是一个凸函数，直接求导，倒数等于 0，得到 γ。

$$\frac{\partial L(y_i, \gamma)}{\partial \gamma} = \frac{\partial(\frac{1}{2}|y - \gamma|^2)}{\partial \gamma} = \gamma - y$$

> 🔖 提示：
> $L(y_i, \gamma)$ 为 Huber 损失函数，其表达式为 $1/2(y - \gamma)^2$。

令 $\gamma - y = 0$，得 $\gamma = y$，所以初始化时，γ 取值为所有训练样本的标签和的均值。$\gamma = (1.2+1.3+1.7+1.8)/4=1.5$，此时得到初始的学习器 $f_0(x) = \gamma = 1.5$。

（2）进行 M 轮迭代（M 为人为控制的参数）。

计算负梯度（即残差），见表 8-2。

表 8-2　样本数据第一次迭代对应残差表

编号	真实值	$f_0(x)$	残差
1	1.2	1.5	−0.3
2	1.3	1.5	−0.2
3	1.7	1.5	0.2
4	1.8	1.5	0.3

接着寻找回归树的最佳划分节点，遍历每个特征的每个可能取值。从年龄特征的"6"开始，到体重特征的"80"结束，分别计算方差，使方差最小的那个划分节点即为最佳划分节点。

例如，以年龄"8"岁为划分节点，将小于 8 岁的划分为一组，大于等于 8 岁的划分到另一组。样本 1 为一组，样本 2、3、4 为一组，两组的方差分别为 0 和 0.047，两组方差之和为 0.047。所有可能的划分情况见表 8-3。

表 8-3 样本数据第一次迭代后划分情况及方差对应表

划分点	小于划分节点的样本	大于等于划分节点的样本	总方差
年龄 6	—	1、2、3、4	0.065
年龄 8	1	2、3、4	0.047
年龄 22	1、2	3、4	0.005
年龄 31	1、2、3	4	0.047
体重 30	—	1、2、3、4	0.065
体重 40	1	2、3、4	0.047
体重 70	1、2	3、4	0.005
体重 80	1、2、4	3	0.069

以上划分中，总方差最小的是 0.005，对应的两个划分节点，分别为年龄 22、体重 70，所以这里随机选取一个作为划分点，这里选择年龄 22。

此时还需要做一件事情，就是给这两个叶子节点分别赋予一个参数，来拟合残差。对应的公式如下：

$$\gamma_{j1} = \arg\min_{\gamma} \left(\sum_{x_i \in R_{j1}} L(y_i, f_0(x_i) + \gamma) \right)$$

此处和上面初始化学习器类似，先求平方损失，再求导，然后令导数等于零，化简之后得到每个叶子节点的参数 γ，其实就是标签值的均值。

根据上述划分节点：

- 样本 1、2 为左叶子节点，$(x_1, x_2 \in R_{11})$，所以 $\gamma_{11} = \dfrac{-0.3 - 0.2}{2} = -0.25$；

- 样本 3、4 为右叶子节点，$(x_3, x_4 \in R_{21})$，所以 $\gamma_{21} = \dfrac{0.3 + 0.2}{2} = 0.25$。

此时更新强学习器，更新公式如下：

$$f_1(x) = f_0(x) + \sum_{j=1}^{2} \gamma_{j1} I(x \in R_{j1})$$

（3）得到最后的强学习器。

为了方便展示和解释，假设 M=1，根据上述结果得到强学习器：

$$f(x) = f_M(x) = f_0(x) + \sum_{m=1}^{M} \sum_{j=1}^{J} \gamma_{jm} I(x \in R_{jm}) = f_0(x) + \sum_{j=1}^{2} \gamma_{j1} I(x \in R_{j1})$$

如图 8-8 所示，只迭代一次，只有一棵树的 GBDT。

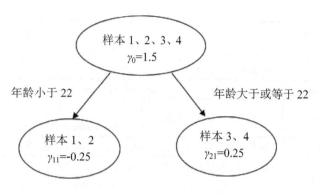

图 8-8　GBDT 算法实例划分图

（4）预测样本 5。

样本 5 在根节点（即初始学习器）中被预测为 1.5，样本 5 的年龄为 22，大于划分节点 22 岁，所以被分到了右边的叶子节点，同时被预测为 0.25。此时便得到样本 5 的最后预测值为 1.75。

8.6　实例 22：基于 GBDT 算法预估电信客户流失

前面介绍了 GBDT 算法的原理和相关知识，本节实现一个基于 GBDT 算法的电信客户流失预测案例。

实例描述

根据已有的电信客户对应的特征和是否流失标签，结合 GBDT 算法训练模型预测新的用户是否会流失。

8.6.1　了解实现思路

这里使用的是 Kaggle 比赛——Telco Customer Churn（电信客户流失）中的数据集，数据集的地址为：https://www.kaggle.com/blastchar/telco-customer-churn（也可以在本书的配套资料中获得）。

该数据集存放在 csv 文件中，共有 21 列。第 1 列为 customer ID；第 2~20 列为用户的相关特征；最后一列为标签（Churn，Yes 表示是流失客户，No 表示不是流失客户），即该用户是否流失。其中包含的特征如表 8-4 所示。

表 8-4　电信客户流失数据特征解释

特征编号	特征英文表示	特征中文含义	特征值
1	gender	性别	Female：女性；Male：男性
2	SeniorCitizen	是否是老年人	1：是老年人；0：不是老年人
3	Partner	是否有合作伙伴	Yes：有；No：没有

特征编号	特征英文表示	特征中文含义	特征值
4	Dependents	是否有家属	Yes：有；No：没有
5	tenure	用户连续就职月数	int 类型整数
6	PhoneService	是否有电话服务	Yes：有；No：没有
7	MultipleLines	电话服务是否有多条线路	Yes：有；No：没有； No Phone Service：没有电话服务
8	InternetService	互联网服务提供商	DSL；Fiber optic；NO：没有
9	OnlineSecurity	互联网服务是否有在线安全性	Yes：有；No：没有； No internet service：无互联网服务
10	OnlineBackup	互联网服务是否有在线备份	Yes：有；No：没有； No internet service：无互联网服务
11	DeviceProtection	互联网服务是否有设备保护	Yes：有；No：没有； No internet service：无互联网服务
12	TechSupport	互联网服务是否有技术支持	Yes：有；No：没有； No internet service：无互联网服务
13	StreamingTV	互联网服务是否有流媒体电视	Yes：有；No：没有； No internet service：无互联网服务
14	StreamingMovies	互联网服务是否有流媒体电影	Yes：有；No：没有； No internet service：无互联网服务
15	Contract	合同年限	Month-to-month：每月；One year：一年；Two year：两年
16	PaperlessBilling	是否有无纸化账单	Yes：有；No：没有
17	PaymentMethod	客户的付款方式	Electronic check：电子支票； Mailed check：邮寄支票； Bank transfer (automatic)：银行自动转账； Credit card (automatic)：信用卡自动还款
18	MonthlyCharges	每月向客户收取的金额	float 类型的小数
19	TotalCharges	向客户收取的总金额	float 类型的小数

在获得基本的数据之后，就要整体实现了，其实现步骤如下：

（1）准备数据，对部分特征进行编号处理；

（2）数据形式准备，拆分为训练集和测试集；

（3）加载 scikit-learn 机器学习库中的 GBDT 算法包训练模型；

（4）进行模型评估。

 提示：

本章主要介绍使用 scikit-learn 机器学习库，故不对本章中涉及的算法进行 Python 实现，感兴趣的读者可以尝试自行实现。

8.6.2　准备数据

数据样本如下：

```
customerID,gender,SeniorCitizen,Partner,Dependents,tenure,PhoneService,MultipleLines,
InternetService,OnlineSecurity,OnlineBackup,DeviceProtection,TechSupport,StreamingTV,
StreamingMovies,Contract,PaperlessBilling,PaymentMethod,MonthlyCharges,TotalCharges,
Churn
    7590-VHVEG,Female,0,Yes,No,1,No,No phone service,DSL,No,Yes,No,No,No,No,Month-to-
month,Yes,Electronic check,29.85,29.85,No
    5575-GNVDE,Male,0,No,No,34,Yes,No,DSL,Yes,No,Yes,No,No,No,One year,No,Mailed
check,56.95,1889.5,No
```

原始数据集中包含字符串变量标识，不能直接满足 GBDT 模型的需要，所以这里先对原始数据集进行转换。

转换规则为：

- 数据为整数或浮点数的，不进行转换。
- 数据只包含 Yes、No 类型的数据，Yes 对应 1，No 对应 0。
- 数据不仅包含 Yes 和 No，还包含其他值，如有三个字段以上的数据，转化为 0,1,2,…。

首先将特征值全部转换成数值型的，然后保存在新的 csv 文件中，该部分对应的代码实现为：

代码 8-1　基于 GBDT 算法预估电信客户流失——特征转换

```python
# 空缺值以 0 填充
def isNone(self, value):
    if value == " " or value is None:
        return "0.0"
    else:
        return value


# 特征转换
def feature_transform(self):
    if not os.path.exists("data/new-churn.csv"):
        print("Start Feature Transform ...")
        # 定义特征转换字典
        feature_dict = {
            "gender": {"Male": "1", "Female": "0"},
            "Partner": {"Yes": "1", "No": "0"},
            "Dependents": {"Yes": "1", "No": "0"},
            "PhoneService": {"Yes": "1", "No": "0"},
            "MultipleLines": {"Yes": "1", "No": "0", "No phone service": "2"},
            "InternetService": {"DSL": "1", "Fiber optic": "2", "No": "0"},
            "OnlineSecurity": {"Yes": "1", "No": "0", "No internet service":
"2"},
            "OnlineBackup": {"Yes": "1", "No": "0", "No internet service":
"2"},
```

```
            "DeviceProtection": {"Yes": "1", "No": "0", "No internet service":
    "2"},
            "TechSupport": {"Yes": "1", "No": "0", "No internet service": "2"},
            "StreamingTV": {"Yes": "1", "No": "0", "No internet service": "2"},
            "StreamingMovies": {"Yes": "1", "No": "0", "No internet service":
    "2"},
            "Contract": {"Month-to-month": "0", "One year": "1", "Two year":
    "2"},
            "PaperlessBilling": {"Yes": "1", "No": "0"},
            "PaymentMethod": {
                "Electronic check": "0",
                "Mailed check": "1",
                "Bank transfer (automatic)": "2",
                "Credit card (automatic)": "3",
            },
            "Churn": {"Yes": "1", "No": "0"},
        }
        fw = open("data/new_churn.csv", "w")
        fw.write(

    "customerID,gender,SeniorCitizen,Partner,Dependents,tenure,PhoneService,
    MultipleLines,"

    "InternetService,OnlineSecurity,OnlineBackup,DeviceProtection,TechSuppor
    t,StreamingTV,"

    "StreamingMovies,Contract,PaperlessBilling,PaymentMethod,MonthlyCharges,
    TotalCharges,Churn\n"
        )
        for line in open(self.file, "r").readlines():
            if line.startswith("customerID"):
                continue
            customerID, gender, SeniorCitizen, Partner, Dependents, tenure,
    PhoneService, MultipleLines, \
            InternetService, OnlineSecurity, OnlineBackup, DeviceProtection,
    TechSupport, StreamingTV, \
            StreamingMovies, Contract, PaperlessBilling, PaymentMethod,
    MonthlyCharges, TotalCharges, Churn \
                = line.strip().split(",")
            _list = list()
            _list.append(customerID)
            _list.append(self.isNone(feature_dict["gender"][gender]))
            _list.append(self.isNone(SeniorCitizen))
            _list.append(self.isNone(feature_dict["Partner"][Partner]))

    _list.append(self.isNone(feature_dict["Dependents"][Dependents]))
            _list.append(self.isNone(tenure))
```

```
        _list.append(self.isNone(feature_dict["PhoneService"][PhoneService]))

        _list.append(self.isNone(feature_dict["MultipleLines"][MultipleLines]))
            _list.append(

self.isNone(feature_dict["InternetService"][InternetService])
            )
            _list.append(
                self.isNone(feature_dict["OnlineSecurity"][OnlineSecurity])
            )

        _list.append(self.isNone(feature_dict["OnlineBackup"][OnlineBackup]))
            _list.append(

self.isNone(feature_dict["DeviceProtection"][DeviceProtection])
            )

        _list.append(self.isNone(feature_dict["TechSupport"][TechSupport]))

        _list.append(self.isNone(feature_dict["StreamingTV"][StreamingTV]))
            _list.append(

self.isNone(feature_dict["StreamingMovies"][StreamingMovies])
            )
            _list.append(self.isNone(feature_dict["Contract"][Contract]))
            _list.append(

self.isNone(feature_dict["PaperlessBilling"][PaperlessBilling])
            )

        _list.append(self.isNone(feature_dict["PaymentMethod"][PaymentMethod]))
            _list.append(self.isNone(MonthlyCharges))
            _list.append(self.isNone(TotalCharges))
            _list.append(feature_dict["Churn"][Churn])
            fw.write(",".join(_list))
            fw.write("\n")
        return pd.read_csv("data/new_churn.csv")
    else:
        return pd.read_csv("data/new_churn.csv")
```

　　将得到的数据集拆分为训练集和测试集，分别用来进行模型训练和模型评估，这里使用
sklearn 中的 train_test_split 进行数据集拆分，对应的代码实现为：

代码 8-1　基于 GBDT 算法预估电信客户流失——数据集拆分

```
#将数据集拆分为训练集和测试集
def split_data(self):
```

```
train, test = train_test_split(
    self.data,
    test_size=0.1,
    random_state=40
)
return train, test
```

转换后的数据如下所示。

```
customerID,gender,SeniorCitizen,Partner,Dependents,tenure,PhoneService,MultipleLines,
InternetService,OnlineSecurity,OnlineBackup,DeviceProtection,TechSupport,StreamingTV,
StreamingMovies,Contract,PaperlessBilling,PaymentMethod,MonthlyCharges,TotalCharges,
Churn
7590-VHVEG,0,0,1,0,1,0,2,1,0,1,0,0,0,0,1,0,29.85,29.85,0
5575-GNVDE,1,0,0,0,34,1,0,1,1,0,1,0,0,0,1,0,1,56.95,1889.5,0
```

8.6.3 选择算法

这里使用 scikit-learn 包中的 GBDT 回归算法，在使用前需要进行引入，如下所示。

```
from sklearn.ensemble import GradientBoostingClassifier
```

其中不仅包含 GradientBoostingClassifier，还包含 GradientBoostingRegressor，从字面上理解，一个用于分类，另一个用于回归，但在实际的使用过程中两者是通用的。在 sklearn 中两者的类继承关系如下：

```
class GradientBoostingClassifier(BaseGradientBoosting, ClassifierMixin):
    ...

class GradientBoostingRegressor(BaseGradientBoosting, RegressorMixin):
    ...
```

两个类的区别在于 ClassifierMixin 和 RegressorMixin，ClassifierMixin 使用准确率来计算误差，RegressorMixin 使用 R-square 来计算误差。

这里选用 GradientBoostingClassifier，将预测电信客户流失作为二分类问题去拟合模型。

 提示：

GradientBoostingClassifier 不仅支持二分类，还支持多分类。

8.6.4 模型训练

使用训练集进行模型训练，在创建 GBDT 模型时，需要指定一些参数，包括学习率、迭代次数、树的最大深度等。

代码 8-1 基于 GBDT 算法预估电信客户流失——模型训练

```
# 调用用 skleran 进行行行模型训练
def train_model(self):
```

```
print("Start Train Model ... ")
lable = "Churn"
ID = "customerID"
x_columns = [x for x in self.train.columns if x not in [lable, ID]]
x_train = self.train[x_columns]
y_train = self.train[lable]
gbdt = GradientBoostingClassifier( learning_rate=0.1, n_estimators=200,
 max_depth=5 )
gbdt.fit(x_train, y_train)
return gbdt
```

这里通过 GradientBoostingClassifier 创建了 GBDT 模型，在 sklearn 的官网上可以看到所支持的参数如下：

```
GradientBoostingClassifier(
                    loss='deviance',
                    learning_rate=0.1,
                        n_estimators=100,
                        subsample=1.0,
                        criterion='friedman_mse',
                        min_samples_split=2,
                        min_samples_leaf=1,
                        min_weight_fraction_leaf=0.0,
                        max_depth=3,
                        min_impurity_decrease=0.0,
                        min_impurity_split=None,
                        init=None,
                        random_state=None,
                        max_features=None,
                        verbose=0,
                        max_leaf_nodes=None,
                        warm_start=False,
                        presort='auto',
                        validation_fraction=0.1,
                        n_iter_no_change=None,
                        tol=0.0001
                    )
```

从函数的定义中可以看出它支持很多参数，下面对一些主要参数进行说明。

- loss：损失函数。默认为 deviance，还支持 exponential。
- learning_rate：学习率。默认值为 0.1。
- n_estimators：最大迭代次数。默认值为 100，一般来说 n_estimators 太小则容易欠拟合。
- subsample：子采样比例。注意这里的子采样和随机森林不一样，随机森林使用的是放回抽样，而这里是不放回抽样。如果取值为 1，则全部样本都使用，等于没有使用子采样。如果取值小于 1，则只有一部分样本会去做 GBDT 的决策树拟合。选择小于 1 的比例可以减少方差，即防止过拟合，但是会增大样本拟合的偏差，因此取值不能太小。推荐在[0.5, 0.8]之间，默认是 1.0，即不使用子采样。

- min_samples_split：拆分叶子节点所需的最小样本数。这个值限制了子树继续划分的条件，如果某节点的样本数小于 min_samples_split，则不会再继续尝试选择最优特征来进行划分。该值默认是 2。如果样本量不大，不需要管这个值；如果样本量数量非常大，则推荐增大这个值。
- max_depth：决策回归树的最大深度。默认值为 3。

> **提示：**
> 其他参数可参考 sklearn 官方文档 https://scikit-learn.org/stable/modules/generated/
> sklearn.ensemble.GradientBoostingClassifier.html#sklearn.ensemble.GradientBoostingClassifier。

8.6.5　效果评估

电信客户流失问题是一个二分类问题，这里使用 GBDT 的回归方法进行模型训练，即最后对样本的预测结果表示的是流失概率，在进行效果评估时，对结果做相应的转换，即大于 0.5 为 1，否则为 0。

这里采用的评估指标有：MSE（均方误差）、Accuracy（准确率）、AUC（Area Under Curve，也是二分类问题的模型评价指标。

代码 8-1　基于 GBDT 算法预估电信客户流失——效果评估

```python
# 模型评估
def evaluate(self, gbdt):
    lable = "Churn"
    ID = "customerID"
    x_columns = [x for x in self.test.columns if x not in [lable, ID]]
    x_test = self.test[x_columns]
    y_test = self.test[lable]
    y_pred = gbdt.predict_proba(x_test)
    new_y_pred = list()
    for y in y_pred:
        # y[0] 表示样本 label=0 的概率 y[1]表示样本 label=1 的概率
        new_y_pred.append(1 if y[1] > 0.5 else 0)
    mse = mean_squared_error(y_test, new_y_pred)
    print("MSE: %.4f" % mse)
    accuracy = metrics.accuracy_score(y_test.values, new_y_pred)
    print("Accuracy : %.4g" % accuracy)
    auc = metrics.roc_auc_score(y_test.values, new_y_pred)
    print("AUC Score : %.4g" % auc)
```

新建 ChurnPredWithGBDT 类，增加对上述代码的引用，实现如下：

代码 8-1　基于 GBDT 算法预估电信客户流失——代码引用

```python
# -*-coding:utf-8-*-
```

```python
from sklearn.model_selection import train_test_split
from sklearn.ensemble import GradientBoostingClassifier
from sklearn import metrics
from sklearn.metrics import mean_squared_error
import pandas as pd
import os

class ChurnPredWithGBDT:
    def __init__(self):
        self.file = "../data/telecom-churn/telecom-churn-prediction-data.csv"
        self.data = self.feature_transform()
        self.train, self.test = self.split_data()

    # 空缺值以 0 值填充
    def isNone(self,value):
        ...

    # 特征转换
    def feature_transform(self):
        ...

    # 数据集拆分为训练集和测试集
    def split_data(self):
        ...

    # 调用 sklearn 进行模型训练
    def train_model(self):
        ...

    # 模型评估
    def evaluate(self, gbdt):
        ...

if __name__ == "__main__":
    pred = ChurnPredWithGBDT()
    gbdt = pred.train_model()
    pred.evaluate(gbdt)
```

运行代码，显示结果如下：

```
Start Feature Transform ...
Start Train Model ...
MSE: 0.2095
Accuracy : 0.7905
AUC Score : 0.7025
```

从中可以看出模型的拟合效果还是不错的。

> **提示:**
> 读者读到这里可能会有疑问,这里讲的二分类问题与推荐算法有什么关系?事实是这样的,在推荐系统的场景中,最终预测的是用户是否点击某个商品、文章或者他事物,即点击与不点击的二分类问题,在模型最终拟合时,得到的是点击的概率,即本实例中的用户流失概率。所以将 GBDT 算法应用到推荐系统中是没有问题的。

8.7 回 归 分 析

回归分析算法(Regression Analysis Algorithm)是机器学习算法中最常见的一类机器学习算法。

8.7.1 什么是回归分析

回归分析就是利用样本(已知数据),产生拟合方程,从而(对未知数据)进行预测。例如有一组随机变量 $X(x_1, x_2, x_3, \cdots)$ 和另外一组随机变量 $Y(y_1, y_2, y_3, \cdots)$,那么研究变量 X 与 Y 之间关系的统计学方法就叫作回归分析。因为这里 X 和 Y 是单一对应的,所以这里是一元线性回归。

8.7.2 回归分析算法分类

回归分析算法分为线性回归算法和非线性回归算法。

1. 线性回归

线性回归可以分为一元线性回归和多元线性回归。当然线性回归中自变量的指数都是 1,这里的线性并非真的是指用一条线将数据连起来,也可以用一个二维平面、三维曲面等。

一元线性回归:只有一个自变量的回归。例如房子面积(Area)和房子总价(Money)的关系,随着面积(Area)的增大,房屋价格也是不断增加。这里的自变量只有面积,所以是一元线性回归。

多元线性回归:自变量大于或等于两个的回归。例如房子面积(Area)、楼层(floor)和房屋价格(Money)的关系,这里自变量有两个,所以是二元线性回归。

典型的线性回归方程如下:

$$Y = w_0 + w_1 x_1 + w_2 x_2 + \cdots + w_k x_k$$

在统计意义上,如果一个回归等式是线性的,那么它相对于参数就必须是线性的。如果相对于参数是线性的,那么即使相对于样本变量的特征是二次方或多次方的,这个回归模型也是线性的。例如下面的式子:

$$Y = w_0 + w_1 x_1 + w_2 x_2^2$$

甚至可以使用对数或指数去形式化特征,如下:

$$Y = w_0 + w_1 e^{-x_1} + w_2 e^{-x_2}$$

2. 非线性回归

有一类模型，其回归参数不是线性的，也不能通过转换的方法将其变为线性的参数，这类模型称为非线性回归模型。非线性回归可以分为一元回归和多元回归。非线性回归中至少有一个自变量的指数不为 1。回归分析中，当研究的因果关系只涉及因变量和一个自变量时，叫作一元回归分析；当研究的因果关系涉及因变量和两个或两个以上自变量时，叫作多元回归分析。

例如下面的两个回归方程：

$$Y = w_1 x^{-w_2}$$

$$Y = w_0 + (w_1 - w_2)e^{-w_3 x}$$

与线性回归模型不一样的是，这些非线性回归模型的特征因子对应的参数不止一个。

3. 广义线性回归

有些非线性回归也可以用线性回归的方法来进行分析，这样的非线性回归叫作广义线性回归。 典型的代表是 Logistic 回归。

这里不做过多介绍，下文会详细介绍。

8.8 Logistic Regression 算法

逻辑回归与线性回归本质上是一样的，都是通过误差函数求解最优系数，在形式上只不过是在线性回归上增加了一个逻辑函数。与线性回归相比，逻辑回归（Logistic Regression，LR）更适用于因变量为二分变量的模型，Logistic 回归系数可用于估计模型中每个自变量的权重比。

 提示：

下面用 LR 表示 Logistic Regression 算法。

8.8.1 Sigmoid 函数

Sigmoid 函数（海维赛德阶跃函数）在二分类的情况下输出的值为 0 和 1，其数学表达式如下：

$$f(x) = \frac{1}{1 + e^{-x}}$$

可以通过以下代码来展示 Sigmoid 函数的图像。

代码 8-2　Sigmoid 函数演示

```
import math
import matplotlib.pyplot as plt

def sigmoid(x):
    return 1 / (1 + math.exp(-x))

# python2 中 range 生成的是一个数组，python3 中生成的是一个迭代器，可以使用 list 进行转换
X = list(range(-10, 10))
```

```
Y = list(map(sigmoid, X))

fig = plt.figure(figsize=(4, 4))
ax = fig.add_subplot(111)

# 隐藏上边和右边
ax.spines["top"].set_color("none")
ax.spines["right"].set_color("none")

# 移动另外两个轴
ax.yaxis.set_ticks_position("left")
ax.spines["left"].set_position(("data", 0))
ax.xaxis.set_ticks_position("bottom")
ax.spines["bottom"].set_position(("data", 0.5))

ax.plot(X, Y)
plt.show()
```

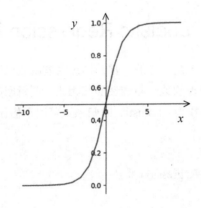

图 8-9　Sigmoid 函数展示图

可以看出，Sigmoid 函数连续、光滑、严格单调，以(0,0.5)为中心对称，是一个非常良好的阈值函数。当 x 趋近负无穷时，y 趋近于 0；当 x 趋近于正无穷时，y 趋近于 1；$x=0$ 时，$y=0.5$。当然，在 x 超出[-6,6]的范围后，函数值基本上没有变化，值非常接近，在应用中一般不考虑。Sigmoid 函数的值域限制在(0,1)之间，[0,1]与概率值的范围是相对应的，这样 Sigmoid 函数就能与一个概率分布联系起来了。

Sigmoid 函数的导数是其本身的函数，即 $f'(x) = f(x)(1-f(x))$，计算过程非常方便，也非常节省时间。其推导过程如下：

$$f'(x) = (-1)(1+e^{-x})^{-2}(0+(-1)e^{-x}) = \frac{e^{-x}}{(1+e^{-x})^2} = \frac{e^{-x}}{1+e^{-x}} \times \frac{1}{1+e^{-x}}$$

而：

$$1-f(x) = 1 - \frac{1}{1+e^{-x}} = \frac{e^{-x}}{1+e^{-x}}$$

因此，$f'(x) = f(x)(1 - f(x))$。

8.8.2　LR 为什么要使用 Sigmoid 函数

这里只讨论二分类的情况。首先 LR 的假设只有一个，就是两个类别的特征服从均值不等、方差相等的高斯分布，也就是：

$$P(x|y = 0) \sim N(\mu_0, \sigma)$$
$$P(x|y = 1) \sim N(\mu_1, \sigma)$$

为什么假设它们服从高斯分布？一方面是因为高斯分布比较容易理解；另一方面从信息论的角度看，当均值和方差已知时（尽管并不知道确切的均值和方差，但是根据概率论，当样本量足够大时，样本均值和方差以概率 1 趋向于均值和方差），高斯分布是熵最大的分布。为什么要熵最大？因为熵最大的分布可以平摊风险。想想二分查找中，为什么每次都选取中间点作为查找点？就是为了平摊风险。假设方差相等是为了后面处理起来方便，若不相等则无法消去项。

首先定义"风险"为：

$$R(y = 0|x) = \lambda_{00}P(y = 0|x) + \lambda_{01}P(y = 1|x)$$
$$R(y = 1|x) = \lambda_{10}P(y = 0|x) + \lambda_{11}P(y = 1|x)$$

式中，$R(y=0|x)$是把样本预测为 0 时的风险，$R(y=1|x)$是把样本预测为 1 时的风险，λ_{ij}是样本为实际标签 j 却把它预测为 i 时所带来的风险。

在 LR 算法中，认为预测正确不会带来风险，因此 λ_{00} 和 λ_{11} 都为 0，此外，认为标签为 0 而预测为 1 和标签为 1 而预测为 0，两者所带来的风险是一样的，因此 λ_{10} 和 λ_{01} 相等。方便起见，记为 λ。

所以上面定义的"风险"可以化简为：

$$R(y = 0|x) = \lambda P(y = 1|x)$$
$$R(y = 1|x) = \lambda P(y = 0|x)$$

现在问题来了，对于某个样本，应该把它预测为 0 还是预测为 1 好？按照风险最小化的原则，应该选择风险最小的，也就是，当 $R(y = 0|x) < R(y = 1|x)$时，预测为 0 的风险要小于预测为 1 的风险，即 $P(y = 1|x) < P(y = 0|x)$ 时，应该把样本预测为 0。即：比较两个条件概率，并把样本分配到概率最大的那个类中。

式$P(y = 1|x) < P(y = 0|x)$两边同时除以$P(y = 0|x)$可得：

$$\frac{P(y = 1|x)}{P(y = 0|x)} < 1$$

对不等式左边的部分取对数（为什么取对数？因为之前提过，两个类别的特征服从均值不等、方差相等的高斯分布，取对数方便处理高斯分布里的指数），再利用贝叶斯公式进行展开，归一化常数忽略掉，将得到：

$$\lg \frac{P(y=1|x)}{P(y=0\,|\,x)}$$

$$=\lg \frac{P(x,y=1)}{P(x,y=0)}$$

$$=\lg \frac{P(x\,|\,y=1)P(y=1)}{P(x\,|\,y=0)P(y=0)}$$

$$=\lg \frac{P(x\,|\,y=1)}{P(x\,|\,y=0)}+\lg \frac{P(y=1)}{P(y=0)}$$

方便起见，假设 x 是一维的（当然也很容易推广到多维的情况），套入高斯分布公式，此外，由于 $P(y=1)$ 和 $P(y=0)$ 都是常数，第二项简记为常数 C_1 继续展开，将得到：

$$\lg \frac{P(x\,|\,y=1)}{P(x\,|\,y=0)}+\lg \frac{P(y=1)}{P(y=0)}$$

$$=-\frac{(x-\mu_1)^2}{2\sigma^2}+\frac{(x-\mu_0)^2}{2\sigma^2}+C_1$$

$$=\frac{\mu_1}{\sigma^2}x-\frac{\mu_0}{\sigma^2}x+C_2$$

$$=\theta x$$

即：

$$\lg \frac{P(y=1\,|\,x)}{P(y=0\,|\,x)}=\theta x$$

两边取指数，并利用 $P(y=1|x)+P(y=0|x)=1$ 这个概率公式化简，可得到：

$$P(y=1|x)=\frac{1}{1+\mathrm{e}^{-\theta x}}$$

综上可以知道为什么 LR 算法要用 Sigmoid 函数了。

8.8.3 LR 的算法原理分析

1. 算法原理

机器学习模型实际上把决策函数限定在某一组条件下，这组限定条件就决定了模型的假设空间。当然，还希望这组限定条件简单而合理。

逻辑回归模型所做的假设是：

$$P(y=1|x;\theta)=g(\theta^{\mathrm{T}}x)=\frac{1}{1+\mathrm{e}^{-\theta^{\mathrm{T}}x}}$$

这里的 $g(h)$ 就是 Sigmoid 函数，相应的决策函数为：

$$y'=1, \ \ \mathrm{if}\ P(y=1|x)>0.5$$

选择 0.5 作为阈值是一般的做法，实际应用时，特定的情况下可以选择不同的阈值。如果对正例的判别准确性要求高，可以使阈值大一些；如果对正例的召回要求高，则可以使阈值小一些。

在函数的数学形式确定之后，就要求解模型中的参数了。统计学中常用的一种数学方法是最大似然估计，即找到一组参数，使得在这组参数条件下数据的似然度（概率）更大。在逻辑回归算法中，似然函数可以表示为：

$$L(\theta) = P(D|\theta) = \prod P(y|x; \theta) = \prod g(\theta^{\mathrm{T}}x)^y (1 - g(\theta^{\mathrm{T}}x))^{1-y}$$

取对数，可以得到对数形式的似然函数：

$$l(\theta) = \sum y \lg g(\theta^{\mathrm{T}}x) + (1-y) \lg(1 - g(\theta^{\mathrm{T}}x))$$

同样这里也使用损失函数来衡量模型预测结果准确的程度，这里采用 lg 损失函数，其在单条数据上的定义为：

$$-y \lg P(y|x) + (1-y) \lg(1 - P(y|x))$$

如果取整个数据集上的平均 lg 损失，可以得到：

$$J(\theta) = -\frac{1}{N} l(\theta)$$

在逻辑回归模型中，最大化似然函数和最小化 lg 损失函数实际上是等价的。对于该优化问题，存在多种求解方法，这里以梯度下降的情况为例说明。基本步骤如下：

（1）选择下降方向（梯度方向：$\nabla J(\theta)$）；

（2）选择步长，更新参数 $\theta^i = \theta^{i-1} - \alpha^i \nabla J(\theta^{i-1})$；

（3）重复以上两步直到满足终止条件。

其中损失函数的梯度计算方法为：

$$\frac{\partial J}{\partial \theta} = -\frac{1}{n} \sum_i (y_i - y_i{'}) x_i + \lambda\theta$$

沿梯度负方向选择一个较小的步长可以保证损失函数的值是减小的，另外，逻辑回归模型的损失函数是凸函数（加入正则项后是严格凸函数），可以保证找到的局部最优值是全局最优值。

2．正则化

当模型中参数过多时，容易产生过拟合，这时就要控制模型的复杂度，其中最常见的做法是在目标中加入正则项，通过惩罚过大的参数来防止过拟合。

常见的正则化方法包括 L1 正则化和 L2 正则化。其分别对应如下两个公式：

$$J(\theta) = -\frac{1}{N} l(\theta) + \lambda \|w\|_1$$

$$J(\theta) = -\frac{1}{N} l(\theta) + \lambda \|w\|_2$$

- L1 正则化是指权值向量 w 中各个元素的绝对值之和，通常表示为 $\|w\|_1$。
- L2 正则化是指权值向量 w 中各个元素的平方和然后再求平方根（可以看到 Ridge 回归的 L2 正则化项有平方符号），通常表示为 $\|w\|_2$。

8.9 实例 23：基于 LR 算法预估电信客户流失

本实例使用 8.6 节中的数据集，使用 LR 算法。在使用 sklearn 库中的 LR 算法时需要注意：LR 算法的预测支持输出 0 或 1 这样的标签，也支持输出 0 或 1 这样的标签对应的概率。

8.9.1 准备数据

使用 Python 的 pandas 包加载数据集，并进行 OneHot 编码处理，使用 sklearn 的 train_test_split 进行数据拆分。该部分对应的代码为：

代码 8-3　基于 LR 算法预估电信客户流失——准备数据

```python
# 加载数据
def load_data(self):
    data = pd.read_csv(self.file)
    labels = list(data.keys())
    # 构建 labels 和对应的 value 映射
    fDict = dict()
    for f in labels:
        if f not in
['customerID','tenure','MonthlyCharges','TotalCharges','Churn']:
            fDict[f] = sorted(list(data.get(f).unique()))
    # 写入文件
    fw = open("data/one_hot_churn.csv","w")
    fw.write("customerID,")
    for i in range(1,47): fw.write('f_%s,' % i)
    fw.write("Churn\n")
    for line in data.values:
        list_line = list(line)
        # 存放一行 one hot 编码后的结果
        list_result = list()
        for i in range(0,list_line.__len__()):
            if labels[i] in ['customerID', 'tenure', 'MonthlyCharges',
'TotalCharges', 'Churn']:
                list_result.append(list_line[i])
            else:
                # 创建 one hot 数组，看该 labei 下对应多少个不同的值
                arr = [0] * fDict[labels[i]].__len__()
                # 值的下标
                ind = fDict[labels[i]].index(list_line[i])
                # 让对应位置为 1，其余位置为 0
                arr[ind] = 1
                for one in arr:  list_result.append(one)
        fw.write(",".join([str(f) for f in list_result]) + "\n")
    fw.close()
    return pd.read_csv("data/one_hot_churn.csv")


# 拆分数据集
def split(self):
    train, test = train_test_split(
        self.data,
        test_size=0.1,
        random_state=40
    )
    return train, test
```

8.9.2　选择算法

这里使用 LR 算法，LR 算法在 scikit-learn 中的引用方式如下：

```
from sklearn.linear_model import LogisticRegression
```

8.9.3　模型训练

使用数据的训练集进行模型训练，在创建 LR 模型时，需要指定一些参数，包括惩罚项、迭代停止的最小误差、是否存在偏差项等。

代码 8-3　基于 LR 算法预估电信客户流失——模型训练

```
# 模型训练
def train_model(self):
    print("Start Train Model ... ")
    lable = "Churn"
    ID = "customerID"
    x_columns = [x for x in self.train.columns if x not in [lable, ID]]
    x_train = self.train [x_columns]
    y_train = self.train [lable]
    # 定义模型
    lr = LogisticRegression(penalty='l2',tol=1e-4,fit_intercept=True)
    lr.fit(x_train, y_train)
    return lr
```

这里通过 LogisticRegression 创建了 LR 模型，在 sklearn 的官网上可以看到所支持的参数如下：

```
LogisticRegression(
                penalty='l2',
                dual=False,
                tol=0.0001,
                C=1.0,
                fit_intercept=True,
                intercept_scaling=1,
                class_weight=None,
                random_state=None,
                solver='warn',
                max_iter=100,
                multi_class='warn',
                verbose=0,
                warm_start=False,
                n_jobs=None
                )
```

从函数的定义可以看出支持很多参数，下面对一些主要参数进行说明：

- penalty：惩罚项，默认使用 L2 进行正则项惩罚。newton-cg、sag 和 lbfgs 求解算法只支持 L2 规范。L1G 规范假设的是模型的参数满足拉普拉斯分布，L2 假设的是模型参数满足高斯分布。所谓的范式就是加上对参数的约束，使得模型不会过拟合(overfit)。在加约束的情况下，理论上应该可以获得泛化能力更强的结果。

- dual：对偶方法或原始方法，默认为 False。对偶方法只用在求解线性多核(liblinear)的 L2 惩罚项上。当样本数量＞样本特征时，dual 通常设置为 False。
- tol：停止求解的标准，默认为 0.0001。在进行梯度求解的过程中，如果差值小于该值，则停止寻找最优解。
- C：正则化系数 λ 的倒数，默认为 1.0。必须是正浮点型数。越小的数值表示越强的正则化。
- fit_intercept：是否存在截距或偏差，默认为 True。
- solver：优化算法，默认为 liblinear。支持 newton-cg、lbfgs、liblinear、sag、saga。
- max_iter：最大迭代次数，默认为 100。仅在正则化优化算法为 newton-cg、sag 和 lbfgs 时才有用。

> 提示：
> 其他参数可参考 sklearn 官方文档（ https://scikit-learn.org/stable/modules/generated/sklearn.linear_model.LogisticRegression.html ）。

8.9.4 效果评估

在测试集预测时，scikit-learn 中的 LR 算法支持输出 label 标签或概率值，对应的调用方式分别为：lr.predict()和 lr.predict_proba()。其中 predict_proba()输出的为一条样本分别属于各个 label 的概率。

同样这里采用 MSE、Accuracy、AUC 对模型进行评估。

代码 8-3　基于 LR 算法预估电信客户流失——效果评估

```
# 模型评估
def evaluate(self,lr,type):
    lable = "Churn"
    ID = "customerID"
    x_columns = [x for x in self.test.columns if x not in [lable, ID]]
    x_test = self.test [x_columns]
    y_test = self.test [lable]
    if type==1:
        y_pred = lr.predict(x_test)
        new_y_pred = y_pred
    elif type==2:
        y_pred = lr.predict_proba(x_test)
        new_y_pred = list()
        for y in y_pred:
            new_y_pred.append(1 if y[1] > 0.5 else 0)
    mse = mean_squared_error(y_test, new_y_pred)
    print("MSE: %.4f" % mse)
    accuracy = metrics.accuracy_score(y_test.values, new_y_pred)
    print("Accuracy : %.4g" % accuracy)
    auc = metrics.roc_auc_score(y_test.values, new_y_pred)
    print("AUC Score : %.4g" % auc)
```

新建 ChurnPredWithLR 类，增加对各部分代码的引用，实现如下：

代码 8-3　基于 LR 算法预估电信客户流失——代码引用

```
# -*-coding:utf-8-*-

from sklearn.linear_model import LogisticRegression
from sklearn.model_selection import train_test_split
from sklearn import metrics
from sklearn.metrics import mean_squared_error
import pandas as pd

class ChurnPredWithLR:
    def __init__(self):
        self.file = "data/new_churn.csv"
        self.data = self.load_data()
        self.train, self.test = self.split()

    # 加载数据
    def load_data(self):
        ...

    # 拆分数据集
    def split(self):
        ...

    # 模型训练
    def train_model(self):
        ...

    # 模型评估
    def evaluate(self,lr,type):
        ...

if __name__ == "__main__":
    pred = ChurnPredWithLR()
    lr = pred.train_model()
    # type=1：表示输出 0 、1 type=2：表示输出概率
pred.evaluate (lr,type=1)
```

运行代码，显示结果如下：

```
MSE: 0.2199
Accuracy : 0.7801
AUC Score : 0.7073
```

从运行结果可以看出，模型的各项评估指标还是不错的。当然在实际的应用场景中还要调节参数，经过多次训练得到更优的模型。

 提示：

和 GBDT 类似，同样可以以预测结果所属类别的概率进行排序，在推荐系统场景中就是用户发生点击的概率。

8.10 GBDT+LR 的模型融合

在工业界的推荐系统中，使用较多的就是 GBDT 算法、LR 算法或两者的融合，在不同的业务场景中，均能取得不错的效果。

8.10.1 GBDT+LR 模型融合概述

在 CTR 预估问题发展初期，使用最多的方法就是逻辑回归（LR），LR 使用了 Sigmoid 变换将函数值映射到 0~1 区间，映射后的函数值就是 CTR 的预估值。LR 属于线性模型，容易并行化，可以轻松处理上亿条数据，但是学习能力十分有限，需要大量的特征工程来增强模型的学习能力。

GBDT 是一种常用的非线性模型，它基于集成学习中的 Boosting 思想，每次迭代都在减少残差的梯度方向新建立一棵决策树，迭代多少次就会生成多少棵决策树。GBDT 的思想使其具有天然优势，可以发现多种有区分性的特征及特征组合。决策树的路径可以直接作为 LR 输入特征使用，省去了人工寻找特征、特征组合的步骤。这种通过 GBDT 生成 LR 特征的方式（GBDT+LR），业界已有实践（Facebook、Kaggle 等），且取得了不错的效果。

8.10.2 为什么选择 GBDT 和 LR 进行模型融合

在介绍模型融合之前，需要先了解下面两个问题。

1．为什么使用集成的决策树

一棵树的表达能力很弱，不足以表达多个有区分性的特征组合，多棵树的表达能力更强一些。GBDT 中，每棵树都在学习前面的树存在的不足，迭代多少次就会生成多少棵树。按 Facebook 的论文及 Kaggle 竞赛中的 GBDT+LR 融合方式，多棵树正好满足 LR 每条训练样本可以通过 GBDT 映射成多个特征的需求。

2．为什么使用 GBDT 构建决策树而不是 RandomForest（RF）

RF（随机森林）也是多棵树组成的，但从效果上有实践证明不如 GBDT。对于 GBDT 前面的树，特征分裂主要体现对多数样本有区分度的特征；对于后面的树，主要体现的是经过前 N 棵树，残差仍然较大的少数样本。优先选用在整体上有区分度的特征，再选用针对少数样本有区分度的特征，这样的思路更加合理，这也是用 GBDT 的原因。

8.10.3 GBDT+LR 模型融合的原理

GBDT+LR 模型融合思想来源于 Facebook 公开的论文 *Practical Lessons from Predicting Clicks on Ads at Facebook*。其主要思想是：GBDT 每棵树的路径直接作为 LR 的输入特征使用。

即用已有特征训练 GBDT 模型，然后利用 GBDT 模型学习到的树来构造新特征，最后把这些新特征加入原有特征一起训练模型。构造的新特征向量是取值 0/1 的，向量的每个元素对应于 GBDT 模型中树的叶子节点。若一个样本点通过某棵树最终落在这棵树的一个叶子节点上，那么在新特征向量中这个叶子节点对应的元素值为 1，而这棵树的其他叶子节点对应的元素值为 0。新特征向量的长度等于 GBDT 模型里所有树包含的叶子节点数之和。

在 Facebook 的公开论文中，有一个例子，如图 8-10 所示。

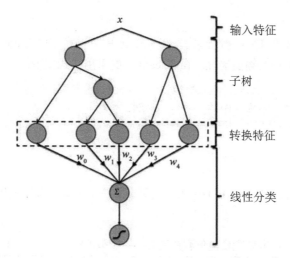

图 8-10　Facebook 论文中关于 GBDT 和 LR 模型融合的例子

图 8-10 中共有两棵树，x 为一条输入样本，遍历两棵树后，x 样本分别落到两棵树的叶子节点上，每个叶子节点对应 LR 一维特征，那么通过遍历树就得到了该样本对应的所有 LR 特征。构造的新特征向量是取值 0/1 的。举例来说：图 8-10 中有两棵子树，左子树有三个叶子节点，右子树有两个叶子节点，最终的特征即为五维的向量。对于输入 x，假设 x 落在左子树第一个节点时，编码[1,0,0]，落在右子树第二个节点时编码[0,1]，则整体的编码为[1,0,0,0,1]，这类编码作为特征，输入到 LR 中进行分类。

8.11　实例 24：基于 GBDT 和 LR 算法预估电信客户流失

这里也使用 8.6 节中的数据集，在算法层面使用 GBDT 和 LR 算法进行模型融合。

8.11.1　准备数据

使用 Python 的 pandas 包加载数据集，使用 sklearn 的 train_test_split 进行数据拆分。该部分对应的代码为：

代码 8-4　基于 GBDT 和 LR 算法预估电信客户流失——准备数据

```python
# 加载数据
def load_data(self):
    return pd.read_csv(self.file)


# 拆分数据集
def split(self):
```

```
    train, test = train_test_split(self.data, test_size=0.1,
random_state=40)
    return train, test
```

8.11.2　选择算法

这里使用的是 GBDT 和 LR 的融合算法，在 sklearn 中可以直接使用 apply()方法获得 GBDT 算法中决策树每个叶子节点的输出情况。在 sklearn 中的引用方式如下：

```
from sklearn.ensemble import GradientBoostingClassifier
from sklearn.linear_model import LogisticRegression
from sklearn.preprocessing import OneHotEncoder
```

8.11.3　模型训练

为了便于对比 GBDT、LR 和 GBDT+LR，这里训练三个模型，分别使用默认的参数，方便后续的效果对比。

代码 8-4　基于 GBDT 和 LR 算法预估电信客户流失——模型训练

```
# 模型训练
def train_model(self):
    lable = "Churn"
    ID = "customerID"
    x_columns = [x for x in self.train.columns if x not in [lable, ID]]
    x_train = self.train[x_columns]
    y_train = self.train[lable]

    # 创建 gbdt 模型 并训练
    gbdt = GradientBoostingClassifier()
    gbdt.fit(x_train, y_train)

    # 模型融合
    gbdt_lr = LogisticRegression()
    enc = OneHotEncoder()
    print(gbdt.apply(x_train).shape)
    print(gbdt.apply(x_train).reshape(-1,100).shape)

    # 100 为 n_estimators, 迭代次数
    enc.fit(gbdt.apply(x_train).reshape(-1,100))

gbdt_lr.fit(enc.transform(gbdt.apply(x_train).reshape(-1,100)),y_train)

    return enc, gbdt, gbdt_lr
```

其中需要注意的是使用 GradientBoostingClassifier 创建的 GBDT 模型，在执行 enc.fit(gbdt.apply(x_train))时如果不对 gbdt.apply(x_train)进行 reshape 操作，就会导致数据格式错

误, 原因是 GradientBoostingClassifier 下 gbdt.apply(x_train)产生的是三维的数据结构, 而 enc.fit() 接受的是二维的数据结构, 通过 print(gbdt.apply(x_train).shape)打印的结果为:

```
(7043, 100, 1)
```

通过 print(gbdt.apply(x_train).reshape(-1,100).shape)打印的结果为:

```
(7043, 100)
```

8.11.4　效果评估

分别对 GBDT、LR 和 GBDT+LR 进行效果评估, 对应的代码实现如下:

代码 8-4　基于 GBDT 和 LR 算法预估电信客户流失——效果评估

```
# 效果评估
def evaluate(self,enc,gbdt,gbdt_lr):
    lable = "Churn"
    ID = "customerID"
    x_columns = [x for x in self.test.columns if x not in [lable, ID]]
    x_test = self.test[x_columns]
    y_test = self.test[lable]

    # gbdt 模型效果评估
    gbdt_y_pred = gbdt.predict_proba(x_test)
    new_gbdt_y_pred = list()
    for y in gbdt_y_pred:
        # y[0] 表示样本 label=0 的概率 y[1]表示样本 label=1 的概率
        new_gbdt_y_pred.append(1 if y[1] > 0.5 else 0)
    print("GBDT-MSE: %.4f" % mean_squared_error(y_test, new_gbdt_y_pred))
    print("GBDT-Accuracy : %.4g" % metrics.accuracy_score(y_test.values,
new_gbdt_y_pred))
    print("GBDT-AUC Score : %.4g" % metrics.roc_auc_score(y_test.values,
new_gbdt_y_pred))

    gbdt_lr_y_pred =
gbdt_lr.predict_proba(enc.transform(gbdt.apply(x_test).reshape(-1,100)))
    new_gbdt_lr_y_pred = list()
    for y in gbdt_lr_y_pred:
        # y[0] 表示样本 label=0 的概率 y[1]表示样本 label=1 的概率
        new_gbdt_lr_y_pred.append(1 if y[1] > 0.5 else 0)
    print("GBDT_LR-MSE: %.4f" % mean_squared_error(y_test,
new_gbdt_lr_y_pred))
    print("GBDT_LR-Accuracy : %.4g" % metrics.accuracy_score(y_test.values,
new_gbdt_lr_y_pred))
    print("GBDT_LR-AUC Score : %.4g" % metrics.roc_auc_score(y_test.values,
new_gbdt_lr_y_pred))
```

创建 ChurnPredWithGBDTAndLR 类, 增加对上述代码的引用。

代码 8-4　基于 GBDT 和 LR 算法预估电信客户流失——代码引用

```python
# -*-coding:utf-8-*-

from sklearn import metrics
from sklearn.metrics import mean_squared_error
from sklearn.model_selection import train_test_split
from sklearn.ensemble import GradientBoostingClassifier
from sklearn.linear_model import LogisticRegression
import pandas as pd
from sklearn.preprocessing import OneHotEncoder

class ChurnPredWithGBDTAndLR:
    def __init__(self):
        self.file = "data/new_churn.csv"
        self.data = self.load_data()
        self.train, self.test = self.split()

    # 加载数据
    def load_data(self):
        ...

    # 拆分数据集
    def split(self):
        ...

    # 模型训练
    def train_model(self):
        ...

    # 效果评估
    def evaluate(self,enc,gbdt,gbdt_lr):
        ...

if __name__ == "__main__":
    pred = ChurnPredWithGBDTAndLR()
    enc, gbdt, gbdt_lr = pred.train_model()
    pred.evaluate(enc, gbdt, gbdt_lr)
```

运行代码，打印结果如下：

```
GBDT-MSE: 0.2199
GBDT-Accuracy : 0.7801
GBDT-AUC Score : 0.7058
GBDT_LR-MSE: 0.2596
GBDT_LR-Accuracy : 0.7404
GBDT_LR-AUC Score : 0.6706
```

对比上述结果和实例 23 的评估结果可以看出，GBDT+LR 的效果没有 GBDT 和 LR 的效果好,但这并不能说明 GBDT+LR 的思路没有作用,而是要根据具体的应用场景和数据源来判断。

8.12　知　识　导　图

本章先对传统推荐算法进行了总结,接着对目前工业界中主流的机器学习推荐算法进行介绍,其中主要介绍的是 GBDT 和 LR,以及模型融合。在介绍它们之前,用了较多的篇幅介绍了相关的数学知识,要认真阅读,这样才能更好地理解算法。同时又结合实例对算法的应用进行了说明,GBDT 和 LR 既可以用来做分类,又可以用来做回归。在推荐系统中,最终对应到用户的是是否点击,因此可以使用分类的思想来应用算法,最终按照相应的概率值进行排序。

本章内容知识导图如图 8-11 所示。

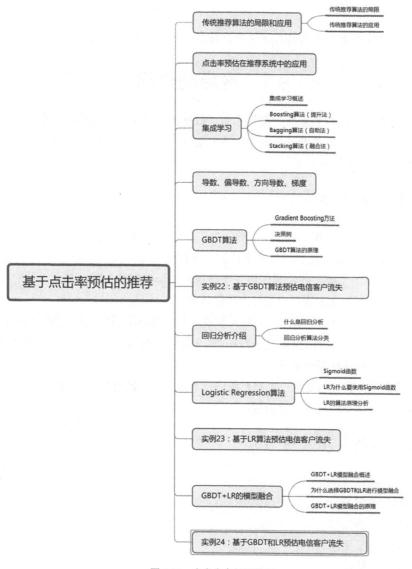

图 8-11　本章内容知识导图

第 9 章

推荐系统中的冷启动

推荐系统基于用户大量的历史行为做出事物呈现，因此用户的历史行为数据是构建一个优质推荐系统的先决条件，但在实际场景中并非所有的用户都拥有丰富的历史数据，如首次进入电商网站的用户。

如何在没有丰富历史数据的情况下为用户推荐个性化的商品，这就是冷启动问题。

9.1 冷启动介绍

冷启动研究的是在没有大量用户数据和商品数据的情况下，如何给来访用户推荐能够让用户接受的推荐内容。在实际的业务场景中，冷启动是广泛存在的，只有充分理解冷启动问题，才能给用户推荐满意的内容。

9.1.1 冷启动的分类

冷启动主要分为三类：用户冷启动、物品冷启动、系统冷启动。

- 用户冷启动：解决的是如何给新用户进行个性化推荐的问题。当一个新用户进入网站或APP 时，由于系统之前没有任何关于该用户的历史行为数据，导致无法对用户进行兴趣建模，从而无法为该用户进行个性化推荐。
- 物品冷启动：解决的是如何将新加入系统的物品推荐给用户。由于新物品没有任何被动行为，在系统中所占的权重几乎为 0，这会导致在对商品排序或进行协同过滤推荐时该物品无法出现在推荐列表中。
- 系统冷启动：解决的是在一个新系统中没有用户，也没有用户行为，只有物品信息，如何给用户进行个性化推荐的问题。

9.1.2 冷启动的几种实现方法

针对推荐系统的冷启动，主要有以下几种实现方法：

- 基于热门数据推荐；
- 利用用户注册信息；
- 利用用户上下文信息；
- 利用第三方数据；

- 利用用户和系统之间的交互；
- 利用物品内容属性；
- 利用专家标注数据。

下面将对如何解决推荐系统中的冷启动问题进行解答。

9.2　基于热门数据推荐实现冷启动

热门数据是指（某类）物品按照一定规则进行排序得到的排名靠前的数据。热门数据反映的是大众的偏好，但受外界影响因素较大。例如某电商网站上的一个商品推广广告，可能会导致该商品在很短的时间内热度飙升；某新闻网站中的一条娱乐新闻，热度容易受舆论和明星效应的影响。

虽然热门数据不能够准确地传达出用户偏好，但在某种程度上也是用户群体中大部分人的短期兴趣点。将热门数据作为解决用户冷启动的推荐数据，"个性化"地展示给用户，用户在这些数据中产生行为之后，再进行个性化推荐。

热门数据排行榜在实际场景中应用十分广泛。例如，当用户新到达一个地方，打开某生活服务 APP 的美食频道后，附近的商家就会默认以热度排序展示给用户，如图 9-1 所示。

图 9-1　某生活服务 APP 美食频道的商家热度推荐

另外一个关于热门数据推荐的最典型的例子是微博的"热搜"，无论首次访问用户还是已经有大量历史行为的用户，它们看到的热搜内容是一致的，虽然这里并没有进行个性化展示，但依旧能够保证用户在该频道的活跃程度。这也间接证明了热门数据在推荐系统中的有效性和必要性。

> **提示：**
>
> 在工业界的推荐系统中，召回的类型是多种多样的，但往往也会召回性别热门、地域热门或群体热门等数据，进而扩展推荐系统的丰富性。同时，在用户行为较少或偏好较少的情况下，也能准确地为用户进行商品推荐。

关于如何对物品进行热度排序，可以参考 7.3 节"基于地域和热度特征的推荐"。

9.3　利用用户注册信息实现冷启动

用户注册信息是指用户在新注册一个系统时所填写的信息。这些信息是联系新用户和系统的关键，也是系统获取的用户直接信息。

9.3.1　注册信息分析

当一个新用户注册某个网站时，系统并不知道该用户喜欢什么物品，系统可以基于热门数据推荐为用户进行商品推荐。但如果系统能在用户进行注册时获取一些信息，则可以根据这些信息为用户进行商品推荐。例如，系统知道该用户来自东北，就可以给他推荐一些东北区域的热门物品；若知道该用户是来自东北的女性朋友，那么就会在地域的约束条件内，再给她推荐一些适合女性使用的物品，或者在性别的约束条件内，给她推荐一些区域内的热门商品。

豆瓣网站中的标签无处不在，标签系统构建了豆瓣推荐系统的基石。对于新用户，豆瓣的做法是在注册时补充一些信息，如图 9-2 所示。

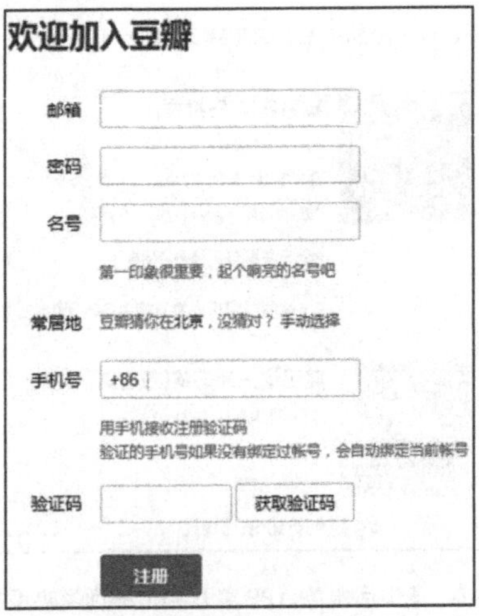

图 9-2　注册时填写信息展示

从图 9-2 中可以看出，除正常的账号（此处为"邮箱"）和密码外，豆瓣还要求用户创建"名号"并补充常居地信息。系统便可对用户的"名号"和"常居地"进行分析，进而展开较粗粒度的商品推荐。

用户在进行注册时，所填写的注册信息可以分为以下三类。

（1）人口统计学信息：包括用户的年龄、身高、体重、居住地等。

（2）用户兴趣的描述：某些网站或 APP 会让用户填写自己的兴趣爱好。

（3）其他网站的导入数据：如用户通过微信、微博等登录第三方网站。

网站获取这些数据之后，就可以对用户进行粗粒度的个性化推荐了。其推荐的大致流程如下：

（1）获取用户注册信息；

（2）根据用户注册信息对用户进行分类（可以是多分类，即一个用户被分到多个类别中）；

（3）给用户推荐其所在分类的用户最喜欢的物品，对不同类别下的物品进行加权求和。

9.3.2　实例 25：分析 Book-Crossings 数据集中的共性特征

Book-Crossing 数据集在第 3 章有详细介绍，其中用户信息中包含了用户所处位置和年龄。这里假设位置和年龄是用户注册某网站时需要填写的信息（当然位置可以根据 IP 地址获得）。

分析思路：

（1）查看数据集中地域和年龄属性下的用户分布。

（2）分析不同年龄段内用户喜欢的图书共性。

1．加载数据集

关于数据集的介绍可以在第 3 章中进行查阅，本章只说明数据集的使用。这里使用的三个文件为：BX-Book-Ratings.csv、BX-Users.csv 和 BX-Books.csv。

新建 UserShow 类，加载数据集，对应的代码实现为：

代码 9-1　分析 Book-Crossings 数据集中的共性特征——加载用户信息数据

```python
class UserShow:
    def __init__(self):
        self.file_user = "../data/bookcrossings/BX-Users.csv"
        self.file_book = "../data/bookcrossings/BX-Books.csv"
        self.file_rate = "../data/bookcrossings/BX-Book-Ratings.csv"
        self.user_mess = self.loadUserData()
        self.book_mess = self.loadBookMess()
        self.user_book = self.loadUserBook()

    # 加载用户信息数据集
    def loadUserData(self):
        user_mess = dict()
        for line in open(self.file_user, "r", encoding="ISO-8859-1"):
            if line.startswith("\"User-ID\""): continue
            # 行的列值以";分隔，有三列，过滤掉不符的数据
            # 因为 Location 字段中存在; 所以这里以";分隔数据
            if len(line.split("\";")) != 3: continue
            # 去除数据中的空格
```

```
            line = line.strip().replace(" ", "")
            # 去掉数据中的 "
            userid, addr, age = [one.replace("\"", "") for one in
line.split("\";")]
            # 这里假设年龄的合理范围为(1,120)
            if age == "NULL" or int(age) not in range(1, 120): continue
            # 这里将年龄处理成年龄段 0-9=>0,10-19=>1,……
            # age_split = int(int(age) / 10)
            user_mess.setdefault(userid, {})
            user_mess[userid]["age"] = int(age)
            # Location 分为三级, 以逗号分隔, 对应国,州,市
            if len(addr.split(",")) < 3: continue
            city, province, country = addr.split(",")[-3:]
            user_mess[userid]["country"] = country
            user_mess[userid]["province"] = province
            user_mess[userid]["city"] = city
        return user_mess


# 加载图书编号和名字的对应关系
def loadBookMess(self):
    book_mess = dict()
    for line in open(self.file_book, "r", encoding="ISO-8859-1"):
        if line.startswith("\"ISBN\""): continue
        isbn, book_name = line.replace("\"", "").split(";")[:2]
        book_mess[isbn] = book_name
    return book_mess


# 获取每个用户评分大于 5 的图书信息
def loadUserBook(self):
    user_book = dict()
    for line in open(self.file_rate, "r", encoding="ISO-8859-1"):
        if line.startswith("\"User-ID\""): continue
        uid, isbn, rate = line.strip().replace("\"", "").split(";")
        user_book.setdefault(uid, list())
        if int(rate) > 5:
            user_book[uid].append(isbn)
    return user_book
```

其中，3 个函数的含义如下。

- loadUserData：获取用户信息。
- loadBookMess：获取图书信息中的 ISBN 编号和书名的对应关系；
- loadUserBook：获取用户评分大于 5 分的电影。

这里使用 Python 的字典数据类型保存数据，方便后续使用时进行数据索引。

2．不同年龄段的用户分布

在 Book-Crossings 数据集中，"年龄"列中有一些"脏数据"，如 NULL、负数、大于 100

的数，这里认为合理的年龄分布为 0～120。在加载数据集时，应过滤掉不符合事实的年龄数据，其对应的代码行为：

```
if age == "NULL" or int(age) not in range(1,120):continue
```

这里定义并实现了一个 show 函数，用来展示相应属性下的用户统计分布，其传入的参数为：

```
show(self , X , Y , X_label , Y_label="数目")
```

其中参数说明如下。

- X：对应坐标轴中的 x 轴。
- Y：对应坐标轴中的 y 轴。
- X_label：对应 x 轴的说明。
- Y_label：对应 y 轴的说明。

其具体的代码实现为：

代码 9-1　分析 Book-Crossings 数据集中的共性特征——对应属性下的用户展示函数

```
def show(self, X, Y, X_label, Y_label="数目"):
    # X、Y 轴说明
    plt.xlabel(X_label)
    plt.ylabel(Y_label)
    # 保证 X 轴数据按照传入的 X 顺序排列
    plt.xticks(np.arange(len(X)), X, rotation=90)
    # 在坐标轴上显示 X 值对应的 Y 值
    for a, b in zip(np.arange(len(X)), Y):
        plt.text(a, b, b, rotation=45)
    plt.bar(np.arange(len(X)), Y)
    plt.show()
```

分析用户年龄所属年龄段，其对应的代码实现如下：

代码 9-1 分析 Book-Crossings 数据集中的共性特征——用户所属年龄段分布

```
# 不同年龄段的用户人数统计
def diffAge(self):
    age_user = dict()
    for key in self.user_mess.keys():
        age_split = int(int(self.user_mess[key]["age"]) / 10)
        age_user.setdefault(age_split, 0)
        age_user[age_split] += 1
    age_user_sort = sorted(age_user.items(), key=lambda x: x[0],
reverse=False)
    X = [x[0] for x in age_user_sort]
    Y = [x[1] for x in age_user_sort]
    print(age_user_sort)
    self.show(X, Y, X_label="用户年龄段")
```

创建 main 函数，增加对上述代码的调用，其对应的代码如下：

代码 9-1   分析 Book-Crossings 数据集中的共性特征——main 函数调用

```
if __name__ == "__main__":
    ushow = UserShow()
ushow.diffAge()
```

运行代码，显示如下：

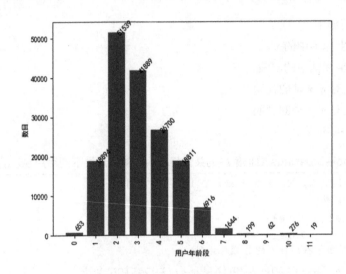

图 9-3   Book-Crossings 数据集中用户的年龄分布

从图 9-3 中可以看出，大部分用户所处年龄段为 1、2、3、4、5，即 10~50 岁之间。

3．不同州内的用户分布

接下来看一下如何美国用户来分布最多的前 20 个州，新建 diffPro 函数：

代码 9-1   分析 Book-Crossings 数据集中的共性特征——用户所处的州

```
# 美国不同州下的用户分布 top 20
def diffPro(self):
    pro_user = dict()
    for key in self.user_mess.keys():
        if "province" in self.user_mess[key].keys() and
self.user_mess[key]["province"] != "n/a":
            pro_user.setdefault(self.user_mess[key]["province"], 0)
            pro_user[self.user_mess[key]["province"]] += 1

    pro_user_sort = sorted(pro_user.items(), key=lambda x: x[1],
reverse=True)[:20]
    X = [x[0] for x in pro_user_sort]
    Y = [x[1] for x in pro_user_sort]
    print(pro_user_sort)
    self.show(X, Y, X_label="用户所处州")
```

在 main 函数中增加调用:

```
if __name__ == "__main__":
    ...
    ushow.diffPro()
...
```

运行代码,显示如下:

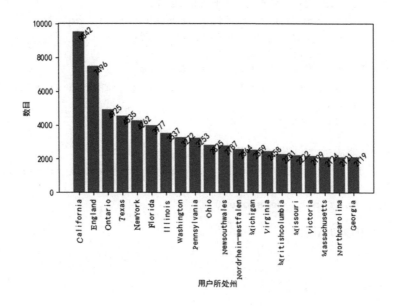

图 9-4 Book-Crossings 数据集中用户分布

从图 9-4 中可以看出,来自 California(加利福尼亚州)和 England(英格兰州)的用户是最多的。

4.不同年龄段内用户喜欢的图书分析

假设不同年龄段的用户喜欢的图书存在不一致性、同一年龄段内用户喜欢的图书存在一致性。

这里定义 diffUserAge 函数,用来获取不同年龄段用户对图书评分的分布情况。这里选用 0～30 岁的用户和 50 岁以上的用户来验证不同年龄段的用户喜欢的图书存在不一致性。函数的实现如下:

代码 9-1 分析 Book-Crossings 数据集中的共性特征——拥有共同评分的用户属性分布

```
# 获取不同年龄人群的评分图书分布
# 这里选择 0～30 岁和大于 50 岁的用户进行分析
def diffUserAge(self):
    age_books = dict()
    age_books.setdefault(1,dict())
    age_books.setdefault(2,dict())
    for key in self.user_mess.keys():
        if "country" not in self.user_mess[key].keys(): continue
```

```
        if key not in self.user_book.keys(): continue
        if int(self.user_mess[key]["age"]) in range(0,30):
            for book in self.user_book[key]:
                if book not in self.book_mess.keys(): continue
                age_books[1].setdefault(book,0)
                age_books[1][book]+=1
        if int(self.user_mess[key]["age"]) in range(50,120):
            for book in self.user_book[key]:
                if book not in self.book_mess.keys(): continue
                age_books[2].setdefault(book,0)
                age_books[2][book]+=1
    print("年龄在 30 岁以下的用户偏好的共性图书 top 10")
    for one in sorted(age_books[1].items(), key=lambda x: x[1],
reverse=True)[:10]:
        print(self.book_mess[one[0]])

    print("年龄在 50 岁以上的用户偏好的共性图书 top 10")
    for one in sorted(age_books[2].items(), key=lambda x: x[1],
reverse=True)[:10]:
        print(self.book_mess[one[0]])
```

在 main 函数中增加调用：

```
if __name__ == "__main__":
...
    ushow.diffUserAge()
```

运行代码，显示如下：

```
年龄在 30 岁以下的用户偏好的共性图书 top 10:
The Lovely Bones: A Novel
Harry Potter and the Sorcerer's Stone (Harry Potter (Paperback))
The Da Vinci Code
The Catcher in the Rye
Harry Potter and the Order of the Phoenix (Book 5)
To Kill a Mockingbird
Interview with the Vampire
Wild Animus
Divine Secrets of the Ya-Ya Sisterhood: A Novel
The Red Tent (Bestselling Backlist)
年龄在 50 岁以上的用户偏好的共性图书 top 10:
The Da Vinci Code
The Lovely Bones: A Novel
The No. 1 Ladies' Detective Agency (Today Show Book Club #8)
Angels &amp
The Secret Life of Bees
The Five People You Meet in Heaven
The Summons
A Painted House
The Red Tent (Bestselling Backlist)
```

分析结果，在排名前 10 的图书中除 The Da Vinci Code、The Lovely Bones: A Novel、The Red Tent (Bestselling Backlist)这三本书外，其余图书均不相同。可见不同年龄段下的用户偏好差异性还是比较明显的。而同一年龄段内的用户喜欢的图书往往都集中在排名前 10 的图书中，这说明年龄段内用户的偏好差异性并不明显。

9.3.3　实现原理

在 9.3.2 小节中分析了用户的共性特征，可以利用用户的共性特征进行商品推荐。例如，得知一个新访问的用户来自北京，其性别为男，那么可以基于北京地区男性用户的偏好商品为新用户进行推荐。这里的用户偏好并不是指热度排行，而是用户的真实偏好。

用户的注册信息不仅可以用在冷启动问题上，也可以作为用户维度的特征在训练模型时使用。例如可以利用第 4 章介绍的聚类算法对全国的城市进行聚类，每个类簇的含义是：该类簇下的用户在一定程度上拥有共同的兴趣偏好。

如图 9-5 所示，假设全国所有的城市分为 7 个类簇，那么对新用户所属的类簇进行 One-Hot 编码，可得到一个 7 维的特征。例如，用户 A 来自类簇 1，那么用户 A 对应的地域特征向量为：1,0,0,0,0,0,0；用户 B 来自簇类 3，其对应的地域特征向量为：0,0,1,0,0,0,0。

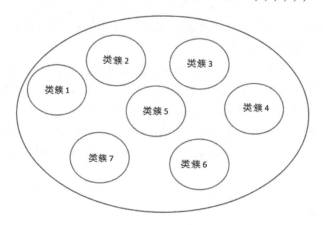

图 9-5　全国城市聚类展示

对于性别类特征，可以直接使用 0、1 来表示。其中，0 表示男性，1 表示女性。

通过编码，可以在训练模型时使用用户的注册信息。

9.4　利用用户上下文信息实现冷启动

第 7 章介绍了用户的时间和地域等上下文信息在推荐系统中的应用。在实际的业务场景中，用户的上下文信息所构造的特征维度更加丰富，如用户使用的设备信息、用户所处的时间地域信息、用户看到商品的展示信息。

> **提示：**
> 上下文特征是代表用户当前时空状态、最近一段时间的行为抽象的特征。

9.4.1 设备信息特征

设备信息主要是用户进行浏览的载体（手机、平板电脑、电脑等）的信息。不同设备所携带的信息是不一样的。例如，手机或平板的操作系统分为 iOS、Android、PC 等；计算机的操作系统分为 Windows、macOS、UNIX 等，手机和计算机品牌更是多种多样，不同设备的分辨率、屏幕尺寸、价格也是不一样的。

不同设备下用户的偏好也是不一样的。例如，iOS 系统的用户可能是个"苹果粉"，那么在冷启动时就可以推荐一些苹果相关的产品，为了提升推荐系统的丰富度，也可以推荐一些手机数码类别的商品。再如，用户是用 UNIX 系统进行商品浏览的，那么该用户有可能是 IT 工作者，可以给该用户推荐一些数码、技术书籍等商品。

当然，除了在冷启动中使用这些特征，在正常训练推荐系统模型时也可以对设备的相关信息进行特征构造，进而作为特征来训练模型。

9.4.2 时间地域信息特征

时间和地域是推荐系统中比较重要的信息，在第 7 章中介绍了相关内容。那么针对冷启动，时间和地域是怎样发挥它们作用的呢？

时间可以是节假日、季节、周末等。地域可以是省市区、经纬度等，也可以是逻辑上的区域划分（如中关村软件园、商务中心区、海滨城市等）。当一个新用户来访时，通过对其建立时间和地域上的映射来为用户召回相关的商品并进行推荐。

在构建特征时，时间和地域也是非常重要的。例如，对于时间，可以构造如下特征：是否是工作日、是否是休息日、访问时间所属的时间段（早上、上午、中午、下午、晚上、凌晨）等。

9.4.3 实现原理

针对用户的上下文信息，可以根据用户的历史数据分析出用户在相应属性下的行为偏好，为相应的商品打上对应的时间和地域信息。在新用户来访时，系统通过获取时间和地域信息，召回对应属性下的数据，并按照一定的规则进行排序，然后返回前 K 条数据给用户。

例如，服装、食物类商品有着明显的季节属性，特产、海鲜类商品有着明显的节日属性，每个商品都有产地属性和品牌属性，这样通过相应的标签就可以将用户的上下文信息和已经构建好的标签进行关联了。

同样，不仅可以将用户的上下文信息作为召回的标签数据，也可以对信息属性进行 One-Hot 编码，作为训练模型的特征使用。

9.5　利用第三方数据实现冷启动

目前很多 APP 支持第三方账户登录。如图 9-6 所示，用户登录功能支持使用邮箱、微信、微博账号进行登录。

图 9-6　某咨询类 APP 登录支持方式展示

通过第三方的授权登录，系统可以获取到用户在第三方平台上的相关信息（包括用户本身的属性信息和朋友关系信息），从而可以使用协同过滤算法计算出用户可能感兴趣的商品，进而解决用户的冷启动问题，为用户推荐个性化的内容。

9.6　利用用户和系统之间的交互实现冷启动

交互，即用户对系统的推荐结果做出反馈，或者系统通过一定的方式向用户进行兴趣征集。交互不仅在冷启动方面有着比较重要的作用，在推荐系统的结果反馈中也有着很重要的作用。

9.6.1　实现原理

前面介绍的几种冷启动处理方式都是系统主观意识上的揣测，并不能真正代表用户的兴趣，通过用户与系统之间的交互可以获取用户主观意义上的兴趣偏好。

例如，当用户新注册某个 App 时，系统会引导用户选择感兴趣的频道和话题，进而在首页的推荐频道中为用户提供个性化推荐。这个例子中，在产品设计之初就考虑到用户冷启动的问题，其中的交互行为也是一种非常典型的用户交互行为。

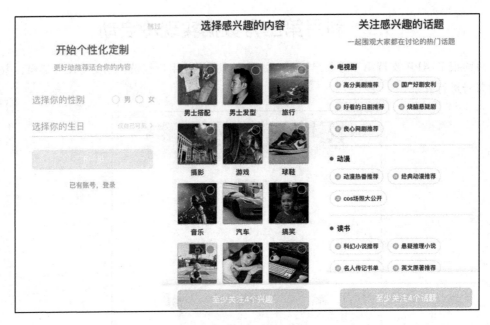

图 9-7　某 APP 注册时的个性化定制

经过图 9-7 所示的用户与系统之间的交互之后，系统会提示正在生成个性化首页，如图 9-8 所示。

图 9-8　提示正在生成个性化首页

对于推荐系统而言，引导新用户选择自己感兴趣的话题和内容是十分必要的，这样可以有效、直接地解决用户的冷启动问题。类似于图 9-7 所示的过程广泛存在于许多新闻类、资讯类、娱乐类 APP 中。

引导用户与系统进行交互的方式有多种，如话题选择、选项选择、口味测试、游戏引导等。

提示：

图 9-7 和图 9-8 在截取后有部分裁剪。

9.6.2　推荐系统中实时交互的应用

9.6.1 小节介绍的是新用户首次进入系统时与系统的交互。在实际的场景中，推荐系统在推荐过程中也会和用户进行交互，实时获取用户的反馈，进而实时调整推荐系统，为用户推荐更加符合其兴趣的内容。

常见的设计有点赞、收藏、意见反馈等。例如，在首次进入网易云音乐的"私人 FM"频道时，系统就会提示用户与其交互，如图 9-9 所示。

图 9-9　网易云音乐 APP "私人 FM"频道提示用户进行交互

同样，在电商类 APP 的推荐系统中，用户与推荐系统的交互也扮演着十分重要的角色。图 9-10 所示为京东"我的京东"页面中"为你推荐"频道的系统与用户交互。

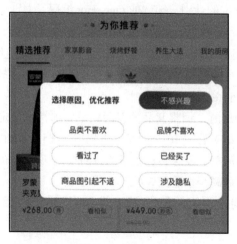

图 9-10　"为你推荐"频道的系统与用户交互

图 9-10 中显示了用户反馈给推荐系统的信息，不同的原因对应着推荐系统中的不同策略，具体如下。

- 品类不喜欢：不再推荐（或者少推荐）该商品对应的品类。
- 品牌不喜欢：不再推荐（或者少推荐）该商品对应的品牌。

- 看过了：不再推荐该商品。
- 已经买了：不再推荐该商品，或减少推荐（甚至不推荐）与该商品相似的商品。例如用户已经买了一双 Adidas 三叶草系列的小白鞋，那么就不应该再推荐小白鞋。
- 商品图引起不适：反馈给运营或对应的团队修改商品主图。
- 涉及隐私：不再推荐该商品和相关商品。

> **提示：**
> （1）具体的对应策略，在实际场景中会有不同，这里只是举例说明。
> （2）隐私在推荐系统中是一个非常严峻的话题，如何平衡用户隐私和推荐系统的效果也是开发者需要注意的问题。一个优秀的推荐系统能够实现用户和平台的双赢。
> （3）敏感信息保护也是开发推荐系统中需要注意的问题。

9.6.3 实例 26：用户实时交互推荐系统设计

在传统的协同过滤算法中，无法利用用户的交互信息进行实时结果调整。但若使用 GBDT 或 LR 等算法对商品进行排序，则可以利用用户的实时反馈信息来动态调整推荐系统。

假设利用算法 A 对商品进行排序，召回数据集（商品）对应的类型包括：

- 偏好品类；
- 偏好品牌；
- 偏好标签；

使用的排序特征包含：商品维度的点击次数（clickNum）、曝光次数（exposeNum）、曝光点击率（ECP）、用户维度的性别、地域的 One-Hot 编码。

那么如何将用户的实时反馈作为特征来训练排序算法 A 呢？有以下两种方式。

- 商品打标：为召回的商品池中的每个商品打标：是否是用户的偏好品类下的商品（isPreferCate）、是否是用户的偏好品牌下的商品（isPreferBrand）、是否是用户偏好标签下的商品（isPreferTag）。
- 在下次进入推荐频道时，调整商品的召回权重。如初始设定的三种召回类型权重均为 10，即每种召回类型下召回 10 个商品，上报用户在该频道内的点击行为，增加用户所点击的商品对应的品类、品牌、标签下的召回权重（如增加权重到 15），减少非对应类型的召回权重（如减少权重到 8）。

这样就可以实时获取用户的交互反馈，进而动态地调整推荐系统，为用户推荐更加个性化的商品。

> **提示：**
> 实际场景中的召回类型、打标、权重调整要比这里介绍的更加复杂，但思想类似，根据为用户刻画的画像进行商品召回。

9.7　利用物品的内容属性实现冷启动

9.2～9.5 节介绍的是如何解决推荐系统中的用户冷启动问题，对于物品冷启动问题该怎么解决呢？物品冷启动要解决的问题是，如何将新加入系统的物品推荐给对它感兴趣的用户。

物品的冷启动在新闻、娱乐、资讯类网站中格外重要。由于新闻的生命周期较短，如果无法在短期内将其曝光给更多的用户，那么其本身的价值将大大减小。

对于物品的冷启动，可以利用物品的内容属性将物品展示给尽可能符合其偏好的用户。

9.7.1　物品内容属性分析

物品内容属性是表达物品的直接信息。

在协同过滤算法中，UserCF 的原理是给用户推荐相似用户喜欢的物品。对于新加入系统的物品，当只有一部分用户看到时，UserCF 可以将其扩散给更多用户。如何让一部分人看到新加入的物品呢？最简单的方法是直接将新加入的物品随机展示给一部分用户。但这样显示不太个性化，因此可以利用物品的内容属性，先将该物品展示给对和它相似的物品感兴趣的用户。

ItemCF 算法的原理是给用户推荐和他之前喜欢物品的相似物品。对于 ItemCF 算法，它每隔一段时间就利用用户行为计算物品的相似度（一般每天更新一次）；线上的基于 ItemCF 算法的推荐系统会将相似矩阵存放在内存中。因此，当新加入物品时，如果无法将其及时更新到相关矩阵中，则可以通过频繁更新相似矩阵解决该问题。

> **提示：**
> 对于绝大部分网站而言，用户行为和商品数量都是巨大的，加上本身 ItemCF 算法中的矩阵构造就比较耗时和占内存空间，不仅会导致计算资源更加紧张，而且会导致其他一些重要任务无法及时更新。

所以，可以利用基于内容的推荐算法，根据物品的内容属性信息，频繁地更新物品相关表（如每小时更新一次），这样就可以将新加入系统的物品加入物品相关表中。但是在排序算法中不会存在协同过滤算法中的问题，因为排序算法中不涉及用户或内容的相似度计算。

1. 利用物品的内容属性解决冷启动的两种方法

不管是协同过滤推荐算法还是排序算法，利用物品的内容属性解决冷启动的两种常用方法为：

- 根据物品内容属性将其加入相应的召回类型中，再将物品加入召回池，进而解决物品的冷启动。
- 将物品的内容属性构造为特征，根据这些特征计算物品的相似度，进而解决物品的冷启动。

2. 物品的内容属性概括为三大类

物品的内容属性多种多样，不同类型的物品有不同的内容属性，这里将物品的内容属性概

括为三大类:

- 物品本身的属性:用来描述物品本身的属性,具有宏观上的唯一性,如物品编码、标题名字、产出时间等。
- 物品的归纳属性:用来形容物品的类别信息属性,具有宏观概括性,如类别、品牌、标签、风格等。
- 物品的被动属性:用户表示物品的被动行为属性,具有客观概括性,如物品的浏览量、点击率、评论等。

> **提示:**
> 这里的分类为笔者在使用过程中的习惯性分类,目的是梳理物品的属性信息,方便构建物品画像。

例如针对新闻,属性分类如下。

- 物品本身的属性有:文章 ID 编号、新闻名字、编辑时间、正文、概述等;
- 物品的归纳属性有:作者、所属类别、所属标签等;
- 物品的被动属性有:收藏次数、评论条数、点击次数等。

针对电商网站中的物品,其包含的属性信息往往更加丰富,不同类别的物品属性也大相径庭。图 9-11 所示为京东网站上某款手机和某款鞋子的属性信息对比。

品牌:小米(MI)			
商品名称:小米小米8	商品编号:7437788	商品毛重:430.00g	商品产地:中国大陆
系统:安卓(Android)	机身厚度:薄(7mm-8.5mm)	拍照特点:后置双摄像头	网络制式:4G LTE全网通
机身内存:64GB	机身颜色:黑色系	热点:人工智能,人脸识别,快速…	运行内存:6GB
前置摄像头像素:2000万及以上	多卡支持:双卡双待双4G	屏幕配置:符合全面屏比例	后置摄像头像素:1200万-1999万
老人机配置:智能机(老龄模式)	电池容量:3000mAh-3999mAh		

品牌:红蜻蜓(RED DRAGONFLY)			
商品名称:红蜻蜓 秋冬新款男士鞋…	商品编号:32970559278	店铺:红蜻蜓官方旗舰店	商品毛重:0.58kg
货号:WTD80661/62	鞋底款式:平跟	鞋垫材质:PU	鞋面内里材质:头层猪皮
闭合方式:系带	鞋底材质:橡胶	适用季节:冬季	功能:保暖
靴筒面材质:头层牛皮	尺码:40	鞋面材质:头层牛皮	靴筒高度:中筒
流行元素:素面	内里材质:头层猪皮	鞋跟形状:平跟	颜色:黑色
风格:复古	鞋头款式:圆头	款式:马丁靴	适用人群:青年
上市时间:2018冬季			

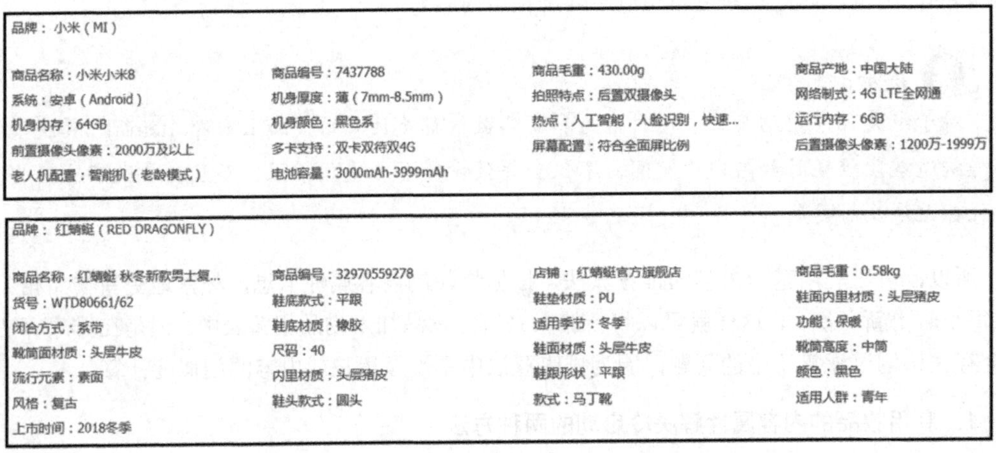

图 9-11 京东网站上某款手机和某款鞋子的属性信息对比

9.7.2 物品信息的使用

在 9.7.1 小节中提到了两种利用物品内容属性来解决物品推荐的冷启动方法。

1.利用内容属性进行物品召回

物品召回利用的主要是物品的归纳属性,如类别、品牌、标签等。

在电商推荐系统中,物品的划分标准是多样的,如图 9-12 所示。那么如何利用商品的属性进行召回呢？方法如下。

（1）对物品（电商网站中习惯称为"商品"）进行类别归类，如按照品类、品牌、标签等维度进行归类（这几个维度是并列的）；

（2）针对用户进行画像刻画，计算出用户偏好的类别，进而召回对应类别下的数据，形成商品召回池。例如用户 u 的偏好品类是 Cate_3，则将 Cate_3 类下的 sku 放在用户 u 需要排序的商品池中；

（3）使用排序算法对物品进行排序；

（4）根据相应的展示策略，选择前 N 个结果返回给用户。

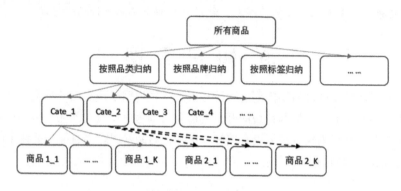

图 9-12　物品归类展示样例图

在图 9-12 中，所有的物品都可以按照品类、品牌和标签进行归纳。这三者下的商品可以重复（相当于从三个维度去划分商品数据集），按品类进行归纳后的 Cate_1、Cate_2……下的商品不能重复（因为从确定的维度去划分物品数据集后，每个物品只能属于一个特定的子划分）。

2. 利用内容属性计算物品相似度

利用物品的内容属性计算物品相似度也是解决物品冷启动的重要方法，常见的计算相似度的方式为：

（1）构建物品内容属性向量；

（2）根据属性向量计算物品相似度；

（3）将物品推荐给喜欢该物品相似物品的用户。

9.8　利用专家标注数据实现冷启动

很多推荐系统在刚开始建立时，既没有用户行为数据，也没有能用来准确计算物品相似度的物品信息。那么为了在刚开始就让用户获得良好的体验，很多系统都会采用专家标数据。这方面的代表是 Pandora 音乐电台。

Pandora 是一个给用户播放音乐的个性化网络电台。计算音乐、视频之间的相似度是非常难的，音乐属于流媒体，如果从音频分析入手计算音乐的相似度，技术门槛很高，而且结果也难以令人满意。另外，仅仅利用音乐的专辑、歌手等信息也难以得到令人满意的结果。

为了解决这个问题，Pandora 启动了一项称为"音乐基因组"的项目。这个名为"音乐基因组"的项目开始于 1999 年，该项目雇用一批懂计算机的音乐人，听了几万名歌手的歌，并对这些歌从各个维度进行标注，最终他们提供了 450 多维的特征来区分不同的音乐，这些标签可以细化到一首歌是否有吉他的和弦、是否有架子鼓、主唱的年龄等。在得到这些维度的特征之后就可以利用第 5 章介绍的基于内容的推荐算法进行相似度计算了。这里的内容指的是音乐本身所表现出来的内容。

> **提示：**
> "音乐基因组"项目的成本是很高的。随着技术的发展，Pandora 的这种处理方式终究会被淘汰，取而代之的是人工标注训练样本，利用深度学习技术进行数据标注。

9.9 知 识 导 图

本章围绕推荐系统中的冷启动问题进行了分析。首先说明了冷启动的分类，然后探讨了实现冷启动的方法。在工业界，推荐系统的开发者需要时刻考虑冷启动问题。因为能看到的用户总是少数，大部分用户行为较少甚至没有偏好，在进行商品召回时要召回一些通用的数据。

本章内容知识导图如图 9-13 所示。

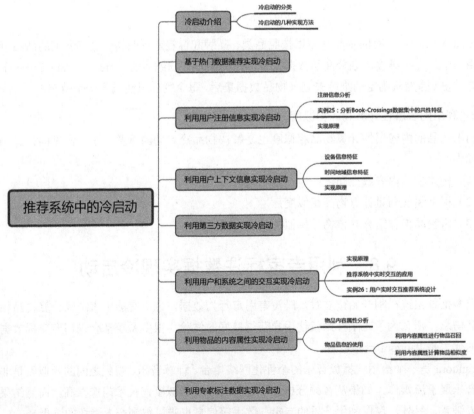

图 9-13 本章内容知识导图

第 **10** 章

推荐系统中的效果评估

在本章之前介绍的推荐算法中，虽然涉及简单的推荐系统效果评估，却没有进行详细介绍。本章将详细介绍一些推荐系统中常用的评估方法。

推荐系统的评估方法分为用户调研、在线评估和离线评估。

10.1 用户调研

推荐系统的离线实验指标和实际商业指标之间存在差异。例如，预测准确率和用户满意度之间就存在很大的差异，高预测准确率不等于高用户满意度。因此，要准确评估一个算法，需要相对真实的环境，最好的方法就是将算法直接上线测试。但如果对算法是否会降低用户满意度不太有把握，那么直接上线往往有较大的风险，所以在上线测试前一般需要做一次用户调研。

在进行用户调研的过程中，需要保证测试用户的分布和真实用户分布相同。例如，男女各一半，年龄、活跃度的分布都和真实用户分布尽量相同。此外，用户调查要尽量保证是双盲实验，即不要让实验人员和用户事先知道测试的目标，以免用户的回答和实验人员的测试受主观成分的影响。

用户调研的优缺点也很明显。

- 优点：可以获得很多体现用户主观感受的指标，比在线实验风险低，出现错误后很容易弥补。
- 缺点：招募测试用户代价较大；很难组织大规模的测试用户，因此测试结果的统计意义不足。

此外，在很多时候设计双盲实验非常困难，而且用户在测试环境下的行为和真实环境下的行为可能有所不同，因而，在测试环境下收集到的测试指标可能与真实环境下的不太相同。所以，在实际推荐系统评估过程中，基本不会采用该方式进行评估，相反，会通过线上的一些行为统计得出结果。例如，豆瓣 FM 频道的点赞和删除，界面如图 10-1 所示。

图 10-1　豆瓣 FM 频道界面

10.2 在 线 评 估

在线评估：设计一个在线实验，然后根据用户的在线反馈结果来衡量推荐系统的表现。在线评估中，比较重要的两个选择点是——在线实验方式和在线评估指标，10.3 节和 10.4 节将分别介绍这两个知识点。

10.3 在线实验方式——ABTest

ABTest 即 AB 测试，是最常用的在线实验方式。

10.3.1 ABTest 介绍

ABTest 就是为了实现同一个目标制定两个方案，让一部分用户使用 A 方案，另一部分用户使用 B 方案，记录下两部分用户的反馈情况，然后根据相应的评估指标确认哪种方案更好。

> **提示：**
> ABTest 可以用在所有需要进行 AB 对照分析的系统上。本书中涉及的 ABTest 只针对推荐系统。

互联网行业里，在软件快速上线的过程中，ABTest 是一个帮助我们快速试错的实验方法。在统计学上，ABTest 其实是假设检验的一种形式。它能帮助开发者了解推荐系统的改动是否有效、能够带来多大的 KPI 提升。

在推荐系统中，为了对比不同算法、不同数据集对最终结果的影响，通过一定的规则将用户随机分成几组，并对不同组采取不同的召回或推荐算法，最终通过不同组用户的各种评估指标来进行对比分析。

10.3.2 ABTest 流程

一个典型的推荐系统架构如图 10-2 所示。

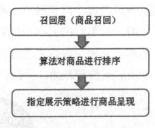

图 10-2 典型的推荐系统架构

引入 ABTest 后的推荐系统流程通常为：

（1）用户分流：将用户的唯一 ID 编码进行 Hash 分桶，使不同的用户落入不同的分桶中。

例如，针对用户群 U，Hash 分桶之后得到 100 个桶（即根据唯一 ID 的 Hash 尾号进行分桶，尾号的范围是 1～100），100 个桶分别为 B_1，B_2，…，B_100；

（2）分桶召回：对不同的桶指定不同的召回策略，使得到的召回商品池存在差异。例如，B_1 到 B_50 对应召回策略 A，形成商品召回池 A；B_51 到 B_100 对应召回策略 B，形成商品召回池 B；

（3）用户打散，重新分桶：将用户随机打散，重新分为 100 个桶，保证和第（1）步中的分桶不重复；

（4）分桶排序：对不同的桶指定不同的算法进行排序。例如，B_1' 到 B_50' 对应召回算法 A，B_51' 到 B_100' 对应算法 B；

（5）商品展示：根据指定的策略对第（4）步中排序输出的商品进行展示。

> **提示：**
>
> 这里假设将用户分为 100 个桶，召回对应两种策略，算法分为两种排序算法。在实际应用场景中，用户分桶、商品召回和算法排序往往更加多样。

加入 ABTest 的推荐系统架构图如图 10-3 所示。

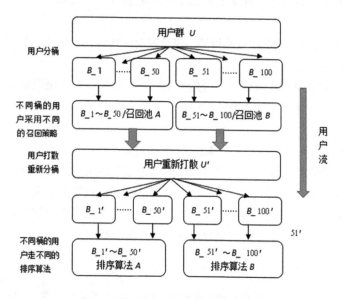

图 10-3　加入 ABTest 的推荐系统架构图

这里需要注意的是，在对用户进行分桶并召回商品之后，需要重新将用户打散并分桶，这样能确保不同桶之间的用户没有相关性，召回池中的 ABTest 和排序部分的 ABTest 没有关联，互不影响。

10.3.3　ABTest 的注意事项

ABTest 是一种在线上测试算法好坏的方法，由于其简单、直接、便于实施，被广泛应用在公司中。但在使用过程中仍要注意以下几个问题。

（1）证实偏差。

证实偏差是指：遇到一个命题时，人们倾向于寻找支持这个命题的证据，而忽略否定这个命题的证据。

在 ABTest 中，算法工程师在调优的过程中，会自然地将测试假设和设计建立在他们自己的态度和观点上，而忽略了一些互相矛盾的信息，不去测试和设计与自己意见不一致的想法。这就会导致：一旦推荐系统出现符合预期的结果，他们会认为此前的想法是对的，也就不再进行实验了。这样就会导致很大的误差，不同的业务场景会受到营销和外界其他活动的影响。因此，在进行 ABTest 时要注意外界因素对系统的影响，应适当拉长测试周期。

（2）幸存偏差。

幸存偏差是一种认知偏差，其逻辑谬误为：推荐系统倾向于关注经常来访用户，而忽略他们在访问推荐系统的过程中已经被影响。

例如"乔布斯勇于挑战体制取得了成功，所以大家都应该都去尝试挑战体制"，在这句话中没有提到那些挑战体制失败的人，仅以一名成功者为例说明，没有说明失败者的下场。

在推荐系统中也一样，不能只关注来访者的行为特征和偏好，更要注意那些没有来访的用户的行为特征和偏好，这样才能保证推荐系统的泛化能力。

（3）辛普森悖论。

开始进行 ABTest 后，就不要更改设置、变量或对照的设计，并且不要在实验过程中更改已经分配到变量的流量。

在测试期间调整变量的流量分配，可能会影响测试结果。当两组数据合并时，不同数据组中的趋势消失，便会产生"辛普森悖论"现象。

（4）均值回归。

在进行 ABTest 几天后，如果发现 KPI 指标有大幅提升，请不要立即下结论。因为这种早期的显著提升往往会在接下来的几天或几周的测试中逐渐消失，此时看到的不过是均值回归。也就是说，如果某一指标在第一次评估时出现极端结果，在后续的观察中，该指标会逐渐趋向于平均值。小样本尤其容易生产极端结果，因此不要在刚开始生成数据时就将所得到的结果解读成转化率，要适当增加测试时间，至少保证一个时间周期（如一周）。

> **提示：**
> 完整的 ABTest 需要一个严谨的开发和测试过程，因为严谨的框架可以确保假设基于证据而非直觉。

10.4　在线评估指标

在线评估指标是指在实际的业务场景中去评估推荐系统好坏的指标。常见的在线评估指标包括点击率、转化率、GMV 等。

10.4.1　点击率

点击率是在线评估推荐系统的一个经典指标。它表示的是商品的点击次数与曝光次数的比值，其计算方式为：

$$ctr = \frac{N_{click}}{N_{expose}}$$

式中，N_{click} 为页面或商品的点击次数，N_{expose} 为页面或商品的曝光次数。

在电商场景下，点击率分为 PV 点击率和 UV 点击率。它们属于同一种类型的指标，用来反映页面内容对用户的吸引程度。两者的区别如下。

- UV 点击率：侧重反映页面对整个用户群的黏性。例如，有 100 个用户访问某个页面，其中有 30 个用户点击了页面上的内容，则 UV 点击率为 30%；如果这 100 个用户全都点击了，则说明这个页面的内容对所有的用户都比较合适。
- PV 点击率：侧重的是页面对合适用户群的黏性。例如，共有 100 个用户，其中只有 10 个用户点击了页面上的链接，但是每个用户平均点击了 5 次，则 UV 点击率为 10%，PV 点击率为 50%。这说明，虽然页面内容并不是对所有用户都合适，但是合适的用户会觉得页面的内容很符合他们的需求。

10.4.2　转化率

转化率是指事物从状态 A 进入到状态 B 的概率。在电商的推荐系统中，转化率通常指发生目标行为的商品与发生目标行为条件的比值。

例如，以商品加购为目标导向、点击为条件，则加购的转化率为：

$$cr_{addCart} = \frac{N_{addCart}}{N_{click}}$$

式中，$N_{addCart}$ 表示加购商品数目，N_{click} 表示商品点击数。

例如在一个推荐频道中，被点击的商品数目为 100，用户通过该页面加购的商品数为 10，则加购转化率为 10%。

10.4.3　网站成交额

网站成交额（Gross Merchandise Volume，GMV）主要应用在电商网站中。可以将 GMV 简单理解为：

$$GMV = 销售额 + 取消订单额 + 拒收订单金额 + 退货订单金额$$

GMV 虽然不是实际交易数据，但同样可以作为参考依据，因为只要用户点击了"购买"按钮，无论是否实际购买，都统计在 GMV 里。可以用 GMV 来研究顾客的购买意向。

如果在一个商品推荐页面内产生了较大的 GMV，则说明该页面的商品推荐效果较好。

> **提示：**
> 一些常见的电商统计术语：独立访客（Unique Vister，UV）、浏览总次数（Page View，PV）、点击率（Click Through-Rate，CTR）、转化率（Conversion Rate，CR）。

10.5　离线评估

离线评估：根据待评估推荐系统在实验数据集上的表现，基于一些离线评估指标来衡量推荐系统的效果。

相比于在线评估，离线评估更方便、更经济，一旦数据集选定，只需将待评估的推荐系统在此数据集上运行即可。

离线评估最主要的环节有两个：拆分数据集、选择离线评估指标。10.6 节和 10.7 节分别介绍这两个环节。

10.6　拆分数据集

在机器学习中，通常将数据集拆分为训练数据集、验证数据集和测试数据集。它们的功能分别如下。

- 训练数据集（Train Dataset）：用来构建机器学习模型。
- 验证数据集（Validation Dataset）：辅助构建模型，用于在构建过程中评估模型，为模型提供无偏估计，进而调整模型的超参数。
- 测试数据集（Test Dataset）：评估训练完成的最终模型的性能。

三类数据集在模型训练和评估过程中的使用顺序如图 10-4 所示。

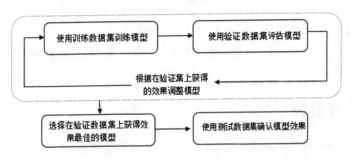

图 10-4　三类数据集在模型训练和评估过程中的使用顺序

为了划分这几种数据集，可以采用留出法、*K*-折交叉验证法、自助法等多种方法。这些方法都对数据集有一些基本假设，包括：

- 数据集是随机抽取且独立同分布的；
- 分布是平稳的，不会随时间发生变化；
- 始终从同一个分布中抽取样本。

下面分别介绍这三种数据集拆分方法。

10.6.1 留 出 法

留出法（hold-out）直接将数据集划分为多个互斥的集合。例如，通常将 70% 的数据划分至为训练数据集，30% 的数据划分至测试数据集。

> **提示：**
>
> 应保持划分后集合数据分布与划分前数据集数据分布的一致性，这样可避免划分过程中引入额外的偏差而对最终结果产生影响。

通常，单次使用留出法得到的结果往往不够稳定和可靠。所以，一般采用若干次随机划分，重复进行实验评估，然后取平均值作为留出法的评估结果。

10.6.2 K-折交叉验证法

单独使用测试数据集或验证集具有一定的局限性，包括：
- 测试数据集是对模型的单次评估，无法完全展现评估结果的不确定性；
- 将大的测试数据集划分成测试数据集和验证数据集会增加模型性能评估的偏差；
- 分割的测试数据集样本规模太小；
- 模型可能需要每一个数据点来确定模型值；
- 不同测试数据集生成的结果不同，这造成测试数据集具有极大的不确定性；
- 重采样方法可对模型在未来样本上的性能进行更合理的预测。

在实际使用过程中常选择 K-折交叉验证法（K-fold cross-validation）来评估模型，因为其偏差低、性能评估变化小。

K-折交叉验证法将数据集划分为 K 个大小相似的互斥子集，并尽量保证每个子集数据分布的一致性。这样就可以获取 K 组训练数据集和测试数据集，从而进行 K 次训练和测试。K 通常取值 10，此时称为 10-折交叉验证法。其他常用的 K 值还有 5、20 等。

10.6.3 自 助 法

自助法（Bootstrap Method）以自助采样法为基础：每次随机地从初始数据集 D 中选择一个样本，将其复制到结果数据集 D′ 中，然后将样本放回初始数据 D 中；这样重复 m 次，就得到了含有 m 个样本的数据集 D′。

这样就可以把数据集 D′ 作为训练数据集，而 数据集 D-D′（表示除了 D′ 之外的数据）作为测试数据集。

样本在 m 次采样中始终不被采集到的概率为：

$$\lim_{m \to \infty}(1-\frac{1}{m})^m = \frac{1}{e} = 0.368$$

自助法的性能评估变化小，在数据集小、难以有效划分数据集时很有用。另外，自助法也可以从初始数据中产生多个不同的训练数据集，对集成学习等方法有好处。

自助法产生的数据集改变了初始数据的分布，会引入估计偏差。因而，数据量足够大时，建议使用留出法和 *K*-折交叉验证法。

 提示:

验证数据集用来调整模型的参数，测试数据集用来估计模型对样本的泛化误差。在实际使用过程中，往往将数据集拆分为训练数据集和测试数据集，并用测试数据集充当验证数据集。

10.6.4 实例 27：使用 sklearn 包中的 train_test_split()函数进行数据集拆分

Scikit-learn 是 Python 实现的机器学习库，可以实现数据预处理、分类、回归、降维、模型选择等常用的机器学习算法。

在 Python 中使用该库只需引入 sklearn 包即可，在 sklearn 包中使用 sklearn.model_selection 中的 train_test_split()函数来分割数据集。该函数的常用参数如下。

- train_size：训练数据集比例，默认值为 0.25。当 train_size 和 test_size 都不传入时，默认值生效。
- test_size：测试数据集比例，默认值为 0.25。当 train_size 和 test_size 都不传入时，默认值生效。
- stratify：是否采用分层，默认为 None。如果需要进行分层，传入指定的列即可。
- random_state：控制随机数的种子，默认为 None。
- shuffle：是否在分割数据集前打乱数据，默认为 True。

 提示:

train_test_split()使用了留出法。

下面创建一个 TrainTestSplit 函数，来演示 train_test_split()函数的使用。代码如下：

代码 10-1 使用 sklearn 包中的 train_test_split()函数进行数据集拆分

```python
from sklearn.model_selection import train_test_split
from sklearn import datasets
import pandas as pd

# 演示 model_select 中的 train_test_split
def TrainTestSplit(is_stratify):
    # 加载鸢尾花数据集
    X,y = datasets.load_iris(return_X_y=True)
    # 进行数据集拆分
    if is_stratify:
        X_train, X_test, y_train, y_test = train_test_split(X, y, test_size=0.3,
stratify=y,random_state=10)
    else:
```

```
    X_train, X_test, y_train, y_test = train_test_split(X, y, test_size=0.3,
stratify=None,random_state=10)
    print("X_train 的数据维度为: {}".format(X_train.shape))
    print("X_test 的数据维度为: {}".format(X_test.shape))
    print("y_train 的数据维度为: {}".format(y_train.shape))
    print("y_test 的数据维度为: {}".format(y_test.shape))

    # 打印出训练数据集和测试数据集中的各类目情况
    print("y_train 中各类目对应的次数统计为:
    \n{}".format(pd.value_counts(y_train)))
    print("y_test 中各类目对应的次数统计为: \n{}".format(pd.value_counts(y_test)))

# 调用 train_test_split print("数据不分层: ")
TrainTestSplit(is_stratify=False)   # 不分层
print("\n 数据分层: ")
TrainTestSplit(is_stratify=True)    # 分层
```

运行代码，显示如下结果:

```
数据不分层:
X_train 的数据维度为: (105, 4)
X_test 的数据维度为: (45, 4)
y_train 的数据维度为: (105,)
y_test 的数据维度为: (45,)
y_train 中各类目对应的次数统计为:
2    36
0    36
1    33
dtype: int64
y_test 中各类目对应的次数统计为:
1    17
2    14
0    14
dtype: int64


数据分层:
X_train 的数据维度为: (105, 4)
X_test 的数据维度为: (45, 4)
y_train 的数据维度为: (105,)
y_test 的数据维度为: (45,)
y_train 中各类目对应的次数统计为:
2    35
1    35
0    35
dtype: int64
y_test 中各类目对应的次数统计为:
2    15
1    15
0    15
```

```
dtype: int64
```

从结果中可以看出，当采用分层方式切分数据集时，Y 即 label 标签分布比较均匀；当不采用分层方式切分数据集时，Y 即 label 标签分布相对比较随机。

10.6.5 实例 28：使用 sklearn 包中的 KFold() 函数产生交叉验证数据集

用 KFold 函数生成 K 个交叉验证的数据集，其对应的主要参数有以下几个。

- n_splits：对应交叉验证数据集的个数，默认值为 3。
- random_state：控制随机数的种子，默认为 None。
- shuffle：是否在分割数据集前打乱数据，默认为 True。

创建一个 KFoldTest() 函数，用来演示 KFold() 函数的使用。代码如下：

代码 10-2 使用 sklearn 包中的 KFold() 函数产生交叉验证数据集

```
from sklearn.model_selection import KFold
import numpy as np

# 以生成器的方式产生每次需要的训练数据集和测试数据集
def KFoldTest():
    X = np.random.randint(1, 10, 20)
    # n_splits k 折交叉验证
    kf = KFold(n_splits=5)
    # 返回的数据的下标
    i = 1
    for train_index, test_index in kf.split(X):
        print("第 {} 次: ".format(i))
        print("train 数据为: {}".format(train_index))
        print("test 数据为: {}".format(test_index))
        i += 1

# 交叉验证
KFoldTest()
```

运行代码，显示如下结果：

```
第 1 次:
train 数据为: [ 4  5  6  7  8  9 10 11 12 13 14 15 16 17 18 19]
test 数据为: [0 1 2 3]
第 2 次:
train 数据为: [ 0  1  2  3  8  9 10 11 12 13 14 15 16 17 18 19]
test 数据为: [4 5 6 7]
第 3 次:
train 数据为: [ 0  1  2  3  4  5  6  7 12 13 14 15 16 17 18 19]
test 数据为: [ 8  9 10 11]
第 4 次:
train 数据为: [ 0  1  2  3  4  5  6  7  8  9 10 11 16 17 18 19]
test 数据为: [12 13 14 15]
```

第 5 次:
train 数据为: [0 1 2 3 4 5 6 7 8 9 10 11 12 13 14 15]
test 数据为: [16 17 18 19]

从结果中可以看出,这里产生了 5 次交叉验证的数据集。需要注意的是,输出结果为数据集中的下标(即索引),并非实际值。

10.6.6　实例 29: 使用 sklearn 包中的 cross_validate()函数演示交叉验证

使用 cross_validate()函数演示交叉验证数据集时,其主要参数如下。

- estimator: 已经初始化的分类器模型。
- scoring: 字符型或列表形式的多个字符型,控制产出的评估指标。可以通过在列表中写入多个评分类型来实现多指标输出。
- cv: 控制交叉验证子集的个数,默认值为 23。
- return_train_score: 控制是否在得分中计算训练数据集回带进模型的结果、函数输出项、字典形式的训练时间、计算得分时间,以及各得分情况,默认为 True。

创建一个 CrossValidate 方法,演示 cross_validate()函数的使用。代码如下:

代码 10-3　使用 sklearn 包中的 cross_validate()函数的使用

```python
from sklearn.model_selection import cross_validate
from sklearn import datasets
from sklearn.neighbors import KNeighborsClassifier

# 使用 CrossValidate 演示交叉验证数据集的使用
def CrossValidate():
    # 加载乳癌肿瘤数据集
    X, y = datasets.load_breast_cancer(return_X_y=True)
    # 定义 KNN 模型
    clf = KNeighborsClassifier()

    # 定义需要输出的评估指标
    scoring = ['accuracy', 'f1']

    # 打印每次交叉验证的准确率
    score = cross_validate(clf, X, y, scoring=scoring, cv=5,
    return_train_score=True)
    print(score)

CrossValidate()
```

运行代码,显示如下结果:

```
{'train_f1': array([0.96193772, 0.96219931, 0.95876289, 0.95172414, 0.95862069]),
'score_time': array([0.0079999 , 0.00699997, 0.00699997, 0.00699997, 0.00600004]),
'fit_time': array([0.00200009, 0.00100017, 0.00100017, 0.00099993, 0.00099993]),
'test_f1': array([0.91503268, 0.95238095, 0.95104895, 0.95833333, 0.94285714]),
```

'train_accuracy': array([0.95154185, 0.95154185, 0.94736842, 0.93859649, 0.94736842]),
'test_accuracy': array([0.88695652, 0.93913043, 0.9380531 , 0.94690265, 0.92920354])}

从运行结果中可以看到每次交叉验证对应的 f1 值、准确率、运行时间等信息。

> **提示：**
> （1）在本章后面的内容中会介绍相应的离线评估指标的含义。
> （2）与 cross_validate()函数相似的是 cross_val_score()函数。cross_val_score()函数只能返回一个评估指标，cross_validate()函数可以返回多个评估指标，感兴趣的读者可以自己尝试。

10.7 离线评估指标

离线评估指标用于预估模型上线前在整个推荐系统中能达到的效果。

常见的离线评估指标可以分为两大类：

- 准确度指标：评估推荐系统的最基本的指标，衡量的是指标推荐算法在多大程度上能够准确预测用户对推荐商品的偏好程度，可以分为分类准确度指标、预测评分准确度指标、预测评分指标关联。
- 非准确度指标：在推荐系统达到一定的准确度之后，衡量推荐系统丰富度和多样性等的指标。

下面依次对这些评估指标进行介绍。

> **提示：**
> 推荐系统的离线效果评估，就是对推荐算法进行效果评估。后文在介绍对推荐系统的离线评估时，会用"推荐算法"代替"推荐系统"。

10.7.1 准确度指标之预测分类准确度指标

预测分类准确度指标衡量的是推荐算法能够正确预测用户喜欢或不喜欢某个商品的能力。它特别适用于那些有明确二分偏好的用户系统，即要么喜欢要么不喜欢。对于有些非二分偏好系统，如果使用分类准确度指标进行评价，则往往需要设定评分阈值来区分用户的喜好。

目前最常用的预测分类准确度指标有：AUC、准确率（Accuracy）、精确率（Precision）、召回率（Recall）、F-measure 值。

1. AUC

AUC（Area Under Curve）是一个模型评估指标，只能用于二分类模型的评估。在推荐系统中，由于大部分情况下都要预估用户是否发生点击，符合 AUC 只能评估二分类的要求，所以 AUC 应用得非常广泛。

在介绍 AUC 之前，先来看下混淆矩阵（Confusion Matrix）。

（1）混淆矩阵。

在机器学习领域，混淆矩阵又称为"可能性表格"或"错误矩阵"。它是一种特定的矩阵，用来呈现算法性能的可视化效果，通常用于监督学习。

 提示：

非监督学习通常用于匹配矩阵（Matching Matrix）。

混淆矩阵的列代表预测值，行代表实际类别。这个名字来源于它可以非常容易地表明多个类别是否有混淆（也就是一个类别被预测成另一个类别）。

下面用一个实例讲解什么是混淆矩阵。

现有 200 个样本数据，这些数据分成两类：100 个正样本数据，100 个负样本数据。

分类结束后得到的统计信息如图 10-5 所示。

		预测值	
		0	1
真实值	0	40	60
	1	60	40

图 10-5　200 个样本数据预测统计分布图

其中：

- 40 个（左上）表示真实值为 0，预测值也是 0，预测正确。
- 60 个（右上）表示真实值为 0，预测结果却为 1，预测错误。
- 40 个（右下）表示真实值为 1，预测结果也为 1，预测正确。
- 60 个（左下）表示真实值为 1，预测结果却为 0，预测错误。

图 10-5 对应的混淆矩阵如图 10-6 所示。

		预测值	
		0	1
真实值	0	TN（True Negative）	FP（False Positive）
	1	FN（False Negative）	TP（True Positive）

图 10-6　对应的混淆矩阵

混淆矩阵包含四部分的信息：

- True Negative（TN），称为真阴性，表明实际是负样本且预测也为负样本的样本数。

- False Positive（FP），称为假阳性，表明实际是负样本预测却为正样本的样本数。
- False Negative（FN），称为假阴性，表明实际是正样本预测成负样本的样本数。
- True Positive（TP），称为真阳性，表明实际是正样本预测也为正样本的样本数。

从图 10-6 中可以分析出，对角线有"True"标识的表示预测正确，对角线有"False"标识的表示预测错误。常见的离线模型评估指标都建立在混淆矩阵的基础上。

（2）AUC 与 ROC 介绍。

AUC（Area Under Curve）表面上的意思是"曲线下边的面积"，这里的曲线是 ROC 曲线（Receiver Operating characteristic Curve，接收者操作特征曲线）。

图 10-7 为 Wiki 上关于 ROC 曲线的示例图。其中：

- 横坐标为假阳率（False Positive Rate），其计算公式为"FPR=FP/(FP+TN)"，表示的是：实际为负样本但预测成正样本在所有负样本中的占比。
- 纵坐标为真阳率（True Positive Rate），其计算公式为"TPR=TP/(TP+FN)"，表示的是：实际为正样本预测也为正样本的样本在所有正样本中的占比。

ROC 曲线给出的是：当阈值(分类器必须提供每个样例被判为阳性或阴性的可信程度值)变化时，假阳率和真阳率的变化情况。

- 左下角的点对应的是将所有样例判为反例的情况。
- 右上角的点对应的是将所有样例判为正例的情况。

ROC 曲线不但可用于比较分类器，还可以基于成本效益分析来做出决策。在理想情况下，最佳的分类器应该尽可能地处于左上角，这就意味着分类器在假阳率很低的同时获得了很高的真阳率。

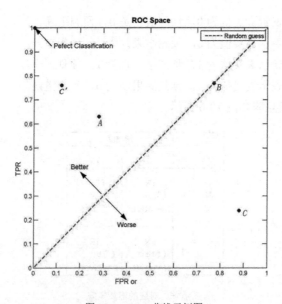

图 10-7　ROC 曲线示例图

例如，图 10-7 中 A 点表示假阳率较低、真阳率较高的情况，即真阳率＞假阳率，此种情况下 A 点是可信赖的。B 点在对角线上，表示假阳率和真阳率相等，此时 B 点是不可信赖的，因为可能预测正确也可能预测错误。C 点表示假阳率较高、真阳率较低的情况，即真阳率＜假阳率，此种情况下 A 点是不可信赖的。

> 🔺 提示：
>
> C 点虽然不可信赖，但沿 $y=x$ 做对称点之后，C' 点是可信赖的，此时只需要和 C 做相反的预测就可以保证可信度。

（3）AUC 计算举例。

假设有 6 次展示记录，其中有两次被点击了，得到一个展示序列（1:1,2:0,3:1,4:0,5:0,6:0），"："号前面的数字表示序号，"："号后面的数字表示点击（1）或没有点击（0）。在这 6 次展示过程中，都通过模型计算出了点击的概率序列，下面看三种情况：

①　概率序列乱序。

假设概率序列是（1:0.9, 2:0.7, 3:0.8, 4:0.6, 5:0.5, 6:0.4），与展示序列（1:1,2:0,3:1,4:0,5:0,6:0）进行关联，得到新序列（从概率高到概率低排序）（1:0.9,3:0.8,0:0.7,0:0.6,0:0.5,0:0.4）。

绘制图的步骤是：

a．把概率序列从概念高到概念低排序，得到（1:0.9,3:0.8,2:0.7,4:0.6,5:0.5,6:0.4）；

b．从概率最大开始，取一个点作为正类，取到点 1，计算得到 TPR=0.5，FPR=0.0；

c．从概率最大开始，再取一个点作为正类，取到点 3，计算得到 TPR=1.0，FPR=0.0；

d．从概率最大开始，取一个点作为正类，取到点 2，计算得到 TPR=1.0，FPR=0.25；

e．依此类推，得到 6 对 TPR 和 FPR。

然后用这 6 对数据组成 6 个点(0,0.5),(0,1.0),(0.25,1),(0.5,1),(0.75,1),(1.0,1.0)。将这 6 个点在二维坐标系中绘出来，如图 10-8 所示。

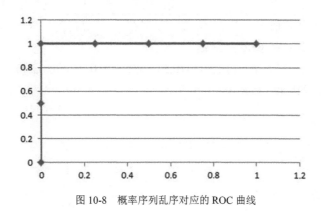

图 10-8　概率序列乱序对应的 ROC 曲线

②概率序列倒序。

如果概率序列是（1:0.9,2:0.8,3:0.7,4:0.6,5:0.5,6:0.4），与展示序列（1:1,2:0,3:1,4:0,5:0,6:0）进行关联，得到新的序列（从概率高到概率低排序）（1: 0.9,0:0.8,1:0.7,0:0.6,0:0.5,0:0.4）。

绘制图的步骤是：

a．把概率序列从概率高到概率低，得到（1:0.9,2:0.8,3:0.7,4:0.6,5:0.5,6:0.4）。

b．从概率最大开始，取一个点作为正类，取到点 1，计算得到 TPR=0.5，FPR=0.0。

c. 从概率最大开始，再取一个点作为正类，取到点 2，计算得到 TPR=0.5，FPR=0.25。

d. 从概率最大开始，取一个点作为正类，取到点 3，计算得到 TPR=1.0，FPR=0.25。

e. 以此类推，得到 6 对 TPR 和 FPR。

然后用这 6 对数据组成 6 个点(0,0.5),(0.25,0.5),(0.25,1),(0.5,1),(0.75,1),(1.0,1.0)。将这 6 个点在二维坐标系中绘出来，如图 10-9 所示。

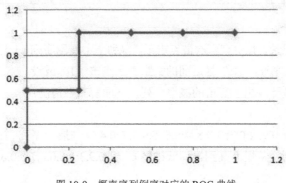

图 10-9　概率序列倒序对应的 ROC 曲线

③ 概率序列正序。

如果概率序列是（1:0.4,2:0.6,3:0.5,4:0.7,5:0.8,6:0.9），与展示序列（1:1,2:0,3:1,4:0,5:0,6:0）进行关联，得到新的序列（从概率高到概率低排序）（0:0.9,0 0.8,0:0.7,0:0.6,1:0.5,1:0.4）。

绘制图的步骤是：

a. 把概率序列从概率高到概率低排序，得到（1:0.4,2:0.6,3:0.5,4:0.7,5:0.8,6:0.9）。

b. 从概率最大开始，取一个点作为正类，取到点 6，计算得到 TPR=0.0，FPR=0.25。

c. 从概率最大开始，再取一个点作为正类，取到点 5，计算得到 TPR=0.0，FPR=0.5。

d. 从概率最大开始，取一个点作为正类，取到点 4，计算得到 TPR=0.0，FPR=0.75。

e. 以此类推，得到 6 对 TPR 和 FPR。

然后用这 6 对数据组成 6 个点(0.25,0.0),(0.5,0.0),(0.75,0.0),(1.0,0.0),(1.0,0.5),(1.0,1.0)。将这 6 个点在二维坐标系中绘出来，如图 10-10 所示。

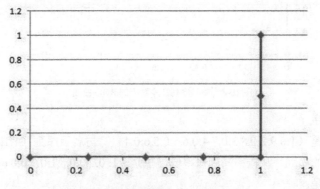

图 10-10　概率序列正序对应的 ROC 曲线

（4）使用 sklearn 中的 metrics 类计算 AUC 值。

sklearn.metrics 模块实现了一些 loss、score，并使用一些工具函数来计算分类性能。一些 metrics 类可能需要正例、置信度或二分决策值的概率估计。

sklearn 官网给出的使用 metrics 类计算 AUC 值的代码为：

代码 10-4　sklearn 中使用 metrics 类计算 AUC 值

```
import numpy as np
from sklearn import metrics

# AUC 计算
def AUC():
    y = np.array([1,1,2,2])
    pred = np.array([0.1,0.4,0.35,0.8])
    # pos_label 参数意义:这个 pos_label 的值被认为是阳性的，而其他值被认为是阴性的，pred
    给的是阳性的概率。
    fpr,tpr,thresholds = metrics.roc_curve(y,pred,pos_label=2)
    print(metrics.auc(fpr,tpr))
AUC()
```

运行代码，显示计算结果为 0.75。

2．准确率

推荐算法的准确率（Accuracy）：在预测用户是否喜欢时，预测正确的用户喜欢和不喜欢的商品在所有商品中所占的比例。通常认为用户点击（点击一般用 1 表示，未点击用 0 表示）了商品就是对商品有兴趣。

基于图 10-6 所示的混淆矩阵，准确率的计算公式如下：

$$Accuracy = \frac{TP + TN}{TP + FP + TN + FN}$$

 提示：

预测准确包括正确预测用户喜欢某商品及正确预测用户不喜欢某商品。

例如，现在有 100 个样本（其中 60 个正样本和 40 个负样本），推荐算法预测出 50 个正样本，但其中真正是正样本的是 40 个，如图 10-11 所示。

		预测值	
		0	1
真实值	0	30	10
	1	20	40

图 10-11　样本预测情况分布图

则对应的准确率为：(30+40)/100=0.7。

3．精确率

推荐算法的精确率（Precision）：在预测用户是否喜欢时，正确预测用户喜欢的商品在所有预测用户喜欢的商品中所占的比例。

基于图 10-6 所示的混淆矩阵，精确率的计算公式如下：

$$Precision = \frac{TP}{TP + FP}$$

📋 提示：

精确率和准确率在词义上容易混淆，在使用过程中需要注意。

针对图 10.11 中的预测情况，推荐算法的精确率为：40/(40+10)=0.8。

4．召回率

推荐算法的召回率（Recall）在预测用户是否喜欢时，预测用户喜欢的商品在所有用户真正喜欢的商品中所占的比例。

基于图 10-6 所示的混淆矩阵，召回率的计算公式如下：

$$Recall = \frac{TP}{TP + FN}$$

针对图 10.11 中的预测情况，推荐算法的召回率为：40/(40+20)=0.67。

5．F-measure 值

F-measure 值（又称 F-score）值是一种统计量，是精确率和召回率的加权调和平均。它是信息检索领域常用的一个评价标准，在分类模型中应用也比较规范。

其计算公式如下：

$$F-measure = \frac{(1+\alpha^2)\,Precision \times Recall}{\alpha^2(Precision + Recall)} \tag{10.1}$$

当 α=1 时，就是常见的 F1，即：

$$F1 = \frac{2 \times Precision \times Recall}{Precision + Recall} \tag{10.2}$$

由式（10.1）和式（10.2）可以看出，F-measure 值综合了精确率和召回率。F-measure 值越大，说明推荐算法效果越好。

10.7.2 实例 30：使用 sklearn 包中的 metrics 类预测分类准确度

sklean.metrics 中包含二分类相关的评价指标。

假设测试数据集样本的真实值 label 序列为（0, 1, 1, 0, 0, 1, 0, 0, 0, 0），测试数据集样本预测 label 序列为（0, 0, 1, 1, 0, 1, 1, 0, 1, 1）。

通过 sklearn 包中的 metrics 类计算相关的预测分类准确度指标，对应的代码如下：

代码 10-5 使用 sklearn 中的 metrics 类预测分类的准确度

```
from sklearn import metrics
from sklearn.metrics import confusion_matrix
y_true = [0, 1, 1, 0, 0, 1, 0, 0, 0, 0]
y_pred = [0, 0, 1, 1, 0, 1, 1, 0, 1, 1]

# 混淆矩阵 行为 label 列为预测值
print("混淆矩阵:")
print(confusion_matrix(y_true, y_pred))
# AUC
print("AUC is {}".format(metrics.roc_auc_score(y_true, y_pred)))
# 精确率
print("Precision is {}".format(metrics.precision_score(y_true, y_pred)))
# 召回率
print("Recall is {}".format(metrics.recall_score(y_true, y_pred)))
# f1 值
print("F1 is {}".format(metrics.f1_score(y_true, y_pred)))
```

运行代码，显示信息如下：

```
混淆矩阵:
[[3 4]
 [1 2]]
AUC is 0.5476190476190477
Precision is 0.3333333333333333
Recall is 0.6666666666666666
F1 is 0.4444444444444444
```

需要注意的是，在打印的结果中，混淆矩阵的横行表示样本集的真实 label，纵列表示样本集的预测 label。可以看到，该结果和使用 10.7.1 小节中公式计算的结果一致。

当然，也可以使用 classification_report 打印各个 label 下的准确度指标，对应的代码如下：

代码 10-5 使用 sklearn 中的 metrics 类预测分类的准确度（2）

```
from sklearn.metrics import classification_report
# 分类报告
print("分类报告: ")
print(classification_report(y_true, y_pred))
```

运行代码，显示信息如下：

```
分类报告:
             precision    recall  f1-score   support

          0       0.75      0.43      0.55         7
          1       0.33      0.67      0.44         3

avg / total       0.62      0.50      0.52        10
```

10.7.3　准确度指标之预测评分准确度指标

预测评分准确度指标衡量的是算法预测的评分和用户实际的评分的贴近程度。这个指标在需要向用户展示预测评分的系统中尤为重要。有一点需要注意，即使一个推荐算法能够比较成功地预测出用户对商品的偏好排序，在评分准确度上的排序表现也可能不尽如人意，这也是商业领域大部分推荐系统只向用户提供推荐列表而不预测评分的主要原因。

预测评分准确度指标有很多，本质上都是计算预测评分和真实评分的差异。这些指标主要有：平均绝对误差（MAE）、均方误差（MSE）和均方根误差（RMSE）等。

1．平均绝对误差

平均绝对误差（Mean Absolute Error，MAE）表示的是预测值和真实值之间的差值取绝对值再求和之后的平均值。其对应的计算公式如下：

$$MAE = \frac{1}{m}\sum_{i=1}^{m}|y_i - y_i'|$$

式中，y_i 表示测试数据集中样本的真实值，y_i' 表示推荐算法的预测值，m 表示测试数据集的样本数。

MAE 因其计算简单、通俗易懂得到了广泛应用。MAE 指标也有一定的局限性，因为对 MAE 指标贡献比较大的往往是那些难以预测准确的低分商品例如推荐系统 A 的 MAE 值低于系统 B 的 MAE 值，很可能只是由于系统 A 更擅长预测这部分低分商品的评分，即系统 A 比系统 B 能更好地区分用户非常讨厌和一般讨厌的商品罢了，显然这样的区分意义并不大。

2．均方误差

均方误差（Mean Squared Error，MSE）表示的是，预测值和真实值之间的差值平方求和之后求平均值。均方误差有时候也叫平方损失（Square Loss）。其对应的计算公式如下：

$$MSE = \frac{1}{m}\sum_{i=1}^{m}(y_i - y_i')^2$$

均方误差可以评价数据的变化程度。MSE 的值越小，预测模型描述实验数据的精确度越高。

3．均方根误差

均方根误差（Root Mean Squared Error，RMSE）表示的是平方绝对误差（MSE）的开方值。其对应的计算公式如下：

$$RMSE = \sqrt{MSE}$$

MSE 和 RMSE 指标对每个绝对误差首先做了平方，所以这两个指标对较大的绝对误差有更重的惩罚。

10.7.4　实例 31：使用 sklearn 包中的 metrics 类预测评分准确度

利用实例 30 中的数据使用 metrics 类预测评分的准确度，其代码实现如下：

代码 10-6 用 sklearn 中的 metrics 类预测评分的准确度

```
from sklearn import metrics

y_true = [0, 1, 1, 0, 0, 1, 0, 0, 0, 0]
y_pred = [0, 0, 1, 1, 0, 1, 1, 0, 1, 1]
# MAE
print("MAE is {}".format(metrics.mean_absolute_error(y_true,y_pred)))
# MSE
print("MSE is {}".format(metrics.mean_squared_error(y_true,y_pred)))
# RMSE
print("RMSE is {}".format(metrics.mean_squared_error(y_true,y_pred) ** 0.5))"
```

运行代码，显示信息如下：

```
MAE is 0.5
MSE is 0.5
RMSE is 0.7071067811865476
```

10.7.5 准确度指标之预测评分关联指标

预测评分关联指标用来衡量预测评分和用户真实评分之间的相关性，最常见的 3 个指标分别是皮尔逊积距相关系统、斯皮尔曼等级相关系数和肯德尔等级相关系数。

1. 皮尔逊积距相关系数

皮尔逊积距相关系数衡量的是预测评分和真实评分的线性相关程度，其对应的公式为：

$$\text{pear} = \frac{\sum_{i=1}^{m}(y_i' - \overline{y'})(y_i - \overline{y})}{\sqrt{(y_i' - \overline{y'})^2}\sqrt{(y_i - \overline{y})^2}} \tag{10.3}$$

式中，y_i 表示测试数据集中样本的真实值，y_i' 表示推荐算法的预测值，$\overline{y'}$ 表示测试数据集中所有样本预测值的平均值，$\overline{y}$ 表示测试数据集中所有样本真实值的平均值，m 表示样本条数。

皮尔逊积距相关系数的范围是[-1,1]。当值为 1 时，表示变量之间具有很好的相关性；当值为-1 时，表示变量之间负相关；当值为 0 时，表示变量之间没有相关性。

2. 斯皮尔曼等级相关系数

斯皮尔曼等级相关系数通常用于评估与顺序变量相关的关系。其定义形式和皮尔逊积距相关系数一致，只是将式（10.3）中的 y_i' 和 y_i 替换成商品 i 的预测排名和真实排名。

斯皮尔曼等级相关系数的范围是[-1,1]。当值为 1 时，表示变量之间具有很好的相关性；当值为-1 时，表示变量之间负相关；当值为 0 时，表示变量之间没有相关性。

3. 肯德尔等级相关系数

肯德尔等级相关系数与斯皮尔曼等级相关系数，也用于评估与顺序变量相关的关系。其对应的公式为：

$$\text{kend} = \frac{C - D}{C + D}$$

式中，C 为正序对的数目，D 为逆序对的数目。所有商品对都是正序对时 kend=1，当所有的商品都是逆序对时 kend=-1。

例如：用户对商品 1~3 的真实排序为 Item$_1$＞Item$_2$＞Item$_3$，对应 3 种序关系，即（Item$_1$＞Item$_2$）、（Item$_1$＞Item$_3$）、（Item$_2$＞Item$_3$）。推荐系统对这三个商品的排序为 Item$_2$＞Item$_1$＞Item$_3$，对应三种序关系，即（Item$_1$＜Item$_2$）、（Item$_1$＞Item$_3$）、（Item$_2$＞Item$_3$）。对比这两个序关系对，得到 1 个逆序对（Item$_1$＜Item$_2$），两个正序对（Item$_1$＞Item$_3$）、（Item$_2$＞Item$_3$）。可得对应的肯德尔等级相关系数为(2-1)/(1+2)=0.33。

> **提示：**
> 预测评分关联指标虽然计算简单，但是在推荐系统中却没有被广泛使用。斯皮尔曼相关系数和肯德尔等级相关系数使用的都是商品的排名，但对所有排名都分配了相等的权重，而不管具体的排序值。
>
> 另外，在实际系统中可能有某用户对某两个或者两个以上的商品评分一致的情况，即所谓的弱关系排序问题。显然以上所提及的预测评分关联指标都不适用于此种情形。

10.7.6　准确度指标之排序准确度指标

对于对推荐排序要求严格的推荐系统而言，如果用评分准确度指标、分类准确度指标和关联准确度指标来评估显然是不合适的。这类推荐系统需要用排序准确度指标来度量算法得到的有序推荐列表和用户对商品排序的一致程度。

考虑到排序位置的影响，一般使用平均排序分（Average Ranking Score）来评估推荐系统的排序准确度。对某个用户 u 而言，商品 a 的排序分定义为：

$$\mathrm{RS}_{ua} = \frac{l_{ua}}{L_u}$$

式中，L_u 表示用户 u 的待排序商品个数，l_{ua} 为待预测商品 a 在用户 u 的推荐列表中的排名。例如，如果用户待排序的商品有 100 个，用户 u 喜欢的商品 a 在推荐算法结果中排在第 10 位，则 RS_{ua} 为 0.1，用户喜欢的所有商品排序分的平均值就是平均排序分。

平均排序分越小，说明系统趋向于把用户喜欢的产品排在前面。反之则说明系统把用户喜欢的商品排在了后边。由于平均排序分不需要额外的参数，而且不需要事先知道用户对商品的喜好打分，因此可以很好地刻画不同算法对数据集的效果。

10.7.7　非准确度指标

衡量推荐系统时，除了使用准确度指标外，还会使用其他一些重要的指标，包括推荐的多样性、新颖性、惊喜度和覆盖率等非准确度指标。

1. 多样性

用户的兴趣是多样的，推荐系统应尽可能覆盖用户各方面的兴趣。所以，在保证推荐系统准确度的情况下，适当提高推荐商品的多样性，尽量覆盖用户各方面的兴趣，会使命中用户兴趣的概率增大。

多样性分为用户间的多样性（inter-user diversity）和用户内的多样性（intra-user diversity）。前者衡量的是推荐系统对不同用户推荐不同商品的能力，后者衡量的是推荐系统对一个用户推荐商品的多样性。

对于用户 u 和用户 t，可以使用汉明距离（hamming distance）来衡量这两个用户推荐结果的差异程度，公式为：

$$H_{ut} = 1 - \frac{L_{ut}}{L}$$

式中，L_{ut} 表示用户 u 和用户 t 推荐结果中相同商品的个数，L 表示给用户 u 或用户 t 推荐商品的个数。当用户 u 和用户 t 的推荐结果完全相同时，$H_{ut}=0$。所有用户两两组合形成用户对，每个用户对的汉明距离的平均值即是整个推荐系统的汉明距离 $H(L)$。汉明距离越大，表示推荐系统的多样性越好。

用户 u 的推荐商品集合为 $\{I_1, I_2, I_3, \cdots\}$，则用户的推荐结果多样性计算公式为：

$$I_u = \frac{1}{L(L-1)} \sum_{i=1}^{L} \sum_{j=1}^{L} \mathrm{Sim}_{i \neq j}(I_i, I_j)$$

式中，$\mathrm{Sim}_{i \neq j}(I_i, I_j)$ 表示商品 I_i 和 I_j 的相似度，L 表示推荐商品的长度。推荐系统的多样性（I）则是所有用户的推荐结果多样性的平均值。显然 I 越小，表示推荐商品多样性越大，系统多样性越大。

2. 新颖性

除了多样性，新颖性也是影响推荐系统效果的指标之一。新颖性指的是，推荐系统向用户推荐非热门非流行商品的能力。衡量推荐系统的新颖性，最简单的方法就是计算推荐结果中的商品平均流行度。

用户 u 的推荐结果新颖性的计算公式为：

$$\mathrm{Novelty}(L_u) = \frac{\sum_{i \in L_u} p(i)}{|L_u|}$$

式中，$p(i)$ 表示商品 i 的流行度，$|L_u|$ 表示用户 u 的推荐结果个数。

则整个系统的新颖性为：

$$\mathrm{Novelty} = \frac{1}{m} \sum_{u \in U} \mathrm{Novelty}(L_u)$$

式中，m 为推荐用户的个数，U 表示所有的用户。

> 💡 **提示：**
> 不同的使用方对商品流行度有不同的定义。例如，商品在过去一天内被浏览的次数归一化之后即为商品的流行度。

3. 惊喜度

如果推荐结果和用户的历史兴趣不相似，但让用户觉得满意，则可以说推荐结果的惊喜度很高。

> **提示：**
> 目前还没有公认的惊喜度指标定义方式，因为在定义惊喜度时需要首先定义推荐结果和用户历史上喜欢物品的相似度，其次需要定义用户对推荐结果的满意度。这些定义本身就不容易进行量化。

4. 覆盖率

覆盖率是指推荐系统向用户推荐的商品占全部商品的比例。它反映的是推荐系统对长尾物品的发现能力。覆盖率的统计形式有多种，如预测覆盖率（Prediction Coverage）、推荐覆盖率（Recommendation Coverage）和类别覆盖率（Catalog Coverage，这里的类别可以是品类、品牌、标签等）。

> **提示：**
> 长尾物品，即电商所有商品中不容易被用户产生行为的商品。感兴趣的读者可以自己搜索并了解长尾效应。

（1）预测覆盖率。预测覆盖率表示系统可以预测评分的商品占所有商品的比例，其对应的公式为：

$$\text{Cov}_p = \frac{N_d}{N}$$

式中，N_d 表示推荐系统可以预测评分的商品数目，N 表示所有商品数目。

（2）推荐覆盖率。推荐覆盖率表示系统能够为用户推荐的商品占所有商品的比例。显然，这个指标与推荐列表的长度 L 相关。其对应的公式为：

$$\text{Cov}_r(L) = \frac{N_d(L)}{N}$$

式中，$N_d(L)$ 表示所有用户推荐列表中出现过的不相同的商品的个数。

推荐覆盖率越高，则系统给用户推荐的商品种类就越多，推荐多样性、新颖性就越大。如果一个推荐系统总是给用户推荐流行的商品，那么它的覆盖率往往很低，通常多样性和新颖性也都很低。

（3）类别覆盖度。类别覆盖度表示推荐系统为用户推荐的商品种类占全部商品种类的比例。由于在电商的商品集合中，拥有多种商品类别划分标准，如品类、品牌、标签、场景等，因此不同类别的统计表达的是不同类别的覆盖率。其对应的公式为：

$$\text{Cov}_c = \frac{N_c'}{N_c}$$

式中，N_c' 表示推荐结果中的商品对应的类别 c 的个数，N_c 表示所有商品对应的类别 c 的个数。

5. 信任度

信任度即用户对推荐系统的信任程度。如果用户信任推荐系统，则会增强用户和推荐系统的交互。特别是在电商推荐系统中，让用户信任推荐结果是非常重要的。同样的推荐结果，以让用户信任的方式推荐给用户更能让用户产生购买欲，而以类似广告的形式推荐给用户就很难让用户产生购买欲。

只能通过问卷调查的方式度量推荐系统的信任度，即询问用户是否信任推荐系统的推荐结果。提高推荐系统的信任度主要有两种方法。

- 增加推荐系统透明度（Transparency）。增加推荐系统透明度的主要方法是提供推荐解释。只有让用户了解、认同推荐系统的运行机制，才会提高用户对推荐系统的信任度。
- 考虑用户的社交网络信息，利用用户的好友信息给用户做推荐，并利用好友进行推荐解释。因为用户对他们的好友一般比较信任，因此如果所推荐的商品是其好友购买过的，那么用户对推荐结果就会比较信任。

6. 实时性

在很多网站中，因为物品（新闻、微博等）具有很强的时效性，所以需要在物品还具有时效性时就将它们推荐给用户。因此，在这些网站中推荐系统的实时性就显得至关重要。

推荐系统的实时性包括两个方面：

- 推荐系统需要实时地更新推荐列表来满足用户新的行为变化。例如，一个用户购买了iPhone，如果推荐系统能够立即推荐相关配件，那么肯定比第二天再给用户推荐相关配件更有价值。很多推荐系统都会在离线状态每天计算一次用户推荐列表，在线期间将推荐列表展示给用户。这种设计显然是无法满足实时性要求的。推荐系统的实时性可以通过推荐列表的变化速率来评测。如果推荐列表在用户有行为后变化不大或者没有变化，则说明推荐系统的实时性不强。
- 推荐系统需要能够将新加入系统的物品推荐给用户。这主要考验了推荐系统处理物品冷启动的能力。关于冷启动可以参考第 9 章的内容。

7. 健壮性

健壮性（robust，鲁棒性）衡量了一个推荐系统抗击作弊的能力。

主要利用模拟攻击进行健壮性的评测。

（1）给定一个数据集和一个算法，用这个算法给这个数据集中的用户生成推荐列表；

（2）用常用的攻击方法向数据集中注入噪声数据，基于注入噪声后的数据集给用户生成推荐列表；

（3）通过比较攻击前后推荐列表的相似度来评测健壮性；

如果攻击后的推荐列表相比于攻击前没有发生大的变化，则说明健壮性较强。

在实际系统中，要提高系统的健壮性，除了可选择健壮性强的算法外，还有以下方法：

- 设计推荐系统时，尽量使用代价比较高的用户行为。例如，如果有用户购买行为和用户浏览行为，那么应该主要使用用户购买行为，因为购买需要付费，所以攻击购买行为的代价远远大于攻击浏览行为的代价；
- 在使用数据前进行攻击检测，从而对数据进行清理。

8．商业目标

评测推荐系统通常更加注重商业目标是否达成，而商业目标和盈利模式是息息相关的。一般来说，最本质的商业目标就是平均一个用户给公司带来的盈利。不过这种指标不难计算，只是需要较大的代价。因此，很多公司会根据自己的盈利模式设计不同的商业目标，如常见的 GMV、用户转化率等。

10.8　知　识　导　图

本章介绍了推荐系统中的效果评估方法，主要分为户调研、在线评估、离线评估。然后分别通过公式和实例展开说明，意在加强读者的理解。

本章内容知识导图如图 10-12 所示。

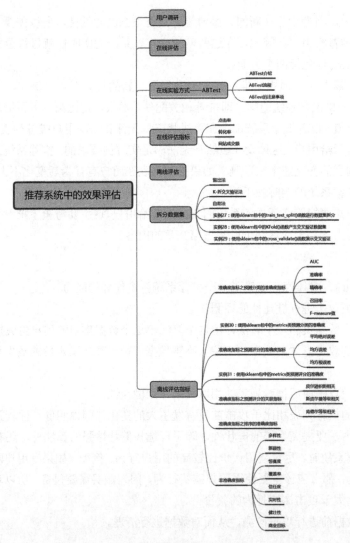

图 10-12　本章内容知识导图

第3篇
推荐系统实例

- 第 11 章　实例 32：搭建一个新闻推荐系统
- 第 12 章　实例 33：搭建一个音乐推荐系统
- 第 13 章　实例 34：搭建一个图书推荐系统
- 第 14 章　业界推荐系统架构介绍

第 **11** 章

实例32：搭建一个新闻推荐系统

前 10 章介绍了推荐系统的来源、发展、数据预处理、常见的推荐算法，以及冷启动和推荐系统效果评估。从本章开始，将通过实例介绍推荐系统的完整开发过程，以便读者有更加直观、系统的理解。第一个实例就是实现一个新闻推荐系统。

11.1 准 备 数 据

本章所使用的数据来源是某新闻网站指定日期前的部分新闻数据。节选的几个主题为：国际要闻、互联网、经济要闻、社会公益、书评、影视综艺。爬取的每条数据包含三个字段：标题、时间、正文，如图 11-1 所示。

标题	时间	正文
寻找你我他的身影——读大型图文书《巨弓	2018-11-15 03:49	原标题：寻找我他的身影　　作者
展现丝绸之路的壮观场景——评《丝绸之路	2018-11-14 04:49	原标题：展现丝绸之路的壮观场景
鲁光的真实与真情——《鲁光文集》述评	2018-11-13 04:04	【光明书话】　　作者：张占骜（
凝视故乡，发现蓬勃之美——从邢小俊的	2018-11-13 04:04	作者：刘玉琴（人民日报海外版原富

图 11-1　某新闻网站数据样例展示

 提示：

原始数据可在本书附带的源码包中获取。

11.2 预处理数据

爬虫获取的数据是无法直接用来做推荐使用的，为了后续演示方便，会对原始数据进行预处理。

11.2.1 原 始 数 据 加 工

原始数据只包含标题、时间和正文三个字段，这里增加唯一编号、类别、浏览次数和跟帖次数这几个字段，预处理后的数据如图 11-2 所示。

唯一编号	类别	时间	浏览次数	跟帖次数	标题	正文
500000	社会公益	2018-12-03 13:38	445	23	《生命缘·生命的礼物》第	今日21:18，由中国人野
500001	社会公益	2018-11-30 18:57	318	28	中央财政提前下达 2019年	财政部网站27日消息，
500002	社会公益	2018-11-30 19:05	216	3	永恒慈善基金会、增爱公益	人民网北京11月29日日
500003	社会公益	2018-11-30 19:05	389	11	《中国残疾人事业研究报告	科技日报北京11月28日
500004	社会公益	2018-11-30 19:02	401	19	中国第二届扶贫摄影展启动	人民网北京11月28日
500005	社会公益	2018-11-30 19:17	487	26	陕西29家体育场馆免费或优	人民日报电（记者高炳
500006	社会公益	2018-11-30 19:16	311	3	基本养老金去年投资收益益	人民网北京11月26日
500007	社会公益	2018-11-30 10:25	306	22	种章一波阳光公益，看东风	"科技智能将改变世界"

图 11-2　预处理后数据样例展示

 提示：

这里使用 Excel 对原始数据做简单处理，其中"浏览次数"和"跟帖次数"是为了方便后续对新闻进行排序添加的随机值。

11.2.2　新闻热度值计算

这里为每则新闻计算一个热度分，为后续的"热度榜"和"为你推荐"模块做新闻排序使用。这里的新闻热度值采用如下的公式计算：

$$\text{hotValue} = \text{seeNum} \times 0.4 + \text{disNum} \times 0.5 - \text{diffDays} \times 0.1 \qquad (11.1)$$

式中：

- seeNum：某则新闻被浏览的次数；
- disNum：某则新闻被评论的次数；
- diffDays：新闻发表日期和目前日期的时间差（以天为单位）。

新闻热度值计算对应的函数实现为：

代码 11-1　新闻热度值计算

```
# 计算热度值
def calHotValue(self):
    base_time = datetime.now()
    sql = "select new_id, new_cate_id, new_seenum, new_disnum, new_time from new"
    self.cursor.execute(sql)
    result_list = self.cursor.fetchall()
    result = list()

    for row in result_list:
        diff = base_time - datetime.strptime(str(row[4].date()), '%Y-%m-%d')
        hot_value = row[2] * 0.4 + row[3] * 0.5 - diff.days * 0.1
        result.append((row[0],row[1],hot_value))
    print("新闻热度值计算完毕,返回结果 ...")
return result
```

其计算结果形式如下，第一列为新闻编号 ID，第二列为新闻对应的类别编号，最后一列为新闻热度值。

```
700184   8    59.6
700183   8    53.09
...      ... ...
```

> **提示：**
> （1）在实际的生产环境中，新闻热度值会随着变量的变化而变化，本案例中所有数据不变，即为一个静态的推荐系统。
> （2）新闻是一个时效性很强的个体，因此在考虑其热度值时要把时间因素考虑进去，式（11.1）中是根据个人经验选择的变量和权重，在具体的业务场景中应结合实际情况进行调整。
> （3）新闻热度值计算部分的完整代码可参考本章代码中的 z-others/tools/NewsHotValueal.py 文件。

11.2.3　新闻相似度计算

新闻相似度是本实例进行新闻推荐的基础，这里使用新闻主题词的重合度来考量新闻相似度。

1. 新闻分词处理

首先需要对新闻进行分词处理。实现思路是：使用 Python 的 jieba 分词包对每则新闻的标题做分词处理。之所以选用新闻的标题做分词处理是因为新闻题材的特殊性。看一篇新闻的第一切入点便是新闻标题，新闻标题是整篇新闻的高度概括，因为当两则新闻的标题重合度越高时，新闻本身的内容相似度也就越大。

该步骤使用的数据是 11.2.1 节预处理后的数据，使用 Python 的 xlrd.open_workbook()函数加载 Excel 文件数据。加载原始数据对应的函数实现为：

代码 11-2　新闻分词处理——使用 Python 的 xlrd.open_workbook()函数加载 Excel 文件数据

```
# 加载数据
def loadData(self):
    news_dict = dict()
    # 使用 xlrd 加载 xlsx 格式文件,返回一个 table 对象
    table = xlrd.open_workbook(self.file).sheets()[0]
    # 遍历每一行
    for row in range(1,table.nrows):
        # 将每一列返回为一个数组
        line = table.row_values(row, start_colx=0, end_colx=None)
        new_id = int(line[0])
        news_dict.setdefault(new_id,{})
        news_dict[new_id]["tag"] = line[1]
        news_dict[new_id]["title"] = line[5]
        news_dict[new_id]["content"] = line[-1]
    return news_dict
```

原始数据加载之后保存在变量 news_dict 中，在对文章标题分词时使用，分词使用的是

jieba.analyse.extract_tags() 函数。句子组成中包含了大量的单音节词、标点符号等，在分词时要去掉这些词语或标点符号，其具体的实现方法是加载停用词表（本实例中为 stop_words.txt 文件）进行过滤，提取新闻标题的关键词对应的函数实现为：

代码 11-2　新闻分词处理——提取新闻标题的关键词

```
# 调用 jieba 分词获取每篇文章的关键词
def getKeyWords(self):
    news_key_words = list()
    # 加载停用词表
    stop_words_list = [line.strip() for line in
    open("./../files/stop_words.txt").readlines()]
    for new_id in self.news_dict.keys():
        if self._type == 1:
            # allowPOS 提取地名、名词、动名词、动词
            keywords = jieba.analyse.extract_tags(
                self.news_dict[new_id]["title"]
    +self.news_dict[new_id]["content"],
                topK=10,
                withWeight=False,
                allowPOS=('ns', 'n', 'vn', 'v')
            )
            news_key_words.append(str(new_id) + '\t' + ",".join(keywords))
        elif self._type == 2:
            # cut_all :False 表示精确模式
            keywords=jieba.cut(self.news_dict[new_id]["title"],cut_all=False)
            kws = list()
            for kw in keywords:
                if kw not in stop_words_list and kw != " " and kw != " ":
                    kws.append(kw)
            news_key_words.append(str(new_id) + '\t' + ",".join(kws))
        else:
            print("请指定获取关键词的方法类型<1：TF-IDF 2：标题分词法>")
return news_key_words
```

例如，标题"《知识就是力量》第一季完美收官 爱奇艺打造全民解忧综艺"的分词结果为"知识、力量、第一季、完美、收官、爱奇艺、打造、全民、解忧、综艺"；标题"演员的本职是表演 不应该从综艺节目'诞生'"的分词结果为"演员、本职、表演、综艺节目、诞生"。

> **提示：**
> （1）Python 的 jieba 分词包在第 6 章中已介绍。
> （2）新闻分词处理部分的完整代码参见本章代码中的 NewsKeyWordsSelect.py 文件。

2. 计算相似度

新闻相似度的计算采用的是杰卡德相似系数（在 4.1.9 节介绍），其对应的函数实现为：

代码 11-3　新闻相似度计算

```
# 计算相似度
def getCorrelation(self):
    news_cor_list = list()
    for newid1 in self.news_tags.keys():
        id1_tags = set(self.news_tags[newid1].split(","))
        for newid2 in self.news_tags.keys():
            id2_tags = set(self.news_tags[newid2].split(","))
            if newid1 != newid2:
                print( newid1 + "\t" + newid2 + "\t" + str(id1_tags & id2_tags) )
                cor = ( len(id1_tags & id2_tags) ) / len (id1_tags | id2_tags)
                if cor > 0.0:
                    news_cor_list.append([newid1,newid2,format(cor,".2f")])
return news_cor_list
```

其计算结果形式如下，前两列为新闻编号 ID，最后一列为两则新闻的相似度。

```
700183   700180   0.1
700183   700172   0.05
...      ...      ...
```

提示：

新闻相似度计算部分的完整代码参见本章代码中的 NewsCorrelationCalculation.py 文件。

11.2.4　指定标签下的新闻统计

统计指定标签下的新闻是为用户选择标签后生成"为你推荐"内容做准备，这里指定用户可以选择的标签有：峰会、AI、技术、百度、互联网、金融、旅游、扶贫、改革开放、战区、公益、中国、脱贫、经济、慈善、文化、文学、国风、音乐、综艺、101。

该部分对应的函数实现为：

代码 11-4　统计指定标签下的新闻

```
# 获取每个标签下对应的文章
def getNewsTags(self):
    result = dict()
    for file in os.listdir(self.kw_path):
        path = self.kw_path + file
        for line in open(path, encoding= "utf-8").readlines():
            try:
                newid, tags = line.strip().split("\t")
            except:
                print("%s 下无对应标签" % newid)
            for tag in tags.split(","):
                if tag in ALLOW_TAGS:
                    sql = "select new_hot from newhot where new_id=%s" % newid
                    self.cursor.execute(sql)
```

```
      hot_value = self.cursor.fetchone()
      result.setdefault(tag,{})
      result[tag][newid]=hot_value[0]
return result
```

其计算结果形式如下。

```
综艺 700175
综艺 700169
... ...
```

 提示：

指定标签下的新闻统计部分的完整代码参见本章代码中的 NewsTagsCorres.py 文件。

11.3 设 计 架 构

本系统分为用户选择、标签选择、"为你推荐"、热度榜等几大部分。其整体设计如图 11-3 所示。

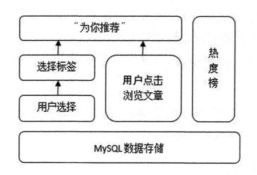

图 11-3　新闻推荐系统架构图

其中各个模块介绍如下。

- MySQL 数据存储：这里使用 MySQL 存储系统所使用的数据。系统实现选用的是 Python 的 Django 框架，在框架中有对数据对象的封装，在第 11.4 节中将会说明所创建的数据对象。
- 用户选择：系统指定了三个用户（张三、李四、王五）作为演示用户，只是为了区分不同用户、不同行为，"为你推荐"的内容也不同。
- 选择标签：用户与系统的交互过程，解决系统的冷启动。当然用户也可以不选择相应的标签，此时"为你推荐"模块显示的是热度数据。
- 用户点击浏览文章：即用户在系统中产生了相关行为，每篇文章的详细页都会推荐该篇文章的相似文章。
- 热度榜：按照第 11.2.2 节中计算的热度值进行排序，显示热度值较大的新闻。
- 为你推荐：如果用户是初次登录，则根据用户选择的标签返回"为你推荐"的内容；若用户没有选择标签，则返回热度值较高的新闻作为"为你推荐"的内容；如果用户是在点击浏览过新闻之后返回"为你推荐"模块，则返回用户有行为文章的相似文章，作为"为你推荐"的内容。

系统整体架构设计比较简单，和线上真正应用的复杂的推荐系统是有很大差距的，但实现思路是一致的。

11.4 实 现 系 统

本实例采用前后端分离的形式进行实现，后端采用 Python 的 Django 框架进行开发，前端采用 Vue.js 框架开发。完整的项目代码可在本书的附赠源码包中获取。

11.4.1 准备环境

1. 后端环境准备

后端开发依赖于 Python 3.6 版本，其中使用的包为：Django==2.1，PyMySQL==0.9.2，jieba==0.39，xlrd==1.1.0，gensim==3.6.0。

这些 Package 名称和对应的版本在系统目录的 z-others/files/requirement.txt 文件中，安装时，直接在 requirement.txt 文件所在目录下执行如下命令即可。

```
pip install -r requirement.txt
```

2. 前端环境准备

前端开发依赖于 node.js 环境，使用的是 Vue.js 框架，node.js 对应的版本是 10.13，可在 node.js 官网上选择相应的系统和版本进行安装。

11.4.2 实现后端接口

1. 创建项目

选定目录，执行以下命令，创建一个空的 Django 项目。

```
django-admin.py startproject NewsRec
```

此时便创建了一个空的 NewsRec 项目，进入该目录。

执行以下目录，创建指定的模块。

```
python manage.py startapp index
python manage.py startapp news
```

在 NewsRec/NewsRec/urls.py 中添加对 index、news 模块的链接，修改后的 urls.py 文件内容如下：

```
from django.contrib import admin
from django.urls import path
from django.conf.urls import include, url
```

```
urlpatterns = [
    path('admin/', admin.site.urls),
    url(r'^index/', include('index.urls'), name='index'),
    url(r'^news/', include('news.urls'), name='news'),
]
```

2. 定义数据对象

Django 是一个 MVC 框架（Model View Cotri），框架会把代码中定义的 Model 类映射成数据库中的表，方便通过对类的操作来进行数据库控制。

本实例中定义了新闻类别表、新闻相似度表、新闻表、新闻热度表、新闻标签对应表、用户点击日志表，分别用来存储新闻相关的信息和用户的点击浏览信息。

下面以新闻表的定义为例说明 Django 的 Model 层。在 models.py 中定义新闻（new）类，其对应的代码实现如下。

```
from django.db import models

class new(models.Model):
    new_id = models.CharField(blank=False, max_length=64, verbose_name="ID",
    unique=True)
    new_cate = models.ForeignKey(cate, related_name="类别", on_delete=False)
    new_time = models.DateTimeField(blank=False, verbose_name="发表时间")
    new_seenum = models.IntegerField(verbose_name="浏览次数", blank=False)
    new_disnum = models.IntegerField(verbose_name="跟帖次数", blank=False)
    # related_name 定义主表对象查询子表时使用的方法名称
    new_title = models.CharField(blank=False, max_length=100, verbose_name="
    标题")
    new_content = models.TextField(blank=False, verbose_name="新闻内容")

    def __str__(self):
        return self.new_title

    class Meta:
        db_table = 'new'
```

其中：

- models.CharField()函数用来创建字符串变量。
- models.DateTimeField()函数用来创建日期时间变量。
- models.IntegerField()函数用来创建整型变量。
- models.TextField()函数用来创建文本变量。
- models.ForeignKey()函数用来创建外表关联变量。
- __str__(self)方法用来美化打印效果（调用 new 类时打印出的结果），方便查看。
- class Meta 用来定义 Django 后台显示的该类对应的名字。
- 在 models.py 中定义数据类之后，需要在 admin.py 中进行 admin 注册，其注册部分的代码实现如下。

```
class adminNews(admin.ModelAdmin):
    # 将字段全部显示出来
    list_display = ("new_title", "new_id", "new_seenum",
    "new_time",'new_cate',)
    # 添加 search bar, 在指定的字段中搜索
    search_fields = ("new_title", "new_time",'new_cate',)
    # 页面右边会出现相应的过滤器选项
    list_filter = (  "new_time",'new_cate',)
    # 排序
    ordering = ("-new_time",)

admin.site.register(new, adminNews)
```

其中：

- list_display 表示后台显示的关于新闻的字段。
- search_fields 表示后台搜索框中支持的搜索字段。
- list_filter 表示后台右侧显示的支持快速过滤的字段。
- ordering 表示指定新闻后台显示排序的字段。
- 其他相关类的定义和新闻的具体信息类（new）类似，其代码可以参考本项目。

3. API 接口开发

API 接口即与前端部分进行交互的函数，以"为你推荐"模块为例进行说明。新闻类别表中定义的类别包含"为你推荐"（cateid=1）、"热度榜"（cateid=2）和其他正常类别的新闻数据，当用户进行访问时调用 home()函数，代码中会根据前端传入的 cateid 参数决定选择哪部分数据处理逻辑，该部分的代码如下。

```
def home(request):
    # 从前端请求中获取 cate
    _cate = request.GET.get("cateid")
    total = 0 # 总页数
    # 如果 cate 是为你推荐，则对应该部分逻辑 , tag_flag = 0 表示不是从标签召回数据
    if _cate == "1":
        news, news_hot_value = getRecNews(request)
    # 如果 cate 是热度榜，则对应该部分逻辑
    elif _cate == "2":
        news,news_hot_value = getHotNews()
    # 其他正常的请求获取
    else:
        _page_id = int(request.GET.get("pageid"))
        news = new.objects.filter(new_cate=_cate).order_by("-new_time")
        total = news.__len__()
        news = news[_page_id * 10:(_page_id+1) * 10]
    # 数据拼接
    result = dict()
    result["total"] = total
```

```
    result["cate_id"] = _cate
    result["cate_name"] = str(cate.objects.get(cate_id=_cate))
    result["news"] = list()
    for one in news:
        result["news"].append({
            "new_id":one.new_id,
            "new_title":str(one.new_title),
            "new_time": one.new_time,
            "new_cate": one.new_cate.cate_name,
            "new_hot_value": news_hot_value[one.new_id] if _cate == "2" or _cate
== "1" else 0 ,
            "new_content": str(one.new_content[:100])
        })
return JsonResponse(result)
```

如果 cateid 为 1，则表示用户请求的是"为你推荐"模块；如果 cateid 为 2，则表示用户请求的是"热度榜"模块；如果 cateid 为 3，则表示用户请求的是其他新闻所属类别下的数据。

当 cateid 为 1 时，home()函数中调用 getRecNews()函数。getRecNews()函数用来处理"为你推荐"的具体逻辑，此时需要判断用户是首次登录（先选择用户，然后选择交互标签）还是在系统内产生行为之后再次返回"为你推荐"模块，这里使用参数 tag_flag 来表示，tag_flag 的值不同表示获取数据的逻辑不同，其对应的函数实现如下。

```
# 为你推荐的数据获取逻辑
def getRecNews(request):
    tags = request.GET.get('tags')
    baseclick = request.GET.get("baseclick")
    tag_flag = 0 if tags == "" else 1
    tags_list= tags.split(",")
    uname = request.session["username"]
    # 执行标签召回逻辑
    if tag_flag == 1 and int(baseclick) == 0:
        num = (20 / len(tags_list)) + 1
        news_id_list = list()
        news_id_hot_dict = dict()
        for tag in tags_list:
            result =
newtag.objects.filter(new_tag=tag).values("new_id","new_hot")[:num]
            for one in result:
                news_id_list.append(one["new_id"])
                news_id_hot_dict[one["new_id"]] = one["new_hot"]
        return new.objects.filter(new_id__in=news_id_list)[:20],
    news_id_hot_dict
    # 执行正常排序逻辑
    elif tag_flag ==0:
        # 首先判断用户是否有浏览记录
        # 如果有该用户的浏览记录，则从浏览的新闻获取相似的新闻返回
        if newbrowse.objects.filter(user_name=uname).exists():
```

```
        # 判断用户最近浏览的新闻是否够 10 个，如果够则取 top 10，每个浏览新闻取两个相似
新闻
        # 如果不够 10 个，则每个浏览新闻取（20/真实个数 +1）个相似新闻
        num = 0
        browse_dict =
newbrowse.objects.filter(user_name=uname).order_by("-new_browse_time").v
alues("new_id")[:10]
        if browse_dict.__len__() < 10:
            num = ( 20 / browse_dict.__len__()) +1
        else:
            num = 2
        news_id_list = list()
        all_news_hot_value = dict()
        # 遍历最近浏览的 N 篇新闻，每篇新闻取 num 篇相似新闻
        for browse_one in browse_dict:
            for one in
newsim.objects.filter(new_id_base=browse_one["new_id"]).order_by("-new_c
orrelation")[:num]:
                news_id_list.append(one.new_id_sim)
                all_news_hot_value[one.new_id_sim] =
(newhot.objects.filter(new_id=browse_one["new_id"])[0]).new_hot
        return new.objects.filter(new_id__in=news_id_list)[:20],
all_news_hot_value
    # 如果该用户没有浏览记录，即该用户第一次进入系统且没有选择任何标签，此时返回热度榜单
数据的第 20 到第 40
    else:
        # 从新闻热度表中取前 20 条新闻数据
        all_news = newhot.objects.order_by("-new_hot").values("new_id",
"new_hot")[20:40]
        all_news_id = [one["new_id"] for one in all_news]
        all_news_hot_value = {one["new_id"]: one["new_hot"] for one in
all_news}
        print(all_news_hot_value)
        # 返回热度榜单数据
        return new.objects.filter(new_id__in=all_news_id),
all_news_hot_value
```

其他模块的函数实现类似——在 Django 框架中通过 Controller 层实现并与前端进行交互。

4. 启动服务

后端服务启动较为简单，只需要在项目的根目录执行以下命令即可。

```
python manage.py runserver 0.0.0.0:8000
```

运行命令显示的内容如图 11-4 所示。

```
E:\github\NewsRecSys\NewsRec>python manage.py runserver 0.0.0.0:8000
Performing system checks...

System check identified no issues (0 silenced).
December 16, 2018 - 18:41:04
Django version 2.1, using settings 'NewsRec.settings'
Starting development server at http://0.0.0.0:8000/
Quit the server with CTRL-BREAK.
```

图 11-4 启动 Django 后端服务

11.4.3 实现前端界面

1. 创建项目

前端使用 Vue 框架实现。

（1）安装 Vue 及脚手架，在终端执行以下命令，安装所需的基本环境。

```
npm install vue -g
npm install vue-cli -g
```

（2）选定用来保存接下来要创建的项目的文件夹，运行以下命令创建空的 Vue 项目。

```
vue init webpack Newsrec-Vue
```

（3）进入项目目录，执行以下命令安装相关依赖。

```
npm install
```

2. 开发页面

在项目 Newsrec-Vue 中的 src 文件夹下建立 page 文件夹，在该文件夹下创建并开发相关页面。

> **提示：**
> 新添加页面时，需要在 router 文件夹中的 index.js 文件中添加相关路由（链接）。

3. 启动服务

进入项目文件夹，执行如下命令启动项目。

```
npm run dev
```

11.4.4 系统演示

前后端开发完成后，便可以进行正常的数据交互了。下面对主要部分进行展示。

1. 选择用户

在浏览器输入链接：http://127.0.0.1:8001，打开登录界面，如图 11-5 和图 11-6 所示。

图 11-5 用户登录　　　　　　　　　　　　　图 11-6 用户选择

2. 选择标签

标签由后台 API 接口返回，前端在获取标签之后进行标签展示，如图 11-7 所示。

图 11-7 选择标签

3. "为你推荐"

初次进入系统时，"为你推荐"是由用户选择的标签决定的，如果用户没有选择标签，则由热门数据进行补充，如图 11-8 所示。

图 11-8 "为你推荐"

4. 热度榜

热度榜是根据新闻热度值进行排序并选取的前 20 篇新闻，旨在展示最近一段时间内的热门新闻，如图 11-9 所示。

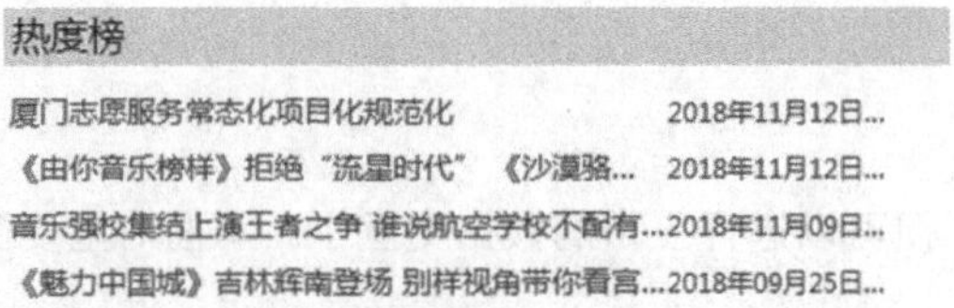

图 11-9 热度榜

5. "相似推荐"

"相似推荐"即当用户点击任意一篇新闻时，都会在右侧看到该新闻的相似新闻推荐，如图 11-10 所示。

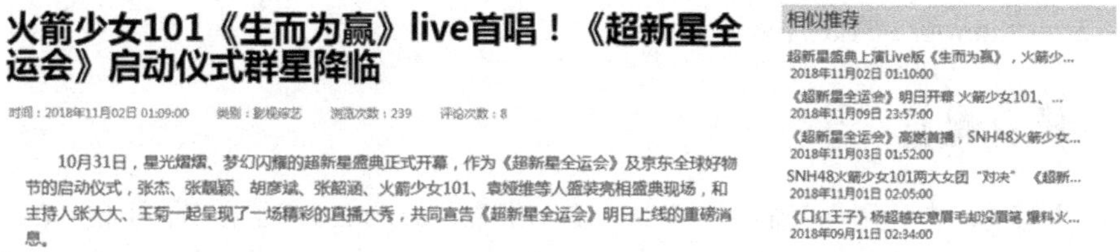

图 11-10 "相似推荐"

6. 后台管理

这里的后台是 Django 框架及封装好的后台管理模块，在界面中可以看到代码中定义的 Model，即数据库中的数据表，如图 11-11 所示。

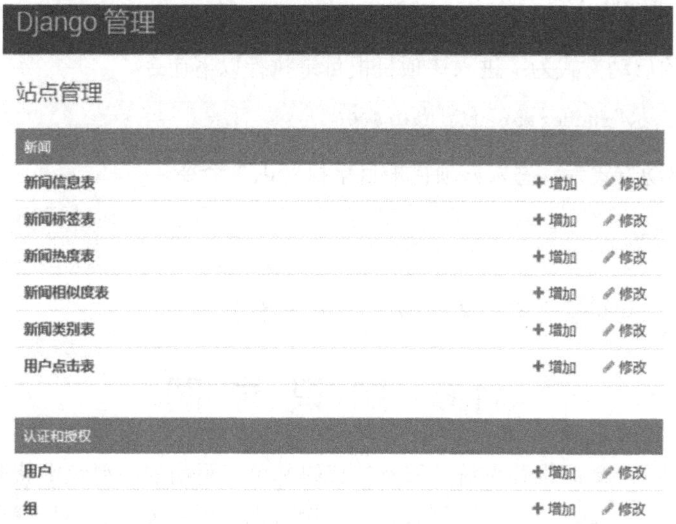

图 11-11 后台管理

11.5 代 码 复 现

本实例的代码可在本书附赠的资料包中获取，也可以在 Github 上获取，对应的链接为：https://github.com/Thinkgamer/NewsRec。

11.5.1 安 装 依 赖

该部分可参考 11.4.1 节中的前后端环境准备部分。

11.5.2 数据入库

将 z-others/files/文件夹下的 newsrec.sql 导入 MySQL 数据库,可以使用 MySQL 管理软件 Navicat 进行导入,也可以使用 MySQL 的数据加载命令进行导入。需要注意的是,在导入之前需要先建立一个 newsrec 的数据库。

11.5.3 修改配置

在项目移植过程中,需要修改 IP 信息,Django 后台项目的 IP 配置在 NewsRec/NewsRec/settings.py 文件中,IP 的字段配置为 ALLOWED_HOSTS,数据库的配置也在该文件中,可以根据自己的实际信息进行修改。

前端项目配置需要修改两个部分,修改 NewsRecSys/NewsRec-Vue/config/index.js 和 NewsRecSys/NewsRec-Vue/src/assets/js/linkBase.js 中的 serverUrl。

11.5.4 项目启动

Django 项目的启动方式为:进入该项目根目录执行以下命令。

```
python manage.py runserver 0.0.0.0:8000
```

Vue 项目的启动方式为:进入该项目根目录执行以下命令。

```
npm install
npm run dev
```

如果不出意外,可以看到第 11.4.4 节中演示的界面了。

11.6 知 识 导 图

本章意在实现一个新闻推荐系统,所有的代码都可在附赠的资料包中获取。本章要求读者对 Python 的 Django 和 Vue 有一定的了解,当然读者也可以只关心后端处理逻辑部分和前后端交互的方式。通过这样一个实例,推荐系统变得不那么抽象,更加直观地展示在读者眼前。当然,每一个推荐系统背后都要付出很多,而不仅是算法层面,在从事相关工作时,更要拥有全局意识,要明白一个好的推荐系统是数据、算法、架构和展示等共同决定的,而不是靠“一己之力”。

本章内容知识导图如图 11-12 所示。

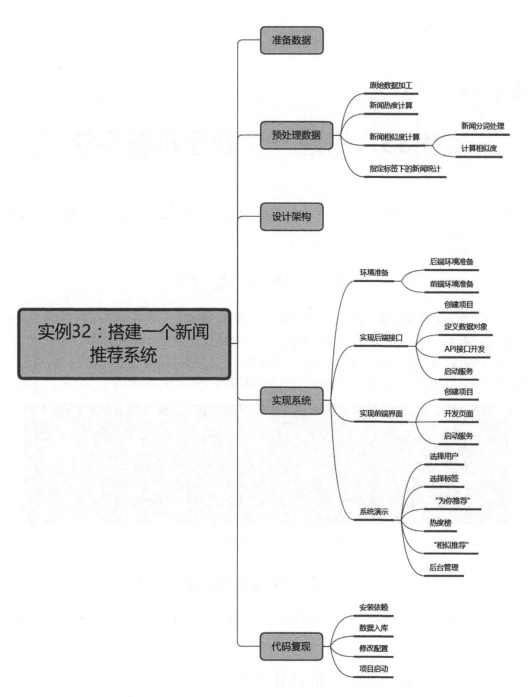

图 11-12　本章内容知识导图

第 12 章

实例33：搭建一个音乐推荐系统

本章实现一个音乐推荐系统。相对于第 11 章的新闻推荐系统而言，本章的数据量和要实现的功能更加丰富。

12.1 准备数据

本章所使用的数据来源是某音乐网站上的部分数据，选择了一千多个歌单进行相应的数据获取，包括歌单信息、歌手信息、歌曲信息、用户信息。

数据保存在 txt 文件中，由于信息中包含大量文本，且文本中包含的符号比较丰富，所以这里采用“ |=| ”分隔每个字段。某音乐网站样例数据展示如图 12-1 所示。

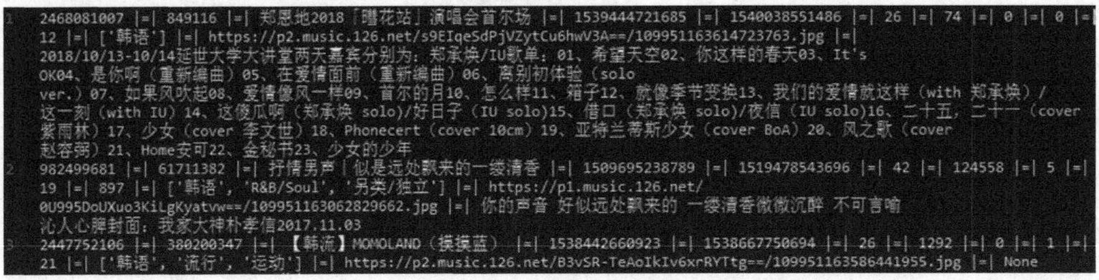
2468081007 |=| 849116 |=| 郑恩地2018「噌花站」演唱会首尔场 |=| 1539444721685 |=| 1540038551486 |=| 26 |=| 74 |=| 0 |=| 0 |=|
12 |=| ['韩语'] |=| https://p2.music.126.net/s9EIqeSdPjVZytCu6hwV3A==/109951163614723763.jpg |=|
2018/10/13-10/14延世大学大讲堂两天嘉宾分别为：郑承焕/IU歌单：01、希望天空02、你这样的春天03、It's
OK04、是你啊（重新编曲）05、在爱情面前（重新编曲）06、离别初体验（solo
ver.）07、如果风吹起08、爱情像风一样09、首尔的月10、怎么样11、箱子12、就像季节变换13、我们的爱情就这样（with 郑承焕）/
这一刻（with IU）14、这傻瓜啊（郑承焕 solo)/好日子（IU solo)15、借口（郑承焕 solo)/夜信（IU solo)16、二十五，二十一（cover
紫雨林）17、少女（cover 李文世）18、Phonecert（cover 10cm）19、亚特兰蒂斯少女（cover BoA）20、风之歌（cover
赵容弼）21、Home安可22、金秘书23、少女的少年
982499681 |=| 61711382 |=| 抒情男声 | 似是远处飘来的一缕清香 |=| 1509695238789 |=| 1519478543696 |=| 42 |=| 124558 |=| 5 |=|
19 |=| 897 |=| ['韩语', 'R&B/Soul', '另类/独立'] |=| https://p1.music.126.net/
0U995DoUXuo3KiLgKyatvw==/109951163062829662.jpg |=| 你的声音 好似远处飘来的 一缕清香微微沉醉 不可言喻
沁人心脾封面：我家大神朴孝信2017.11.03
2447752106 |=| 380200347 |=| 【韩流】MOMOLAND（摸摸蓝） |=| 1538442660923 |=| 1538667750694 |=| 26 |=| 1292 |=| 0 |=| 1 |=|
21 |=| ['韩语', '流行', '运动'] |=| https://p2.music.126.net/B3vSR-TeAoIkIv6xrRYTtg==/109951163586441955.jpg |=| None

图 12-1 某音乐网站样例数据展示

12.2 预处理数据

爬虫获取的数据需要经过一定的整理和计算才能为系统所使用，所以在系统开始之前先对数据进行预处理。

12.2.1 计算歌曲、歌手、用户相似度

该部分数据主要是为了产生单个歌单、歌曲、歌手、用户的相似推荐。该部分的计算是基于标签进行的，用户在创建歌单时指定了标签，所以系统认为用户对该标签有偏好，遍历用户创建的所有歌单，会产出用户的标签向量。

例如，系统中有 3 个标签（日语、嘻哈、沉默），如果用户张三在所有创建的歌单中使用的标签为日语和嘻哈，则用户张三对应的标签向量为[1,1,0]，进而根据用户的标签向量计算用

户相似度。

计算用户相似度的核心代码如下：

代码 12-1　用户相似度计算

```
# 计算用户相似度，由于全量用户存储数据量大且无用，所以这里只存储了每个用户的相近 20 个用户，
  并且要求相似度大于 0.8
def getUserSim(self):
    sim = dict()
    if os.path.exists("./data/user_sim.json"):
        sim = json.load(open("./data/user_sim.json","r",encoding="utf-8"))
    else:
        i = 0
        for use1 in self.userTags.keys():
            sim[use1] = dict()
            for use2 in self.userTags.keys():
                if use1 != use2:
                    j_len = len (self.userTags[use1] & self.userTags[use2] )
                    if j_len !=0:
                        result = j_len / len(self.userTags[use1] |
self.userTags[use2])
                        if sim[use1].__len__() < 20 or result > 0.8:
                            sim[use1][use2] = result
                        else:
                            # 找到最小值并删除
                            minkey = min(sim[use1], key=sim[use1].get)
                            del sim[use1][minkey]
            i += 1
            print(str(i) + "\t" + use1)
        json.dump(sim, open("./data/user_sim.json","w",encoding="utf-8"))
    print("用户相似度计算完毕! ")
    return sim
```

> **提示：**
> 歌手、歌曲的相似计算逻辑与用户相似度的计算逻辑相同。用户相似度计算代码对应文件 z-others/tools/userSim.py，歌手相似度计算代码对应文件 z-others/tools/singSim.py，歌曲相似度计算代码对应文件 z-others/tools/songSim.py。

12.2.2　计算用户推荐集

该部分数据主要是为了产生登录系统的用户在进入歌单、歌曲、歌手、用户模块时，界面右侧的推荐。

该部分的推荐算法包括：基于内容的推荐算法、基于用户和基于物品的协同过滤算法（涉及的算法在第 5 章有详细介绍）。下面详细介绍基于用户的协同过滤为用户产生歌曲推荐，其实现步骤为：

（1）构建用户与歌曲的对应关系；

（2）计算用户与用户之间的相似度；

（3）为用户推荐相似用户喜欢的歌曲。

下面介绍具体实现过程。

1. 创建 RecSong 类

代码 12-2　用户歌曲推荐——创建 RecSong 类

```python
class RecSong:
    def __init__(self):
        self.playlist_mess_file = "../tomysql/data/pl_mess_all.txt"
        self.playlist_song_mess_file = "../tomysql/data/pl_sing_id.txt"
        self.song_mess_file = "../tomysql/data/song_mess_all.txt"
```

在__init__(self)函数中指定了所使用的文件。

2. 构建用户和歌曲对应关系

用户创建了歌单，歌单中包含歌曲。当用户把一首歌曲归档到歌单中时，则认为用户对该首歌曲的评分值为 1。如果用户对同一首歌曲产生了多次归档行为，则评分值依次加 1。

其实现代码如下：

代码 12-2　用户歌曲推荐——构建用户和歌曲的对应关系

```python
# 加载数据 => 用户与歌曲的对应关系
def load_data(self):
    # 所有用户
    user_list = list()
    # 歌单和歌曲对应关系
    playlist_song_dict = dict()
    for line in open(self.playlist_song_mess_file, "r", encoding="utf-8"):
        # 歌单 \t 歌曲s
        playlist_id, song_ids = line.strip().split("\t")
        playlist_song_dict.setdefault(playlist_id, list())
        for song_id in song_ids.split(","):
            playlist_song_dict[playlist_id].append(song_id)

    # print(playlist_sing_dict)
    print("歌单和歌曲对应关系! ")

    # 用户和歌曲对应关系
    user_song_dict = dict()
    for line in open(self.playlist_mess_file, "r", encoding="utf-8"):
        pl_mess_list = line.strip().split(" |=| ")
        playlist_id, user_id = pl_mess_list[0], pl_mess_list[1]
        if user_id not in user_list:
            user_list.append(user_id)
        user_song_dict.setdefault(user_id, {})
```

```
        for song_id in playlist_song_dict[playlist_id]:
            user_song_dict[user_id].setdefault(song_id, 0)
            user_song_dict[user_id][song_id] += 1
    # print(user_song_dict)
    print("用户和歌曲对应信息统计完毕！")
    return user_song_dict, user_list
```

3. 计算用户相似度

为用户推荐歌曲采用的是基于用户的协同过滤算法，所以这里需要计算出的是用户相似度。计算相似度分为两步：构建倒排表、构建相似度矩阵。其实现代码如下：

代码 12-2　用户歌曲推荐——计算用户相似度

```
# 计算用户相似度，采用惩罚热门商品和优化算法复杂度的算法
def UserSimilarityBest(self):
    # 得到每个 item 被哪些 user 评价过
    tags_users = dict()
    for user_id, tags in self.user_song_dict.items():
        for tag in tags.keys():
            tags_users.setdefault(tag,set())
            if self.user_song_dict[user_id][tag] > 0:
                tags_users[tag].add(user_id)
    # 构建倒排表
    C = dict()
    N = dict()
    for tags, users in tags_users.items():
        for u in users:
            N.setdefault(u,0)
            N[u] += 1
            C.setdefault(u,{})
            for v in users:
                C[u].setdefault(v, 0)
                if u == v:
                    continue
                C[u][v] += 1 / math.log(1+len(users))
    # 构建相似度矩阵
    W = dict()
    for u, related_users in C.items():
        W.setdefault(u,{})
        for v, cuv in related_users.items():
            if u==v:
                continue
            W[u].setdefault(v, 0.0)
            W[u][v] = cuv / math.sqrt(N[u] * N[v])
    print("用户相似度计算完成！")
    return W
```

4. 计算用户对歌曲的可能偏好

遍历用户的所有相似用户，对于相似用户中没有产生过归档行为的歌曲，计算用户对它们的偏好，其实现代码如下：

代码 12-2　用户歌曲推荐——计算用户对歌曲的可能偏好

```
# 为每个用户推荐歌曲
def recommend_song(self):
    # 记录用户对歌手的评分
    user_song_score_dict = dict()
    if os.path.exists("./data/user_song_prefer.json"):
        user_song_score_dict =
json.load(open("./data/user_song_prefer.json", "r", encoding="utf-8"))
        print("用户对歌手的偏好从文件加载完毕! ")
        return user_song_score_dict
    for user in self.user_song_dict.keys():
        print(user)
        user_song_score_dict.setdefault(user, {})
        # 遍历所有用户
        for user_sim in self.user_sim[user].keys():
            if user_sim == user:
                continue
            for song in self.user_song_dict[user_sim].keys():
                user_song_score_dict[user].setdefault(song,0.0)
                user_song_score_dict[user][song] +=
self.user_sim[user][user_sim] * self.user_song_dict[user_sim][song]
    json.dump(user_song_score_dict, open("./data/user_song_prefer.json",
"w", encoding="utf-8"))
    print("用户对歌曲的偏好计算完成! ")
    return user_song_score_dict
```

5. 写入文件

对每个用户的歌曲偏好进行排序，将用户最可能产生归档行为（即最可能产生偏好）的前100 首歌曲写入文件，便于导入数据库，供系统使用。其实现代码如下：

代码 12-2　用户歌曲推荐——写入文件

```
# 写入文件
def write_to_file(self):
    fw = open("./data/user_song_prefer.txt","a",encoding="utf-8")
    for user in self.user_song_score_dict.keys():
        sort_user_song_prefer =
sorted(self.user_song_score_dict[user].items(), key=lambda one:one[1],
reverse=True)
        for one in sort_user_song_prefer[:100]:
            fw.write(user+','+one[0]+','+str(one[1])+'\n')
    fw.close()
    print("写入文件完成")
```

在__init__函数中增加引用：

代码 12-2　用户歌曲推荐——init 函数增加引用

```
self.user_song_dict,self.user_list = self.load_data()
self.user_sim = self.UserSimilarityBest()
self.user_song_score_dict = self.recommend_song()
```

创建 main 函数，触发计算。

代码 12-2　用户歌曲推荐——创建 main 函数

```
if __name__ == "__main__":
    rec_song = RecSong()
rec_song.write_to_file()
```

运行代码，显示信息如下：

```
歌单和歌曲对应关系！
用户和歌曲对应信息统计完毕！
用户相似度计算完成！
用户对歌手的偏好从文件加载完毕！
写入文件完成

Process finished with exit code 0
```

user_song_prefer.txt 文件中的内容如下所示。

```
849116,473873430,0.219054322369071792
849116,28126835,0.2115430832251523
849116,1316563427,0.2115430832251523
```

同样，歌单、歌手、用户的推荐结果集也通过类似的方式进行计算，其计算代码和文件对应关系为：歌单推荐对应 rec_playlist.py，歌手推荐对应 rec_sing.py，用户推荐对应 rec_user.py，本节实例（歌曲推荐）对应 rec_song.py。

12.2.3　数据导入数据库

准备好基础数据之后，需要将数据导入 MySQL 数据库，以供系统使用。数据导入数据库方式分为：

- 数据库管理软件导入。
- Python 代码连接数据库导入。

第一种导入方式这里不做过多介绍，主要介绍 Python 代码连接数据库导入方式。以歌单信息导入数据库为例。

 提示：

只有在创建好项目和定义数据对象之后，数据才能导入数据库。

Django 是典型的 MVC 框架，在数据库的基础上封装了一个 model 层，通过类与数据表的映射，可以对数据库进行操作。其中将歌单信息导入数据库的代码如下：

代码 12-3　歌单信息导入——数据导入

```
def playListMessToMysql(self):
    i=0
    for line in open("./data/pl_mess_all.txt", "r", encoding="utf-8"):
        pl_id, pl_creator, pl_name, pl_create_time, pl_update_time,
    pl_songs_num, pl_listen_num, \
        pl_share_num, pl_comment_num, pl_follow_num, pl_tags, pl_img_url,
    pl_desc = line.split(" |=| ")
        try:
            user = User.objects.filter(u_id=pl_creator)[0]
        except:
            user = User.objects.filter(u_id=pl_creator)[0]
        pl = PlayList(
            pl_id = pl_id,
            pl_creator = user,
            pl_name = pl_name,
            pl_create_time = self.TransFormTime(int(pl_create_time)/1000),
            pl_update_time = self.TransFormTime(int(pl_update_time)/1000),
            pl_songs_num = int (pl_songs_num),
            pl_listen_num = int( pl_listen_num ),
            pl_share_num = int( pl_share_num ) ,
            pl_comment_num = int (pl_comment_num),
            pl_follow_num = int(pl_follow_num),
            pl_tags =
    str(pl_tags).replace("[","").replace("]","").replace("\'",""),
            pl_img_url = pl_img_url,
            pl_desc = pl_desc
        )
        pl.save()
        i+=1
        print(i)
```

执行完代码后，便可在 Django 自带的后台管理中看到相应的信息，如图 12-2 所示。

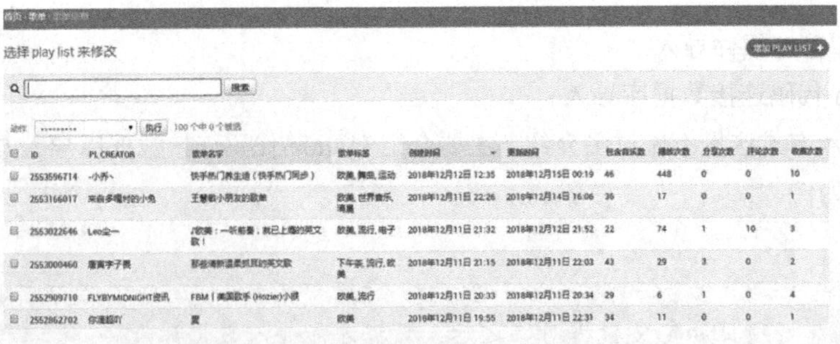

图 12-2　歌单信息在 Django 后台中的显示

其他数据的导入和歌单信息导入方式一致，其完整代码可在本书附赠的源代码包中看到。

12.3　设 计 架 构

音乐推荐系统的整体架构如图 12-3 所示。

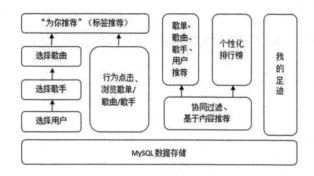

图 12-3　音乐推荐系统的整体架构

其中的各个模块介绍如下。

- MySQL 数据存储：MySQL 存储系统所使用的数据。
- 选择用户：每次随机从数据库中返回部分用户作为使用系统的用户，这里使用不同的用户是为了区分不同用户在系统中的行为偏好。
- 选择歌手：用户与系统交互的过程，解决系统的冷启动。当然用户也可以不选择歌手，直接跳过，此时系统中"为你推荐"的歌手标签部分为热度标签数据。
- 选择歌曲：用户与系统交互的过程，解决系统的冷启动。当然用户也可以不选择歌曲，直接跳过，此时系统中"为你推荐"的歌曲标签部分为热度标签数据。
- 行为点击、浏览歌单/歌曲/歌手：用户在系统中产生的行为记录。用户在浏览单个歌单、歌手、歌曲、用户时，都会基于当前的浏览进行推荐。
- ❸为你推荐❾（标签推荐）：基于用户进入系统时的选择和用户在系统中的行为，为用户推荐歌单、歌曲、歌手标签。
- 协同过滤、基于内容推荐：使用这两种算法计算用户对歌单、歌曲、歌手、用户的喜好程度。
- 歌单、歌曲、歌手、用户推荐：用户在进入歌单、歌曲、歌手用户模块时，对用户产生的推荐。
- 个性化排行榜：基于用户的偏好程度进行排序展示，不同用户看到的显示界面是不一样的。
- ❸我的足迹"：登录系统和在系统内的点击浏览行为的汇总展示。

系统整体架构设计相对简单一些，和线上真正应用的复杂的推荐系统是有很大差距的，但实现思路是一致的。

12.4 实 现 系 统

本实例基于前后端分离的形式进行开发，后端采用 Python 的 Django 框架，前端采用 Vue.js 框架。完整的项目代码可在本书附赠的源代码包中获取。

12.4.1 准备环境

本实例基于的环境和第 11 章中的实例环境一致，可参考第 11 章中的准备环境部分。

12.4.2 实现后端接口

1. 创建项目

选定目录，执行以下命令，创建一个空的 Django 项目。

```
django-admin.py startproject MusicRec
```

此时便创建了一个空的 MusicRec 项目，进入该目录。执行以下命令，创建指定的模块。

```
python manage.py startapp index
python manage.py startapp playlist
python manage.py startapp sing
python manage.py startapp song
python manage.py startapp user
```

在 MusicRec/MusicRec/urls.py 中添加对 index、playlist、sing、song、user 模块的链接，修改后的 urls.py 文件内容如下：

```
from django.contrib import admin
from django.urls import path
from django.conf.urls import include, url

urlpatterns = [
    path('admin/', admin.site.urls),
    url(r'^index/', include('index.urls'), name='index'),
    url(r'^playlist/', include('playlist.urls'), name='playlist'),
    url(r'^sing/', include('sing.urls'), name='sing'),
    url(r'^song/', include('song.urls'), name='song'),
    url(r'^user/', include('user.urls'), name='user'),
]
```

2. 定义数据对象

本实例中定义的数据表较多，包含歌单维度、歌手维度、歌曲维度、用户维度，分别用来存储歌单、歌手、歌曲和用户的相关信息。

例如，歌单信息表的定义如下：

```
class PlayList(models.Model):
```

```
    pl_id = models.CharField(blank=False, max_length=64, verbose_name="ID",
unique=True)
    pl_creator = models.ForeignKey(User, related_name="创建者信息",
on_delete=False)
    pl_name = models.CharField(blank=False, max_length=64, verbose_name="歌单
名字")
    pl_create_time = models.DateTimeField(blank=True, verbose_name="创建时间")
    pl_update_time = models.DateTimeField(blank=True, verbose_name="更新时间")
    pl_songs_num = models.IntegerField(blank=True,verbose_name="包含音乐数")
    pl_listen_num = models.IntegerField(blank=True,verbose_name="播放次数")
    pl_share_num = models.IntegerField(blank=True,verbose_name="分享次数")
    pl_comment_num = models.IntegerField(blank=True,verbose_name="评论次数")
    pl_follow_num = models.IntegerField(blank=True,verbose_name="收藏次数")
    pl_tags = models.CharField(blank=True, max_length=1000, verbose_name="歌单
标签")
    pl_img_url = models.CharField(blank=True, max_length=1000, verbose_name="
歌单封面")
    pl_desc = models.TextField(blank=True, verbose_name="歌单描述")

    # python 2.7中使用的是__unicode__
    def __str__(self):
        return self.pl_id

    class Meta:
        db_table = 'playList'
        verbose_name_plural = "歌单信息"
```

其中相关参数的含义可以参考第 11 章中"定义数据对象"部分，这里新增加了一个 verbose_name_plural 参数，该参数表示该类（即该表）在 Django 后台中显示的中文名。

3. API 接口开发

这里以前端获取具体歌单信息接口为例，简单说明开发过程。创建 one 函数，具体代码如下：

```
# 获取单个歌单信息
def one(request):
    pl_id = request.GET.get("id")
    one = PlayList.objects.filter(pl_id=pl_id)[0]
    return JsonResponse({
        "code":1,
        "data":[
            {
                "pl_id":one.pl_id,
                "pl_creator": one.pl_creator.u_name,
                "pl_name":one.pl_name,
                "pl_create_time":one.pl_create_time,
                "pl_update_time":one.pl_update_time,
                "pl_songs_num": one.pl_songs_num,
                "pl_listen_num":one.pl_listen_num,
                "pl_share_num":one.pl_share_num,
```

```
            "pl_comment_num":one.pl_comment_num,
            "pl_follow_num":one.pl_follow_num,
            "pl_tags": one.pl_tags,
            "pl_img_url":one.pl_img_url,
            "pl_desc":one.pl_desc,
            "pl_rec": getRecBasedOne(pl_id),
            "pl_songs": getIncludeSong(pl_id)
        }
    ]
})
```

最终返回给前端的是一个 Json 对象。这里使用 JsonResponse 对字典类型的变量进行格式转换，并返回给前端。

4. 启动服务

执行以下命令启动服务：

```
python manage.py runserver 0.0.0.0:8000
```

服务启动对应的提示信息如图 12-4 所示。

```
E:\github\MusicRecSys\MusicRec>python manage.py runserver 0.0.0.0:8000
Performing system checks...

System check identified no issues (0 silenced).
January 06, 2019 - 00:27:43
Django version 2.1, using settings 'MusicRec.settings'
Starting development server at http://0.0.0.0:8000/
```

图 12-4　提示信息

12.4.3　实现前端界面

前端项目创建和开发过程可参考第 11 章中的相应部分。

12.4.4　系统演示

前后端开发完成后，便可以进行正常的数据交互了。下面对主要部分进行展示。

1. 选择用户（见图 12-5）

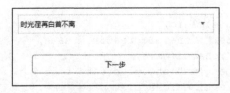

图 12-5　选择用户

2. 选择歌手（见图 12-6）

图 12-6　选择歌手

3. 选择歌曲（见图 12-7）

图 12-7　选择歌曲

4. "为你推荐"（见图 12-8）

图 12-8　"为你推荐"

5. 歌单与歌单推荐（见图 12-9）

图 12-9　歌单与歌单推荐

6. 歌单详情与歌单详情页推荐（见图 12-10）

图 12-10　歌单详情与歌单详情页推荐

7. 排行榜（见图 12-11）

图 12-11　排行榜

8. "我的足迹"（见图 12-12）

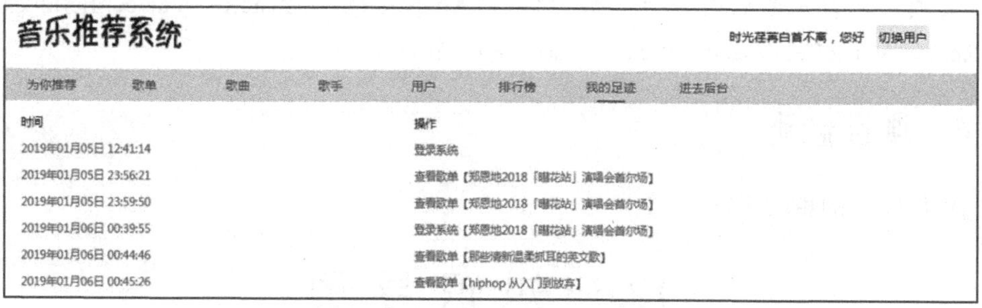

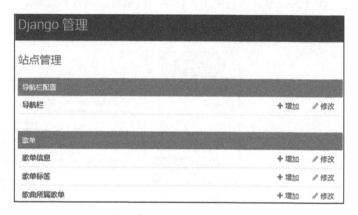

图 12-12　"我的足迹"

9. 后台管理（见图 12-13）

图 12-13　后台管理

12.5　代 码 复 现

本实例的代码可在本书附赠的资料包中获取，也可以在 Github 上获取，对应的链接为 https://github.com/Thinkgamer/MusicRec。

12.5.1　安 装 依 赖

参考第 11 章的相应部分。

12.5.2　数 据 入 库

参考第 11 章的相应部分。

12.5.3　修 改 配 置

在项目进行移植过程中，需要修改 IP 信息，Django 后台项目的 IP 配置在 MusicRec/MusicRec/settings.py 文件中，IP 的字段配置为 ALLOWED_HOSTS，数据库的配置也在该文件中，可以根据实际信息进行修改。

前端项目配置需要修改两个部分，修改 MusicRecSys/MusicRec-Vue/config/index.js 和 MusicRecSys/MusicRec-Vue/src/assets/js/linkBase.js 中的 serverUrl。

12.5.4 项目启动

参考第 11 章的相应部分。

12.6 知 识 导 图

本章实现了一个音乐推荐系统，相比第 11 章中的实例，数据维度更加丰富，"推荐"存在于系统的每个地方，涉及的推荐算法也更多，在学习时要仔细阅读和理解。

本章内容知识导图如图 12-14 所示。

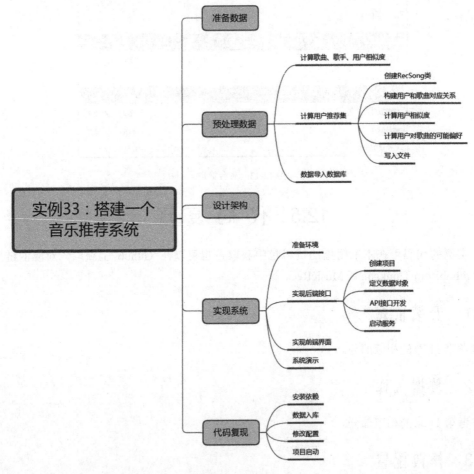

图 12-14　本章内容知识导图

第 **13** 章

实例34：搭建一个图书推荐系统

第 11 章和第 12 章中使用的基于内容、标签的推荐或协同过滤推荐算法对用户或物品进行相似推荐，本章实现一个基于点击率预估算法的图书推荐系统。

13.1 准备数据

本章实例使用的数据是某图书网站相应标签下的部分图书数据，其中包含的标签如图 13-1 所示。

诗歌	武侠	科幻	传记	建筑
佛教	悬疑	艺术	数学	戏剧
游记	职场	健康	摄影	家居
美食	算法	web	互联网	
神经网络	用户体验			

图 13-1　图书数据标签展示

从网站获取的数据包括以下几个维度：标题（书名）、作者、图片（封面链接）、评分、评价人数、出版信息。图书数据样例如图 13-2 所示。

标题	作者	图片	评分	评价人	出版信息			
一只狼在放哨	[伊朗] 阿巴	https://img3.doubanio.com/view/subj	8.5	1079	作者：	[伊朗]	阿巴斯·基阿鲁斯达米	出版社: 中信出版集团
姆勒·迪伦诗歌集 (1961-201	[美] 姆勒·迪	https://img1.doubanio.com/view/subj	8.8	406	作者：	[美]	姆勒·迪伦	出版社: 广西师范大学出版社　出版
万物静默如谜	[波兰] 维斯	https://img3.doubanio.com/view/subj	8.6	11555	作者：	[波兰]	维斯瓦娃·辛波斯卡	出版社: 浦睿文化·湖南文艺出
海子诗全集	海子	https://img3.doubanio.com/view/subj	9.2	7392	作者：	海子	/编者　西川	出版社: 作家出版社
我的孤独是一座花园	[叙利亚] 阿	https://img3.doubanio.com/view/subj	8.6	8877	作者：	[叙利亚]	阿多尼斯	出版社: 译林出版社　副
事物的味道，我尝得太早了	[日] 石川啄	https://img3.doubanio.com/view/subj	8.6	2786	作者：	[日]	石川啄木	出版社: 上海人民出版社　出品方:1
奥克诺斯	[西] 路易斯·	https://img3.doubanio.com/view/subj	9.1	1307	作者：	[西]	路易斯·塞尔努达	出版社: 人民文学出版社
唯有孤独恒常如新	[美] 伊丽莎	https://img3.doubanio.com/view/subj	8.1	1725	作者：	[美]	伊丽莎白·毕晓普	出版社: 湖南文艺出版社
博尔赫斯诗选	[阿根廷] 豪	https://img3.doubanio.com/view/subj	8.9	2756	作者：	[阿根廷]	豪·路·博尔赫斯	出版社: 河北教育出版社
现实与欲望	[西] 路易斯·	https://img1.doubanio.com/view/subj	9	665	作者：	[西]	路易斯·塞尔努达	出版社: 四川文艺出版社

图 13-2　图书数据样例

13.2 预处理数据

这里得到的原始数据无法直接在本实例中使用，需要进行相应的处理和转化，后续才能进行相关应用。

13.2.1 原始数据加工

生产环境下，点击率算法应用过程中构造的特征是非常丰富的，因此在实际获取数据的基础上虚拟增加了 ID、价格、距今出版月份、点击次数、力荐人数、推荐人数、还行人数、较差人数、很差人数、读过人数、在读人数、想读人数。

 提示：

本章采用的是基于点击率预估算法进行的图书推荐，因此为了更好地模拟算法的使用，这里虚拟一些图书对应的特征，仅供参考。

处理方法分为三步：

（1）先在 Excel 中加入相应的列；

（2）基于代码补全数据并转化成导入 MySQL 的形式；

（3）用逗号连接每行数据，保存在 txt 文件中。

首先在 Excel 中加入相应字段，如图 13-3 所示。

ID	标题	作者	图片	标签	价格	距今出	点击次	评分	评价人	力荐人	推荐人	还行人	较差人	很差人	读过人	在读人	想读人	出版信息
10000	一只狼	[伊朗]	https://	诗歌				8.5	1079									作者:	[伊朗]	阿巴斯
10001	鲍勃迪	[美]	https://	诗歌				8.8	406									作者:	[美]	鲍勃迪伦
10002	万物静	[波兰]	https://	诗歌				8.6	11555									作者:	[波兰]	维斯瓦
10003	海子诗	海子	https://	诗歌				9.2	7392									作者:	海子	/编者
10004	我的孤	[叙利亚]	https://	诗歌				8.6	8877									作者:	[叙利亚]	阿多
10005	事物的	[日]	https://	诗歌				8.6	2786									作者:	[日]	石川啄木
10006	奥克诺	[西]	https://	诗歌				9.1	1307									作者:	[西]	路易斯·塞
10007	唯有孤	[美]	https://	诗歌				8.1	1725									作者:	[美]	伊丽莎白
10008	博尔赫	[阿根廷]	https://	诗歌				8.9	2756									作者:	[阿根廷]	豪·路
10009	现实与	[西]	https://	诗歌				9	665									作者:	[西]	路易斯·塞
10010	智惠子	[日]	https://	诗歌				8.6	186									作者:	[日]	高村光太
10011	诗的八		https://	诗歌				8.3	1064									作者:	江弱水	
10012	飞鸟集	[印度]	https://	诗歌				8.9	30341									作者:	[印度]	拉宾德

图 13-3　加入字段后展示

其次是利用代码进行数据补全，并转化成导入 MySQL 的形式，这里使用 Python 的 random 产生随机数，对空白数据进行补全。

首先利用 Python 的 Pandas 包读取 Excel 处理后的文件，读取方式如下：

```
pandas.read_excel(self.file,sheet_name='Sheet1')
```

然后利用产生的随机数进行补全。例如要产生一个 1~10 之间的随机数，可以使用如下代码实现：

```
random.randint(1,10)
```

经过以上处理，使用逗号连接保存在 txt 文件后的数据，如图 13-4 所示。

```
10000,一只狼在放哨,[伊朗]阿巴斯·基阿鲁斯达米,https://img3.doubanio.com/view/subject/l/public/s29487040.jpg,诗歌,30.1,8,44,8.5,
10001,鲍勃·迪伦诗歌集 (1961-2012),[美]鲍勃·迪伦,https://img1.doubanio.com/view/subject/l/public/s29441639.jpg,诗歌,22.8,6,93,8
10002,万物静默如谜,[波兰]维斯瓦娃·辛波斯卡,https://img3.doubanio.com/view/subject/l/public/s11168631.jpg,诗歌,35.4,15,7,8.6,11
10003,海子诗全集,海子,https://img3.doubanio.com/view/subject/l/public/s3670242.jpg,诗歌,22.4,5,9,9.2,7392.0,12,33,72,7,7,73,19
10004,我的孤独是一座花园,[叙利亚]阿多尼斯,https://img3.doubanio.com/view/subject/l/public/s3679561.jpg,诗歌,41.3,9,84,8.6,8877
10005,事物的味道,我尝得太早了,[日]石川啄木,https://img1.doubanio.com/view/subject/l/public/s28685720.jpg,诗歌,23.5,6,33,8.6,2
10006,奥克诺斯,[西]路易斯·塞尔努达,https://img3.doubanio.com/view/subject/l/public/s27986922.jpg,诗歌,49.2,15,53,9.1,1307.0,16
10007,唯有孤独恒常如新,[美]伊丽莎白·毕晓普,https://img3.doubanio.com/view/subject/l/public/s28002516.jpg,诗歌,32.6,5,14,8.1,17
10008,博尔赫斯诗选,[阿根廷]豪·路·博尔赫斯,https://img3.doubanio.com/view/subject/l/public/s2180194.jpg,诗歌,26.5,9,31,8.9,2756
10009,现实与欲望,[西]路易斯·塞尔努达,https://img1.doubanio.com/view/subject/l/public/s28315978.jpg,诗歌,50.5,7,39,9.0,665.0,15
10010,智惠子抄,[日]高村光太郎,https://img3.doubanio.com/view/subject/l/public/s29350555.jpg,诗歌,20.3,6,64,8.6,186.0,13,30,32,
10011,诗的八堂课,未定义,https://img3.doubanio.com/view/subject/l/public/s29497494.jpg,诗歌,40.3,4,58,8.3,1064.0,16,27,79,20,7,
```

图 13-4　预处理导入 MySQL 的数据样例展示

提示：

预处理后的数据和代码可以在本书附赠的源代码包中获取，对应的代码文件为：z-others/prepare.py。

13.2.2 数据导入数据库

准备好基础数据之后，需要将数据导入 MySQL 数据库，以供系统使用。数据导入数据库的方法分为：

- 数据库管理软件导入；
- Python 代码连接数据库导入。

本实例中使用的是基于 Navicat For MySQL 软件导入数据库，软件的具体使用方法可自行搜索，这里不做过多介绍。

13.2.3 模型准备

本章实例采用的是基于点击率预估的算法进行推荐，在第 8 章中详细介绍了点击率预估相关的算法、使用方法和实例。

提示：

模型准备部分的完整代码可以在本书附赠的源代码包中获取，对应的代码文件为：z-others/model.py

1. 准备模型数据

从每个标签类型下随机选取 20 条数据组成模型训练数据，从中选择的计算特征维度为：价格、距今出版月份、点击次数、力荐人数、推荐人数、还行人数、较差人数、很差人数、读过人数、在读人数、想读人数，对应的是否点击字段则是随机产生的。

这里构造了一份是否点击和对应的特征关系数据，如图 13-5 所示。

```
1,44.9,12,42,9.0,367.0,17,30,63,16,1,79,28,100
1,34.2,14,77,8.6,198.0,13,40,100,18,1,35,26,82
0,36.4,15,29,8.3,1228.0,12,29,67,3,10,29,46,52
1,30.5,2,66,8.6,2069.0,19,37,69,16,4,15,17,43
1,44.8,6,88,8.9,734.0,19,40,37,20,7,40,30,82
0,39.7,14,54,9.1,2736.0,20,37,99,12,9,13,46,55
0,46.6,13,87,9.1,3758.0,16,38,54,1,9,37,35,98
```

图 13-5　模型训练数据样例展示

其中第一列（0 或 1）表示是否进行点击，后边的数据为对应的特征。

得到训练数据之后，需要将数据拆分成训练集和测试集，这里使用 sklearn 中的 train_test_split()函数，其具体使用方式参考第 8 章中的介绍。

2. 训练评估模型

点击率预估算法中应用最成熟的是 GBDT 算法，所以这里基于 GBDT 算法训练本实例的推荐模型，在训练模型之前需要引入对应的机器学习包，引入方式如下：

```
from sklearn.ensemble import GradientBoostingClassifier
```

创建 model 对象并进行训练，对应的代码为：

```
gbdt = GradientBoostingClassifier(learning_rate=0.05, n_estimators=70, max_depth=10)
gbdt.fit(x_train, y_train)
```

其中 x_train 和 y_train 为训练集中的特征数据和对应的 Label 标签。在得到训练好的 gbdt 模型之后，需要通过测试集对模型进行评估，然后根据评估指标的高低来调整模型的参数，进而找到最优的模型。

3. 模型保存和加载

在得到模型之后，需要进行本地保存，再在系统中加载，进行图书的排序。保存和加载模型使用的是 sklearn.externals 模块中的 joblib 类，使用方式如下：

```
from sklearn.externals import joblib
joblib.dump(model.gbdt, './model/gbdt.model')        # 保存模型
joblib.load('./model/gbdt.model')                    # 加载模型
```

13.3 设 计 架 构

本系统主要演示基于点击率预估算法进行图书推荐，相比第 11 章和第 12 章实例来讲逻辑相对简单，其系统架构图如图 13-6 所示。

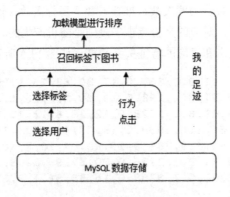

图 13-6　图书推荐系统架构图

其中主要模块介绍如下。

- MySQL 数据存储：MySQL 存储系统所使用的数据。
- 选择用户：系统指定了三个用户（张三、李四、王五）作为演示用户，这里使用不同的用户是为了区分不同用户在系统中的行为偏好。

- 选择标签：用户与系统的交互过程，解决系统的冷启动。当然用户也可以不选择相应的标签，此时推荐的是热门图书数据。
- 行为点击：即用户在系统中产生的行为记录，用户查看图书信息时，会产生记录，推荐模块会基于用户的行为进行商品召回。
- 召回标签下图书：召回用户选择的标签和用户有行为的图书对应标签下的图书数据，同时过滤出用户有行为的图书数据作为该用户的排序候选商品池。
- 加载模型进行排序：对召回的图书进行排序，返回并展示给用户。

13.4　实　现　系　统

和前两个实例一样，本实例也采用前后端分离的形式实现，完整的代码可在本书附赠的源代码包中获取。

13.4.1　准　备　环　境

本实例基于的环境和第 11 章中的实例环境一致，可参考第 11 章中的准备环境部分。

13.4.2　实　现　后　端　接　口

1. 创建项目

选定项目存放的目录，执行以下命令，创建一个空的 Django 项目。

```
django-admin.py startproject BookRec
```

此时便创建了一个空的 BookRec 项目，进入该目录。执行以下命令，创建相应的模块。

```
python manage.py startapp index
```

在 BookRec/BookRec/urls.py 中添加对 index 模块的链接，修改后的 urls.py 文件内容如下：

```
from django.contrib import admin
from django.urls import path
from django.conf.urls import include, url

urlpatterns = [
    path('admin/', admin.site.urls),
    url(r'^index/', include('index.urls'), name='index'),
]
```

在 BookRec/index 文件夹下新建 urls.py，增加对 index 模块中接口的引用，内容如下：

```
from django.conf.urls import url
from index.views import home,login,history,switchuser,one
urlpatterns = [
    url(r'^home/$',home),
    url(r'^login/$',login),
    url(r'^history/$',history),
```

```
url(r'^switchuser/$',switchuser),
url(r'^one/$',one),
]
```

2. 定义数据对象

本实例中涉及的表有图书信息表、用户行为信息记录表和标签表。例如图书信息的定义为：

```
# 定义图书信息
class Book(models.Model):
    bid = models.IntegerField(blank=False,verbose_name='ID',unique=True)
    name = models.CharField(blank=False,max_length=64,verbose_name='名字')
    author = models.CharField(blank=True,max_length=500,verbose_name='作者')
    img = models.CharField(blank=True,max_length=500,verbose_name='封面图')
    tag = models.CharField(blank=True,max_length=500,verbose_name='标签')
    price = models.FloatField(blank=True,verbose_name="价格")
    publish_month = models.IntegerField(blank=True,verbose_name="出版距今月份")
    click = models.IntegerField(blank=True,verbose_name="点击次数")
    socre = models.FloatField(blank=True,verbose_name="评分")
    judge = models.IntegerField(blank=True,verbose_name="评价人数")
    rec_most = models.IntegerField(blank=True,verbose_name="力荐人数")
    rec_more = models.IntegerField(blank=True,verbose_name="推荐人数")
    rec_normal = models.IntegerField(blank=True,verbose_name="还行人数")
    rec_bad = models.IntegerField(blank=True,verbose_name="较差人数")
    rec_morebad = models.IntegerField(blank=True,verbose_name="很差人数")
    readed = models.IntegerField(blank=True,verbose_name="读过人数")
    reading = models.IntegerField(blank=True,verbose_name="在读人数")
    readup = models.IntegerField(blank=True,verbose_name="想读人数")
    mess =models.CharField(blank=True,max_length=1000,verbose_name='出版信息')

    def __str__(self):
        return self.name
    class Meta:
        db_table = 'book'
        verbose_name_plural = "图书信息"
```

其中相关参数含义可以参考第 11.4.2 节的"定义数据对象"部分，这里新增了一个 verbose_name_plural 参数，该参数表示该类（即该表）在 Django 后台中显示的中文名。

3. API 接口开发

API 接口是前后端交互的数据通道，这里以首页接口（index/home）为例，首页请求主要分为以下几种情况：

（1）选择用户后未选择标签进入系统；

（2）选择用户后选择标签进入系统；

（3）在系统内产生相关行为后返回系统；

（4）查看具体标签下的图书数据。

所以在后台设计时需要考虑三种情况：

（1）基于用户选择的标签和行为为用户进行图书推荐；

（2）基于热门数据为用户进行图书推荐；

（3）返回具体标签下的图书数据。

其实现代码如下：

```
# 首页模块，基于 GBDT 模型进行
def home(request):
    # 接口传入的 page 参数
    uname = request.GET.get("username")
    _page_id = int(request.GET.get("page"))
    tag = request.GET.get("rec")
    # 定义变量和结果
    _list = list()
    result = dict()
    result["code"] = 1
    result["data"] = dict()
    # 获取所有的标签数据
    tags = Cate.objects.all()
    # tag 为 all，表示为用户进行图书推荐
    if tag == "all":
        # 如果用户没有选择标签且用户没有产生任何行为，执行下边的逻辑
        if "tags" in request.session.keys() and request.session["tags"] == "" and
History.objects.filter(name=uname).filter(~Q(tag="")).__len__() == 0:
            # 返回评分最高的前 40 本图书
            books = Book.objects.order_by("-socre").all()[:40]
            ...
        # 如果用户选择标签，则执行下边的逻辑
        else:
            # 用户选择的标签
            chooose_tags = request.session["tags"].split(",") if "tags" in
request.session.keys() else list()
            # 用户有点击行为的标签
            click_tags        =        [        one["tag"]        for        one        in
History.objects.filter(name=uname).values("tag").distinct()]
            # 拼接标签
            chooose_tags.extend(click_tags)
            chooose_tags = list (set(chooose_tags))

            # 用户已经点击过的图书，召回时进行过滤
            clicked_books        =[        one["object"]        for        one        in
History.objects.filter(name=uname).values("object").distinct() ]
            # 初步召回数据集，每个标签下召回 10 本图书
            all_books = list()
            for tag in chooose_tags:
                one_books                                                             =
Book.objects.filter(tag=tag).filter(~Q(name__in=clicked_books)).order_by("-s
ocre")[:10]
                all_books.extend(one_books)
```

```
# 加载模型
gbdt = joblib.load('z-others/model/gbdt.model')
# 对召回的数据进行排序
sort_books_dict = dict()
for book in all_books:
    features                                              =
[book.price,book.publish_month,book.click,book.socre,book.judge,book.rec_mos
t,book.rec_more,book.rec_normal,book.rec_bad,book.rec_morebad,book.readed,bo
ok.reading,book.readup]
        pro = gbdt.predict_proba(np.array([features]))[0][1]
        sort_books_dict[book.bid] = pro
    books    =    sorted(sort_books_dict.items(),    key  =  lambda  one:
one[1],reverse=True)
        ……
# 表示用户查看的是具体标签下的图书数据
else:
    books = Book.objects.filter(tag=tag).order_by("-socre")
    ...
...
return JsonResponse(result)
```

　　最终返回给前端的是一个 Json 对象。这里使用 JsonResponse 对字典类型的变量进行格式转换，并返回给前端。

4. 启动服务

　　执行以下命令启动服务：

```
python manage.py runserver 0.0.0.0:8000
```

　　服务启动对应的提示信息如下：

```
Starting development server at http://0.0.0.0:8000/
Quit the server with CTRL-BREAK.
```

13.4.3　实现前端界面

　　前端项目创建和开发过程具体可参考第 11 章中对应的部分，具体的实现代码参考本书附赠的源代码包。

13.4.4　系统演示

　　前后端界面开发完成后，便可以进行正常的数据交互了。下面对主要部分进行展示。

1. 选择用户（见图 13-7）

图 13-7　选择用户

2. 选择标签（见图 13-8）

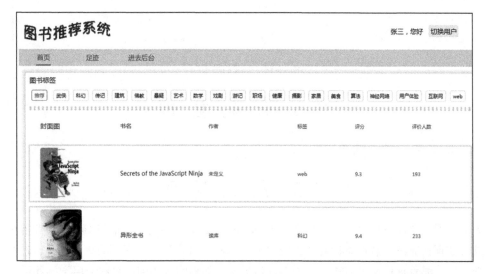

图 13-8　选择标签

3. "为你推荐"（见图 13-9）

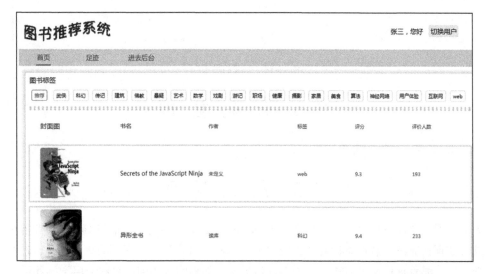

图 13-9　"为你推荐"

4. 图书详情展示（见图 13-10）

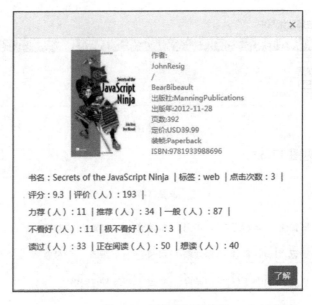

图 13-10　图书详情展示

5. "我的足迹"（见图 13-11）

时间	操作
2019-02-17T05:39:55Z	登录【系统】
2019-02-17T05:40:31Z	查看【Secrets of the JavaScript Ninja】
2019-02-17T05:40:57Z	查看【深入理解ES6】
2019-02-17T05:41:03Z	查看【佛典语言及传承】
2019-02-17T05:41:06Z	查看【龙树六论】

图 13-11　"我的足迹"

13.5　代码复现

参考第 11 章，这里不再赘述。

13.6　知识导图

本章实现一个图书推荐系统，相比第 11 章和第 12 章的实例，本章使用了目前业界使用较广的点击率预估算法，意在将读者从传统的推荐算法思维带到点击率预估算法思维。在进行本章的学习时，要着重理解如何构建点击率预估模型、如何将分类回归算法应用到推荐系统中。

本章内容知识导图如图 13-12 所示。

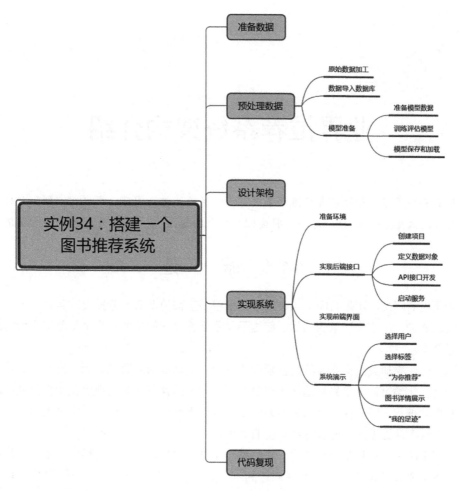

图 13-12　本章内容知识导图

第 **14** 章

业界推荐系统架构介绍

通过前面的学习，相信读者对推荐系统有了一定的认识和理解，那么："那些大公司里的推荐系统是怎么搭建起来的？"这一章将会回答这个问题，介绍一下业界推荐系统的通用架构。

14.1 概 述

不管是电商网站，还是新闻资讯类网站，推荐系统都扮演着十分重要的角色。一个优秀的推荐系统能够推荐出让人满意的物品，但这不仅是推荐算法的功劳，整个推荐架构所扮演的角色也举足轻重。

学术界往往更加关注推荐算法的各项评估指标。从基本的协同过滤到点击率预估算法，从深度学习到强化学习，学术界都始终走在最前列。一个推荐算法从出现到在业界得到广泛应用是一个长期的过程，因为在实际的生产系统中，首先需要保证的是稳定、实时地向用户提供推荐服务，在这个前提下才能追求推荐系统的效果。

在生产系统中，不管是用户维度、物品维度还是用户和物品的交互维度，数据都是极其丰富的，学术界对算法的使用方法不能照搬到工业界。当一个用户访问推荐模块时，系统不可能针对该用户对所有的物品进行排序，那么推荐系统是怎么解决的呢？对应的商品众多，如何决定将哪些商品展示给用户？对于排序好的商品，如何合理地展示给用户？下面将一一进行介绍。

14.2 架 构 介 绍

图 14-1 所示是业界推荐系统通用架构图，主要包括：底层基础数据、数据加工存储、召回内容、计算排序、过滤和展示、业务应用。

底层基础数据是推荐系统的基石，只有数据量足够多，才能从中挖掘出更多有价值的信息，进而更好地为推荐系统服务。底层基础数据包括用户和物品本身数据、用户行为数据、用户系统上报数据等。图 14-2～图 14-4 所示为用户本身数据、物品本身数据和用户行为数据。

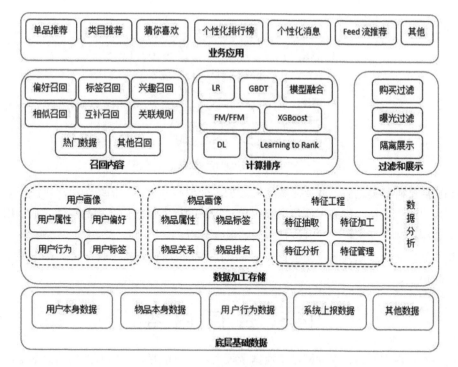

图 14-1　业界推荐系统通用架构图

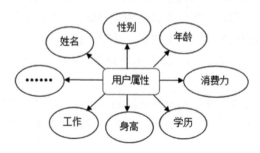

图 14-2　用户本身数据

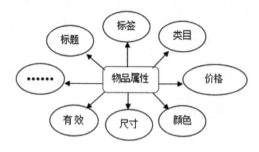

图 14-3　物品本身数据

图 14-4　用户行为数据

得到底层基础数据之后，就要对数据进行加工处理和分析了，如结合用户属性信息和行为信息构建用户画像，结合物品属性信息和用户对物品的行为信息构建物品画像。基于用户对物品的行为数据构建特征工程，同时进行相关的数据分析。

数据在处理之后存储到相应的位置（业务推荐系统使用的数据一般存储在 redis 中），供推荐系统实时调用。

14.3　召 回 内 容

电商网站、内容网站、视频网站中数据量很大，并不能直接把所有的物品数据全部输送到推荐系统进行排序，那么如何对物品进行筛选就成了很关键的问题。

第 4 章中介绍了一些常用的数据挖掘算法和应用场景，在进行物品召回时可以基于一些常用的机器学习算法构建用户偏好模型、用户兴趣模型、物品相似模型、物品互补模型等。在进行内容召回时，只召回和用户有偏好关系、和用户有直接关联、和用户有直接关系的相关物品，输入排序模型，进行打分排序。

例如，在某新闻类网站中，根据用户对新闻的相关行为信息构建用户对新闻标签的兴趣模型，在为用户推荐时就可以推荐用户偏好标签下的新闻数据，如图 14-5 所示。

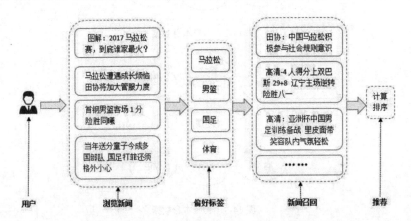

图 14-5　用户新闻偏好标签推荐示例图

在物品召回过程中，重点是如何构建合适的用户偏好模型，只有保证偏好模型的准确性才能确保用户召回物品的准确性。

14.4　计 算 排 序

对召回结果的排序依赖于推荐算法和算法用到的特征，两者对推荐结果都有极大的影响。

14.4.1　特 征 工 程

"数据决定了机器学习的上限，而算法只是尽可能逼近这个上限"，这里的数据指的就是经过特征工程得到的数据。特征工程指的是把原始数据转变为模型的训练数据的过程，目的就是获取更好的训练数据特征，使得机器学习模型逼近这个上限。特征工程能使模型的性能得到提升，有时甚至在简单的模型上也能取得不错的效果。

特征工程在机器学习中起着非常重要的作用，一般认为包括特征构建、特征提取、特征选择三部分。特征提取与特征选择都是为了从原始特征中找出最有效的特征。它们之间的区别是：

- 特征提取强调通过特征转换的方式得到一组具有明显物理意义或统计意义的特征；
- 特征选择是从特征集合中挑选一组具有明显物理意义或统计意义的特征子集。

两者都能帮助减少特征维度、数据冗余，特征提取有时能发现更有意义的特征属性，特征选择的过程经常能表示出每个特征对于模型构建的重要性。

特征工程的标准化流程主要分为以下几步：

（1）基于业务理解，找到对因变量有影响的所有自变量，即特征。

（2）评估特征的可用性、覆盖率、准确率等。

（3）特征处理：包括特征清洗、特征预处理（特征预处理可参考第 4 章"数据预处理"部分）、特征选择。

（4）特征监控：特征对算法模型的影响很大，微小的浮动都会带来模型效果的很大波动，因此做好重要特征的监控可防止特征异常变动带来线上事故。

14.4.2　特 征 分 类

在工业界的推荐系统中，典型的特征主要分为以下四类。

- 相关性特征：评估内容的属性与用户是否匹配。显性的匹配包括关键词匹配、分类匹配、来源匹配、主题匹配等。
- 环境特征：包括地理位置、时间。这些既是偏差特征，又能以此构建一些匹配特征。
- 热度特征：包括全局热度、分类热度、主题热度及关键词热度等。内容热度信息在大的推荐系统中特别是在用户冷启动时非常有效。
- 协同特征：可以在一定程度上帮助解决所谓算法越推越窄的问题。协同特征并不考虑用户已有历史，而是通过用户行为分析不同用户间的相似性，如点击相似、兴趣分类相似、主题相似、兴趣词相似，甚至向量相似，从而扩展模型的探索能力。

14.4.3　排 序 算 法

在得到召回的物品之后，就要考虑如何对这些物品进行正确的排序。目前业界在机器学习领域最普遍的做法是将排序推荐模型作为二分类模型来训练，即在构造样本集的过程中对应的标签为 0 或 1（未点击或点击）。常用的排序算法包括但不局限于 GBDT、LR、XGBoost 等，当然也有很多把 GBDT 和 LR 结合起来使用的，但是模型融合后的效果在不同的业务场景中带来的提升并不是很大。

基于点击率预估的推荐算法和实例在第 8 章中有详细介绍，且第 13 章的实例——搭建一个图书推荐系统就是基于 GBDT 算法的，本章不再赘述。

14.5 物品过滤和展示

过滤和展示直接影响用户体验，因此在做推荐系统时一定要注意相关的过滤和展示规则。

14.5.1 物品过滤

经常会听到人们说"××电商网站经常给我推荐我已经买过的东西"。其实在做推荐系统的过程中会有相关的过滤规则，在电商推荐系统中，最常用的过滤规则是：用户购买过滤，即在进行商品召回时过滤掉用户过去一段时间内已经购买过的商品和相似商品。例如，用户昨天买了一个机械键盘，今天的推荐系统就不会再给该用户推荐机械键盘了。

同时也会有一些其他过滤规则如：

- 项目指定的一些敏感词汇或敏感商品等过滤。
- 刷单商品过滤。
- 曝光商品过滤（有时会认为那些曝光过的商品是用户不感兴趣的，即看到了没有进行点击）。
- 无货商品过滤。

至于为什么推荐系统会给用户推荐已经购买过的商品，是因为在用户购买该商品之后，又对该类型的商品产生了新的行为，所以推荐系统会再次进行推荐。

14.5.2 物品展示

展示即用户看到的推荐结果。不同类型的推荐系统中展示的规则不一样，但基本原则是：品类隔离展示，即同类型的商品不能出现在相邻的位置。例如推荐系统返回的推荐结果集中有两个手机，这两个手机就不能在相邻的位置展示。

有的推荐系统会要求第一屏内不能出现同类型的商品，如推荐系统给用户的第一屏展示了8 个商品，那么这 8 个商品中就不能出现同类型的商品（如不能出现两个手机）。

14.6 效 果 评 估

无论是推荐架构最开始的召回内容、计算排序，还是最后的过滤和展示，每次新上一个方案之后都要进行效果统计，生产系统中最常用的效果评估方法就是 ABTest，更多关于 ABTest 的使用介绍可以参考第 10 章。

在生产系统中，进行 ABtest 之后，往往会将不好的方案下线，保留效果更好的一方，同时也会不断上线新的召回、排序特征等，迭代优化模型，提升线上效果。

14.7 知识导图

本章对目前业界使用的推荐架构进行了介绍。虽然推荐系统使用场景不一，但从召回内容到计算排序再到过滤展示，所有应用推荐系统的场景没有根本上的区别。在应用本书内容进行推荐系统建设时，要结合具体的业务场景对推荐系统框架进行灵活扩展和修改。

本章内容知识导图如图 14-6 所示。

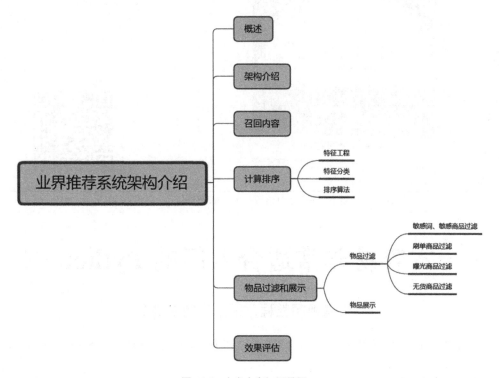

图 14-6　本章内容知识导图

京东购买二维码

作者：李金洪　　书号：978-7-121-34322-3　　定价：79.00 元

一本容易非常适合入门的 Python 书

带有视频教程，采用实例来讲解

本书针对 Python 3.5 以上版本，采用"理论+实践"的形式编写，通过 42 个实例全面而深入地讲解 Python。

书中的实例具有很强的实用性，如爬虫实例、自动化实例、机器学习实战实例、人工智能实例。

全书共分为 4 篇：

第 1 篇，包括了解 Python、配置机器及搭建开发环境、语言规则；

第 2 篇，介绍了 Python 语言的基础操作，包括变量与操作、控制流、函数操作、错误与异常、文件操作；

第 3 篇，介绍了更高级的 Python 语法知识及应用，包括面向对象编程、系统调度编程；

第 4 篇，是前面知识的综合应用，包括爬虫实战、自动化实战、机器学习实战、人工智能实战。

京东购买二维码

作者：邓杰　　　书号：978-7-121-35247-8　　　定价：89.00 元

结构清晰、操作性强的 Kafka 书

带有视频教程，采用实例来讲解

本书基于 Kafka 0.10.2.0 以上版本，采用"理论+实践"的形式编写。全书共 68 个实例。

全书共分为 4 篇：

第 1 篇，介绍了消息队列和 Kafka、安装与配置 Kafka 环境；

第 2 篇，介绍了 Kafka 的基础操作、生产者和消费者、存储及管理数据；

第 3 篇，介绍了更高级的 Kafka 知识及应用，包括安全机制、连接器、流处理、监控与测试；

第 4 篇，是对前面知识的综合及实际应用，包括 ELK 套件整合实战、Spark 实时计算引擎整合实战、Kafka Eagle 监控系统设计与实现实战。

本书的每章都配有同步教学视频（共计 155 分钟）。视频和图书具有相同的结构，能帮助读者快速而全面地了解每章的内容。本书还免费提供所有案例的源代码。这些代码不仅能方便读者学习，也能为以后的工作提供便利。

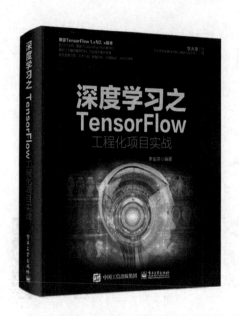

京东购买二维码

作者：李金洪　　书号：978-7-121-36392-4　　定价：159.00 元

完全实战的人工智能书，700 多页

这是一本非常全面的、专注于实战的 AI 图书，兼容 TensorFlow 1.x 和 2.x 版本，共 75 个实例。

全书共分为 5 篇：

第 1 篇，介绍了学习准备、搭建开发环境、使用 AI 模型来识别图像；

第 2 篇，介绍了用 TensorFlow 开发实际工程的一些基础操作，包括使用 TensorFlow 制作自己的数据集、快速训练自己的图片分类模型、编写训练模型的程序；

第 3 篇，介绍了机器学习算法相关内容，包括特征工程、卷积神经网络（CNN）、循环神经网络（RNN）；

第 4 篇，介绍了多模型的组合训练技术，包括生成式模型、模型的攻与防；

第 5 篇，介绍了深度学习在工程上的应用，侧重于提升读者的工程能力，包括 TensorFlow 模型制作、布署 TensorFlow 模型、商业实例。

本书结构清晰、案例丰富、通俗易懂、实用性强。适合对人工智能、TensorFlow 感兴趣的读者作为自学教程。